U0389001

羊草种子生态学
与盐碱地植被恢复

马红媛 著

科学出版社

北 京

内 容 简 介

本书以作者2004~2018年对羊草种子生态学及其在盐碱地植被恢复中的作用等长期研究和应用实践为基础，系统研究了羊草种子发育及形成过程、种子休眠特性，探讨了温度、水分等环境因子对羊草种子萌发的影响，揭示了盐碱胁迫影响种子萌发的机制，提出了快速提高羊草种子萌发的技术以及田间直播育苗技术，阐明了不同退化演替阶段土壤中羊草土壤种子库动态及恢复潜力，初步探讨了羊草遗传多样性和优质种质资源的利用。

本书可供从事种子生态学、恢复生态学、草地学以及植物地理学等方面研究的科研人员、高等院校有关专业的师生、草地管理相关工作的技术人员参考。

图书在版编目(CIP)数据

羊草种子生态学与盐碱地植被恢复/马红媛著. —北京：科学出版社，
2018.10

ISBN 978-7-03-058726-8

Ⅰ. ①羊⋯ Ⅱ. ①马⋯ Ⅲ. ①羊草－种子－生态学②羊草－盐碱地－植被－生态恢复 Ⅳ. ①S545

中国版本图书馆 CIP 数据核字（2018）第 205992 号

责任编辑：张 震 孟莹莹 / 责任校对：李 影
责任印制：师艳茹 / 封面设计：无极书装

科学出版社 出版
北京东黄城根北街 16 号
邮政编码：100717
http://www.sciencep.com

三河市春园印刷有限公司 印刷
科学出版社发行 各地新华书店经销
＊

2018 年 10 月第 一 版 开本：787×1092 1/16
2018 年 10 月第一次印刷 印张：16
字数：370 000

定价：158.00 元
（如有印装质量问题，我社负责调换）

谨以此书献给中国科学院东北地理与农业生态
研究所建所 60 周年

本书出版得到以下项目资助，特此鸣谢

国家自然科学基金"松嫩盐碱草地典型植物种子繁殖性状变异的地理格局及形成机制"（41771058）

国家自然科学基金"松嫩碱化草甸土壤种子库对增温和降水变化的响应及机制"（41371260）

国家自然科学基金青年科学基金"松嫩平原羊草土壤种子库格局对碱化草甸退化的响应及其机制"（41001027）

国家重点基础研究发展计划"人工草地生产力提升的水肥高效调控机理"（2015CB150802）

国家重点研发计划"东北苏打盐碱地生态治理关键技术研发与集成示范"（2016YFC0501200）

科技基础资源调查专项"中国北方内陆盐碱地植物种质资源调查及数据库构建"（2015FY110500）

中国科学院重点部署"东北典型草地生态屏障功能提升关键技术与试验示范"（KFZD-SW-305-02）

中国科学院科技服务网络（STS）计划"苏打盐碱地优质牧草生产力提高的水分调控技术及示范"（KFJ-SW-STS-141）

吉林省科技发展计划"提高松嫩退化草地优质牧草生产力的水分高效利用技术"（20140204050SF）

荒漠与绿洲生态国家重点实验室 2018 年度开放基金"北方内陆盐碱地盐地碱蓬种子性状变异的地理格局及形成机制"（G2018-02-04）

序 一

　　松嫩平原苏打盐碱地土地，是世界上三大片苏打盐渍化土壤分布区之一，且以中、重度苏打盐碱化为主。目前土地盐碱化仍表现为递增趋势。盐碱、风沙已经成为当地农牧业发展和当地居民福祉提升的重要限制性因素。松嫩平原苏打盐碱地的形成、发展和演化既有自然本身的原因，又有人为干扰加剧的因素。草地是松嫩平原重要的生态系统，也是松嫩平原受到人为干扰最为严重的生态系统。目前，为了恢复松嫩平原自然植被，相关部门和科研工作者正在实施扩大退耕还林、还草等生态系统保护和修复工程，优化生态安全屏障体系，构建生态廊道和生物多样性保护网络，提升生态系统质量和稳定性。人与自然是生命共同体，人类必须尊重自然、顺应自然、保护自然。而利用本土优势植物种子繁殖体进行退化植被恢复，是实现该地区生态修复的良好选择。

　　种子是种子植物生活史的一个重要阶段，从其发生、发育到成熟、传播、萌发以至成苗都与周围的环境紧密联系着。人们对种子的研究形成了一门新兴的学科，即种子生态学。作为植物生态学的重要研究内容之一，种子生态学能够解释植物群落结构与功能性方面的诸多基础性问题，如对土壤种子库与地上植被的时空动态关系的研究能够揭示植物种群或群落的更新机制，而种子休眠特性的进化适应机制本身就是进化生态学理论的重要组成部分；此外，种子生态学并不是纯理论的学科，它本身又具有指导生产实践的应用价值。

　　作者以 2004~2018 年从事羊草种子生态学研究的第一手资料和相关科研成果为基础，在对羊草种子生态学的相关理论和技术系统总结和提升的基础上，撰写成书。该书高度凝练了国际种子生态学发展态势和科研前沿、国际种子休眠研究的总体概况，并综述了我国羊草草地退化演替现状、羊草种子休眠和提高发芽率的研究进展；从羊草种子的发育和成熟过程、形态结构、内源抑制物质等方面对种子本身的休眠特性进行了揭示；还系统研究了影响羊草种子萌发的环境因子；系统研发了快速打破休眠，提高羊草种子发芽率的方法；探讨了羊草种子生态学研究在松嫩苏打盐碱地羊草植被恢复中的应用；筛选了松嫩苏打盐碱地其他耐盐碱本土植物的和优质牧草种质资源。其内容丰富，结构合理，数据翔实，结论可靠，理论性和实践性并存。该书的出版将有效推动我国种子生态学，特别是盐碱草地种子生态学的发展。

　　该书作者马红媛博士是国际种子生态学学会（ISSS）的成员，多次在国内外种子生态学大会，如第三、四、五届国际种子生态学大会（Seed Ecology Ⅲ，Ⅳ和Ⅴ），第一届和第二届中国种子科学与技术大会等作大会报告；目前以第一作者发表相关论文 30多篇，主持国家自然科学基金项目 3 项，申请和授权发明专利 10 余项，并去美国佐治亚大学（University of Georgia）和澳大利亚的国王公园与植物园（Botanic Gardens & Kings

Park）、卧龙岗大学（University of Wollongong）等深造，具有较为深厚的科研功底。

我很高兴为马红媛博士这本著作写序，科学需要不断探索、勇于创新、敢于否定、积极完善、主动交流的精神，需要我们对未知的研究领域充满好奇。希望作者不懈努力，揭示更多羊草种子的"秘密"，同时为推进我国种子生态学的发展做出更多的贡献。

中国工程院院士 刘兴土

2018 年 6 月 1 日

序 二

  草原是我国面积最大的陆地生态系统。加强草原保护和合理利用，加快草原治理，建设人工草地，实现草原生态系统健康稳定，是我国新时期生态保护与建设主要任务之一，被重点列入《全国生态保护与建设规划（2013—2020年）》之中。

  种子是植物种群存在和维持植物群落多样性的基础性决定因素。种子生态学是研究种子与自然环境相互关系的学科，包括种子的散布、休眠、萌发、幼苗更新和种子库特征等多方面。种子生态学研究在我国起步较晚，但近年来发展迅速。羊草种子生态的研究是草地生态系统中种子生态学的典型案例。

  羊草是禾本科多年生根茎型植物，有耐旱、耐寒、耐盐碱等优良的生态学特性。因其体内粗蛋白含量高，享有"牧草之王""牧草中的细粮""国之魁宝"等美誉。羊草是松嫩平原原始自然植被的优势种群，然而近几十年来，由于人为和自然因素干扰，我国北方90%的羊草草地发生了不同程度的退化。羊草植被恢复成为目前研究的关键热点问题，但其存在"结实率低""抽穗率低"和"发芽率低"等问题，一直是羊草植被恢复的"瓶颈"之一。

  围绕羊草种子生态学基础理论研究和核心技术研发，该书作者过去十五年一直潜心专注羊草种子生态学和盐碱地羊草植被恢复的相关研究。该书是基于以往研究成果的系统总结和梳理提升，内容来源于作者长期野外调查、室内培养和定位实验的大量第一手资料，其中包括了许多创新性成果。该书系统地研究了羊草种子的形成、发育、休眠、萌发、土壤种子库特征和羊草幼苗繁殖的技术和方法，打破了人们对羊草种子生态学方面的传统认识；首次报道了稃的结构及其所含的抑制物在羊草种子休眠和萌发中的作用；明确了羊草种子休眠类型属于非深度的生理休眠，温度是影响羊草种子萌发的关键因素，变温是其萌发的必要条件；揭示了种子成熟后在适当温度条件下即可萌发，研发了低温浸种-变温组合专利技术，使得发芽率从自然条件的20%～30%提高到80%以上；首次证实了HCO_3^-和CO_3^{2-}是苏打盐碱土影响种子萌发的主要因子，与高pH没有关系；明确了羊草种子萌发的盐碱阈值；通过系统研究羊草土壤种子库特征，揭示了利用天然羊草种子库恢复植被可行性差，需要必要的人为调控。

  该书立足国际相关研究前沿，且结合现实生态建设需求，内容丰富饱满、章节结构合理、系统性和逻辑性强。该书的出版将丰富羊草生物生态学和种子生态学的基础理论研究，也为退化草地植被恢复提供技术支撑。

  希望作者再接再厉，取得重大的成绩，为我国北方草原的恢复治理贡献力量。

中国科学院植物研究所 黄振英

2018年6月1日

前　言

　　种子是由胚珠发育而成的繁殖器官，在农业生产中，种子是最基本的生产资料；在生态学研究中，种子是种群存在的基础以及植物群落多样性的决定因素。作为植物生活史的一个重要阶段，种子从发生、发育到成熟、传播、萌发以至成苗都与周围的环境密切地联系着。种子生态学是研究种子及种子与自然环境相互关系的学科，包括了许多种子生物学的研究内容，如种子散布、休眠、种子库、萌发以及幼苗更新等。1972 年在英国诺丁汉大学召开首次种子生态学会议，来自 23 个国家的 200 多名各相关研究领域的专家学者探讨了种子生态领域的各方面问题，随后由 Heydecker（1973）编辑出版了 *Seed Ecology* 论文集，这是第一部种子生态学著作，探讨了种子生态学相关的 27 个问题，标志着种子生态学学科的产生。

　　羊草是禾本科多年生根茎型植物，具有耐旱、耐寒、耐盐碱等优良的生态学特性，粗蛋白含量高，被誉为"牧草中的细粮"。但近几十年来，在人类活动和自然因素的双重影响下，90%的羊草草地发生了不同程度的退化，严重影响了当地畜牧业的发展。而羊草草地一旦发生退化，地表植被就会减少，土地裸露，地下水分强烈蒸发，很容易发生盐碱化。轻中度退化的羊草通过自组织能力实现植被恢复，而重度退化的羊草草地很难依靠自我恢复能力实现恢复演替，必须通过人为作用促进植被恢复。然而，羊草种子发芽率低等特性，又限制了羊草草地植被的恢复和人工建植。

　　本书以作者 2004～2018 年开展的羊草种子生态学实验为主要材料来源，整理了羊草种子生态学研究基础上的部分研究进展，形成了羊草种子生态学的相关理论和技术成果。本书共十章：第一章对羊草的分布、利用价值、退化演替现状及羊草的一般生物学特性等进行了概括总结；第二章对国际上种子生态学发展和研究的前沿领域、种子休眠的总体概况等进行了简要介绍；第三章和第四章介绍羊草种子的发育和成熟过程中，种子的形态结构、内源抑制物质、萌发特性等变化动态，并探讨了其对休眠特性的影响；第五章对影响羊草种子萌发的温度、水分、光照等环境因子进行了系统研究；第六章重点介绍了羊草种子萌发对盐碱胁迫的响应及苏打盐碱胁迫对种子萌发的抑制机理；第七章是在第三～第六章的基础上，对提高羊草种子发芽率方法进行了系统归纳总结；第八章对羊草种质资源的遗传多样性及利用进行了阐述，并提出未来的研究展望；第九章阐述了松嫩苏打盐碱地耐盐碱植物的物种的筛选；第十章探讨了羊草种子生态学研究在松嫩苏打盐碱地羊草植被恢复中种子的应用。

　　理论方面，本书系统地探讨了羊草种子发育和成熟过程中形态和生理的变化特征，种子的形态结构及内源抑制物质等对羊草种子休眠的作用机制，温度和水分等环境因子对羊草种子萌发的影响，环境因子中重点探讨了盐分种类及浓度、盐分与温度的互作、土壤盐碱化程度、含盐量和 pH 等因子对羊草种子萌发的影响，阐明了松嫩盐碱化草甸不同退化演替阶段的土壤种子库的格局及形成机制。本书明确了羊草种子休眠类型属于非深度的生理休眠，温度是影响羊草种子萌发的关键因素，变温是大幅度提高羊草种子发芽率的必要条件，而恒温不利于羊草种子萌发；得到了羊草种子萌发的盐碱阈值；首次证实了苏打盐碱土的高 pH 对羊草种子萌发没有显著影响，HCO_3^- 和 CO_3^{2-} 是苏打盐碱土影响种子萌发的主要因子；不同退化演替阶段的土壤种子库中以一年生植物为主，羊草种子少，利用羊草种子库恢复植被可行性差。

应用方面，本书提出了快速提高羊草种子发芽率的方法、以羊草种子为外植体迅速诱导愈伤组织的方法、苏打盐碱地植被恢复的羊草育苗和移栽的方法。通过低温浸种-变温组合、酸蚀去稃-变温组合以及去胚乳等方法快速打破羊草种子休眠，使得发芽率从目前文献报道的 20%～30%提高到 80%以上，打破了传统的"羊草种子发芽率低"的认识；并在田间开展了系统的育苗试验，取得了理想的效果，为羊草的移栽恢复提供了苗源。利用去稃-去胚乳-变温组合方法，使羊草种子为外植体的愈伤组织的诱导率达 80%以上；此外，本书还对我国松嫩盐碱化草地的本土耐盐碱种质资源进行了初步的筛选；以上应用研究结果将会为未来羊草及其他优质牧草品种的培育提供重要的技术支持。

本书是作者在 2004 年以来的研究实验数据基础上撰写而成，多年来在实验设计、学术论文撰写等方面得到了导师梁正伟研究员的悉心指导，在此表示深深的感谢。感谢中国科学院东北地理与农业生态研究所的王志春研究员、杨福研究员和武海涛研究员，中国科学院植物研究所的黄振英研究员和于顺利副研究员，日本农业生物资源研究所的姜昌杰研究员，中国科学院沈阳应用生态研究所的刘志民研究员等曾给予的实验和写作方面的意见和建议。感谢研究组的孔祥军、闫超、魏继平、杨昊谕、李景鹏、安丰华等曾经给予实验等方面的帮助；感谢宁秋蕊和赵丹丹等对本书的细致修改。

日常生活中，常接到很多认识或不认识的同行、研究生或公司人员打电话或发来邮件咨询有关羊草种子萌发的事宜，深知羊草种子的休眠和萌发给大家的科研和工作带来的困扰。因此，希望本书的出版能够帮助更多有需要的人。最后，由于本人初次尝试将十几年的研究成果撰写成专著，经验、知识和撰写水平有限，书中不足之处在所难免，敬请广大读者批评指正。

马红媛

2018 年 6 月于长春

目　录

第一章 羊草概述

羊草（*Leymus chinensis*）隶属于禾本科小麦族赖草属多年生根茎型植物，是欧亚大陆草原区东部温带半湿润、半干旱地区特有的一种植被类型。羊草适应性强，耐旱、耐寒、耐盐碱、耐风沙，是具有较宽生态幅度的中旱生禾草。羊草属于中国东北-兴安-蒙古植物区系成分（李博，1962；祝廷成，2004）。由于其生态地理的复杂性，羊草具有分布广泛的生物学特征。羊草主要靠根茎进行营养繁殖，根茎先端尖锐，生长快，节上生出新株，很快占据地上和地下空间，形成单优势植物。羊草对环境的适应性强，既可以生长在受地下水影响的非地带性土壤上，如草甸土和盐碱土，又可以生长在地带性土壤上，如栗钙土（邓伟等，2006）。羊草主要分布于欧亚大陆温带草原地区，在我国境内的分布约占总分布面积的 50%，在维持中国北方草原生态系统稳定、生物多样性、草地生产力等方面具有重要作用。

第一节 羊草的分布

羊草是欧亚大陆草原区东部温带半湿润、半干旱地区特有的一种植被类型，为广域性禾草，分布范围广、面积大，是温带草地中最具有代表性的植被类型之一。羊草分布在北纬 40°~62°，东经 87°~130°范围内，行政区划上主要包括中国、俄罗斯、蒙古、哈萨克斯坦、日本和朝鲜等国家。羊草草地由我国向北延伸，直至俄罗斯的外贝加尔草原区，向西扩展到蒙古国的东部省草原区，是一个连续完整的区域，基本上与欧亚大陆草原区相吻合（祝廷成，2004）。

在我国，羊草主要分布在东北西部的松嫩平原（N42°30′~N51°20′，E121°40′~E128°30′）和西辽河平原，内蒙古东部的呼伦贝尔平原、乌珠穆沁高平原、锡林郭勒高原，大兴安岭东西两侧广阔山麓和丘谷地，华北地区阴山山脉以南的低山丘陵以及西部地区黄土高原的台地残丘，面积约为 $9.8 \times 10^6\,hm^2$（中国自然资源丛书编撰委员会，1995）。我国羊草面积占世界羊草分布面积的一半以上，且集中分布于东北平原和内蒙古高原东部，这里是我国著名的农牧交错带，羊草草地和农业用地镶嵌分布，这两个生态系统异质性高、相互耦合，使羊草草地既是生物多样性的出现区，又是能量流和物质流的频发区，同时还是边缘效应的表达区，使得羊草草地这个生态系统的结构、功能、过程等都具有代表性（祝廷成，2004）。

羊草草原是一种适应幅度广泛的草原类型，分布区的气候特点为温带半湿润半干旱地区，年降雨量 300～500 mm。羊草可以分布在典型草原区的地带性土壤上，形成以羊草为优势种的羊草草原；也可以生长在草原区内的草甸土或者盐碱土等非地带性土壤中。例如，在内蒙古高原、松嫩平原西部和大兴安岭台地的地带性黑钙土和栗钙土上，羊草与大针茅（*Stipa grandis*）、狼针草（*Stipa baicalensis*）、冰草（*Agropyron cristatun*）、洽草（*Koeleria cristata*）等一起成为共建种，组成地带性草原植被中草甸草原（邓伟等，2006）。在沙土和盐碱化土壤，特别是地形高的盐碱土壤上（如柱状碱土）羊草群落生长茂密，往往构成单优种群羊草草原，成为苏打盐碱土的指示性植物群落（李建东，1978）。

第二节　羊草的利用价值

一、营养和经济价值

松嫩羊草草原是欧亚草原带东部特有的类型，羊草营养繁殖旺盛、排他性强，易形成单一性稳定群落。羊草在整个生长季呈现绿色景观，既是良好的天然放牧草场，又是冬春饲草的割草场。羊草茎秆细嫩、叶量多、蛋白含量高，具有很高的营养价值，是反刍动物重要的粗饲料。此外，羊草适口性好，既可以调制干草，又可以做青贮饲料，耐放牧和刈割，马、牛、羊等牲畜喜食，被称为"牧草中的细粮"。由于羊草具有催乳的作用，主要用于饲养奶牛和奶羊，我国较大规模的奶牛场对羊草的需求量为 2000 万～3000 万 t，羊草营业额为 40 亿～60 亿元人民币；日本每年进口我国羊草 50 万 t，出口创汇约 1 亿元人民币（杨映根等，2001）。羊草的营养价值高、适口性强，各种家畜均喜食，适合放牧与割草和调制各种干草（李建东等，2001）。羊草是目前我国唯一出口创汇的优质牧草，也是我国天然草地植被中经济价值最高的一类（李建东等，2001）。

羊草在不同的生长阶段，其营养物质含量也会发生很大变化。生长早期氮含量较高，随着生长逐渐降低，而粗纤维含量则随着生长呈上升趋势，营养价值下降（孙海霞等，2016）。齐宝林和朴庆林（2008）对不同生长发育期的粗蛋白、粗脂肪以及无机元素含量进行了测定（表 1-1），其中粗蛋白含量最高值出现在营养期，为 26.24%，而在结实期和干枯期不足 10%。因此，刈割时间对羊草的营养价值有重要影响。王志峰等（2016）发现吉林省西部羊草草甸在 8 月 1 日～9 月 1 日，随刈割时间的推迟，群落盖度呈明显的递增趋势，群落和羊草水平干草粗蛋白（CP）含量均呈显著的下降趋势（图 1-1），8 月 15 日刈割群落和羊草产量均最高（图 1-1）。孙海霞等（2016）对不同季节刈割的羊草对绵羊采食量和养分消化率的影响研究表明，喂食春、夏和秋季刈割的羊草绵羊采食量和消化率均显著高于冬季，冬季枯黄的羊草不能满足绵羊对能量和蛋白质维持的需求。

表 1-1 不同生长发育时期羊草营养物质的含量

生长 发育期	水分/%	在风干物质中所占比例/%							胡萝卜素 /(mg/kg)
		粗蛋白	粗脂肪	粗纤维	无氮浸出物	粗灰分	钙	磷	
营养期	10.29	26.24	3.94	26.01	23.25	9.24	0.70	0.49	98.98
分蘖期	9.69	18.67	3.68	35.44	25.87	6.35	0.47	0.63	59.30
拔节期	10.12	16.17	2.76	38.25	26.64	6.06	0.32	0.40	85.87
抽穗期	11.75	15.42	2.83	40.39	34.73	7.02	1.32	0.37	48.00
结实期	8.30	7.42	3.25	41.33	40.71	7.40	0.73	0.22	91.30
干枯期	8.70	2.31	2.07	45.45	42.16	8.01	0.69	0.59	—

资料来源：齐宝林和朴庆林，2008。

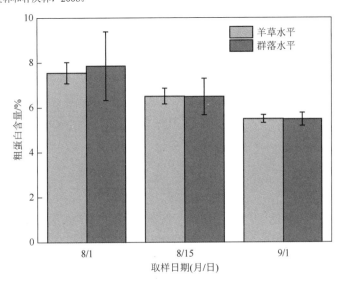

图 1-1 取样日期对羊草和群落水平粗蛋白含量的影响（修改自王志峰等，2016）

不同产地的羊草营养成分也不同。王丽娟等（2012）比较了黑龙江省肇东市、安达市、大庆市、齐齐哈尔市的羊草营养成分，其中安达纯羊草粗蛋白（CP）和中性洗涤纤维（NDF）含量显著高于其他产地纯羊草，肇东纯羊草酸性洗涤纤维（ADF）显著高于其他产地纯羊草，牧草相对饲用价值（RFV）最高的为大庆纯羊草（表 1-2）。

表 1-2 不同产地羊草营养成分对比（干物质） （单位：%）

产地	CP	NDF	ADF	EE	Ash	Ca	RFV
肇东	7.10b	72.40a	38.46a	2.98	4.52c	0.46c	75.75b
安达	9.82a	73.77a	36.52b	2.97	4.68b	0.61a	76.23b
大庆	6.72c	70.03b	36.62b	3.39	4.82a	0.52b	80.20a
齐齐哈尔	5.56d	72.61a	37.69ab	3.33	4.44c	0.48c	76.29b

资料来源：王丽娟等，2012；

注：其中 CP 为粗蛋白，NDF 为中性洗涤纤维、ADF 为酸性洗涤纤维、EE 为粗脂肪、Ash 为粗灰分、Ca 为钙、RFV 为相对饲用价值。同一列数据中的不同字母表示在 0.05 水平上差异显著。

二、生态价值

除了具有很高的营养价值，羊草还具有很强的抗旱、耐盐碱、耐贫瘠等特性，生态适应性广，既是优质的牧草，又是抗盐碱牧草品种筛选和培育的重要种质资源。羊草耐盐碱性强，对盐碱环境具有良好的生态适应性，能够在 pH8.5～10.5 的土壤中正常生长，个别野生种可在 pH11.0 的土壤中生长。由于羊草具有多年生根茎，无性繁殖能力强，横走的根茎可以在 10 cm 左右的土层中交错密织水平伸展，形成致密的草地植被，因此，其具有防风固沙、保持水土、改良土壤、涵养水源等重要的生态功能。

于遵波等（2006）运用能值理论和方法，对锡林郭勒羊草样地生态系统运行的主要驱动力、内在过程、生态资产贮量及其服务功能价值进行了评估，结果表明，每公顷草地生态系统平均每年对区域经济贡献的宏观经济实际价值约为 7285.94 元，主要生态资产的宏观经济理论价值约为 1.058 万元，而每公顷羊草样地生态系统的替代价值约为 3.97万元。羊草在生态环境保护方面具有举足轻重的作用，对于改善我国北方草原生态环境和盐碱地治理等方面具有重要的意义。

第三节　羊草草地的退化成因及现状

一、羊草草地退化原因

草地退化是土地盐碱化、土地沙漠化恶性循环的结果，非沙化和非盐碱化的草地也因过度放牧、开垦农田等活动逐渐退化。草地退化过程中自然因素和人为因素并存，其中人为因素占主导作用，主要包括 20 世纪 60 年代以来的过度放牧、盲目开垦、滥建滥挖等行为；自然因素也是不容忽视的，区域气候对全球气候变暖、变干趋势的响应，对草地退化也有重要的影响。

气候变化是自然因素中的关键因子之一。松嫩草甸草原位于大陆性季风气候区半干旱地带，是我国主要的气候和环境变化的敏感带和生态脆弱带。在剧烈的人类活动和全球气候变化双重作用下，该地区出现了持续而显著的增温现象，成为欧亚大陆第三个高增温区（郑景云等，2003）。我们对中国科学院大安碱地生态试验站（45°35′58″N～45°36′28″N，123°50′27″E～123°51′31″E）十年（2003～2012 年）的气温和土壤温度数据进行分析，发现松嫩碱化草甸稀疏草地最高气温每升高 1℃，地表地温将会增加 1.33℃，具有明显的不对称性，因此地表的裸露会造成更严重的土壤干旱，不利于植物的生长。除了温度，降水也发生了明显的格局改变。以吉林省大安市为例，50 年来降雨量明显减少，与 20 世纪 50 年代相比，21 世纪初的年平均降雨量减少了约 100 mm，多年平均潜在蒸发量增加了 100～300 mm。气候变干促进了土壤水分的蒸发，加快了土壤盐分的表聚速度和土壤阳离子的交换速度，使土壤碱化程度不断加剧，造成羊草植被的大幅度退化，盐碱裸斑面积激增，土壤理化性质进一步恶化（杨帆等，2014）。

羊草草地退化主要表现为草地面积的减少、草地生产力大幅度下降、植被结构发生变化、生物多样性降低、土壤理化性质变差，整个生态系统的功能降低（祝廷成，2004）。韩大勇等（2007）通过比较 1981 年和 2005 年松嫩平原羊草草原自然保护区内植物分布区型、重要值、频度和物种多样性等指标分析植被的变化，发现 25 年内物种减少了 1 科 5 属 18 种，优势群落羊草群落物种多样性降低，而杂类草和盐生种类群落多样性增加，羊草绝对优势地位逐渐丧失，向次生植被演替。以吉林省大安市为例，20 世纪 50 年代羊草草地面积为 28.4 万 hm²，产草量 35 万 t，可载牧 58 万个羊单位，每个羊单位占有草地 1.2 hm²，实际载牧 23.6 万个羊单位；20 世纪 80 年代末，羊草草地面积为 17.7 万 hm²，产草量下降至 15 万 t，可载牧 35 万个羊单位，每个羊单位占有草地 0.3 hm²，实际载牧 55 万个羊单位，超载 20 万个羊单位；21 世纪初期，重度苏打盐碱化草地占 74.1%，保存最好的姜家店草地面积为 8.7 万 hm²，产草量每公顷不足 1 t（刘兴土，2001）。目前大安市草地退化程度如图 1-2 所示（邓伟等，2006）。

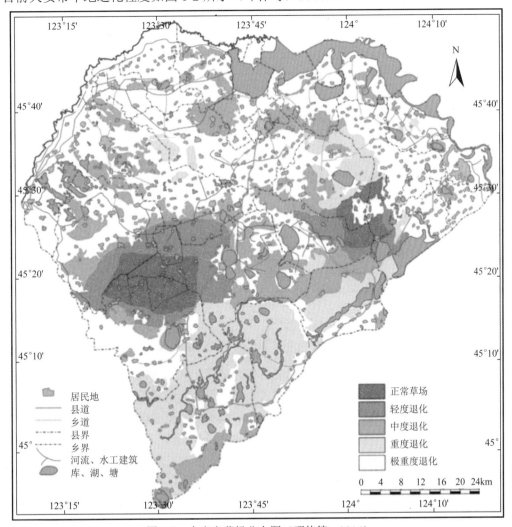

图 1-2　大安市草场分布图（邓伟等，2016）

二、羊草草地退化演替序列

羊草群落是羊草草甸的核心类型，处于最适宜的生长环境，随着水分条件、放牧强度和盐碱程度等发生变化，羊草群落则发生动态演替（图1-3）。在水分梯度方面，当水分增加时，羊草群落向羊草+杂类草群落发展，如果积水继续增加，便演变为芦苇+羊草群落；如果多年长期积水，则羊草退出，形成芦苇群落，成为沼泽；如果水分减少，地势升高时，羊草群落可被贝加尔针茅草原代替。在人为干扰方面，如果羊草草甸过度放牧，羊草数量逐渐减少，虎尾草急剧增加，形成羊草+虎尾草群落，若继续过度利用而不采取保育措施，则进一步退化为羊草+碱蓬或碱蓬+碱蒿群落，甚至形成无法利用的光裸碱斑及盐碱荒漠；而生长在风沙土壤中的羊草草甸，过度利用之后则会出现沙化，可出现沙生植物群落，严重者则出现流沙（李建东等，2001；邓伟等，2006）。

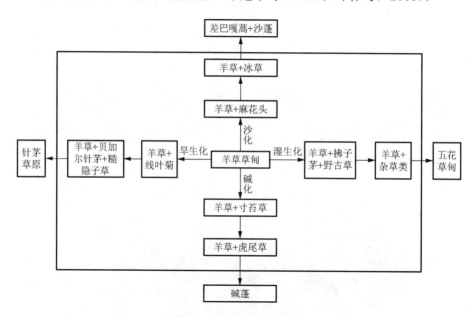

图1-3　羊草草甸生态系列图（李建东等，2001）

退化的羊草草地恢复目标是再现或者重建一个稳定和持续的羊草群落，这是一项非常复杂的生态工程，可以通过两种恢复方式实现，即自然恢复和人工重建。自然恢复往往需要很长的时间，退化生态系统根据所处的环境条件，通过自组织过程，合理地组织自己并最终改变其组分，进而实现整个系统的良性演替，但自然恢复前提是要有一定的羊草苗源或种源（祝廷成，2004；Ma et al.，2015b）。人工重建是指通过工程方法和植被重建可直接恢复退化生态系统。羊草是北方建立人工草地的重要物种，但需要对羊草种子生态学和羊草在盐碱地的成功定植的理论技术进行深入地研究，如在中重度的盐碱地通过人工移栽和适当的水肥管理来实现羊草的定植（梁正伟等，2008），选择优良的羊草品种等（刘公社等，2016）。近年来，随着国家对畜牧业发展的需求，种草养畜是农业现代化的主要方向之一，建设高产优质的人工草地，是我国经济发展和农业结构大调整的一项重要任务（张新时等，2016），人工草地的种植规模和生产水平是衡量一个国家或地区畜牧业发达程度的标志（李凌浩等，2016）。

第四节　羊草的一般生物学特性

一、羊草的物候期

羊草的物候期包括返青期、分蘖期、抽穗期、开花期、成熟期和黄枯期。由于羊草的分布范围广，土壤类型和气候等生态因子的异质性，使各地物候期之间存在着较大的差异。在吉林西部的松嫩草甸，羊草返青早，每年4月初开始分蘖发芽，4月中旬展叶，6月初抽穗，6月中旬开花，7月上旬种子乳熟，7月中旬种子成熟，8月中旬开始落果，果后营养期直到10月末，之后随着温度降低，羊草变枯黄，生长期长达200 d。而在内蒙古锡林浩特羊草的返青期在4月下旬～5月上旬，成熟期在8月中旬～9月上旬，枯黄期则在10月初（祝廷成，2004；史激光，2011）。

除地理位置外，羊草物候期还受全球气候变化的影响。随着全球气候的变化，一些植物的物候现象和生长季节时空动态都发生了变化。科研人员针对温度增加、降水改变、CO_2浓度升高、氮沉降变化等对羊草物候期的影响也开展了很多研究（陈效述和李倞，2009；李荣平等，2006）。李荣平等（2006）研究了内蒙古高原典型草原优势植物羊草9年的物候特征及其对气候因子的响应，3～4月的平均温度与羊草的展叶显著相关，温度每升高1℃，羊草展叶提前4.35 d；日照时数与羊草枯黄期显著相关，随着日照时数增加，羊草展叶期推后，枯黄期提前；4～10月平均风速与羊草生长季长短相关，平均风速越大，生长期越长。陈效述和李倞（2009）分析了内蒙古7个牧业气象试验站1983～2002年羊草的物候数据与气象因子之间的关系，发现有4个站点的羊草生长季呈缩短的趋势，3个站点的羊草生长季呈延长的趋势，认为气温升高不一定导致生长季的延长，还可能与不同地点的水分有关系。CO_2倍增处理的羊草实生苗和移栽苗，年生长期延长2～7 d，其中枯黄期延迟1～7 d，其他物候期提早1～7 d，且实生苗的物候期变化较移栽苗更为明显（高雷明和黄银晓，1999）。

二、羊草的繁殖特性

羊草的繁殖方式包括有性繁殖和营养繁殖两种，其中营养繁殖往往是实现种群更新和维持群落地位的主要方式，而有性繁殖处于辅助地位。羊草分蘖株发生的部位为分蘖节，分蘖节会产生一个分蘖芽，分蘖芽可以向上生长伸出地面，也可以在地下横向生长，地面生长的分蘖芽形成新一代分蘖株，而在土壤中横向生长的分蘖芽则形成根茎（张继涛等，2009）。羊草的根茎在地表以下5～10 cm处水平发生和生长，为横走根茎，其既是羊草的无性繁殖器官，也是重要的营养贮存器官（刘公社等，2017）。羊草的营养繁殖能力强，在整个生长季都能够进行营养繁殖，最旺盛时期是在生长季后期或种群的果后营养期（祝廷成，2004）。在适宜的环境条件下，羊草可通过营养繁殖形成单优群落并可保持其种群长久不衰，其增长型或稳定型的年龄结构、年轻龄级分蘖株和根茎旺盛的物质生产和贮存能力，是多年生无性系草本植物实现其持续繁殖的主要原因（杨允菲等，1995；李海燕等，2011）。

羊草是典型的多年生根茎型克隆生长的禾本科植物。羊草的营养繁殖主要依靠根茎芽和分蘖芽（图1-4）。分蘖芽是指羊草地下芽库中的紧贴母株向地上生长的芽；根茎芽是指保持着与地面水平生长，从而使根茎伸长的芽。根茎芽分为根茎顶芽和根茎节芽两种类型。根茎顶芽根据其生长方向，又分为水平生长根茎顶芽和向上生长根茎顶芽两种。分蘖芽、根茎顶芽和根茎节芽在秋季形成的子株，分别称为分蘖芽子株、根茎顶芽子株和根茎节芽子株，春季返青的地上母株可分为生殖枝和营养枝两种（张继涛等，2009）。羊草无性繁殖能力与羊草基因型有密切关系。汪恩华和刘杰（2002）比较了11个基因型的羊草，发现不同基因型的羊草在分蘖数量以及芽库等方面都存在着显著差异。我们对19株实生苗当年的分蘖能力进行了比较，生长日期为2015年5月30日～10月30日，测定单株羊草的分蘖，平均值为64.4±27.7个/株（n=19），羊草个体之间的营养繁殖能力存在非常大的差异。分蘖最少的为27个，分蘖最多的达142个；单株营养繁殖的羊草鲜重和干重的变化范围分别为6.42～29.87 g和1.42～8.89 g（图1-5）。

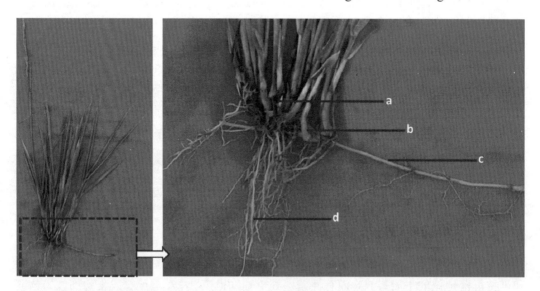

图1-4　羊草抽穗期繁殖株系（a. 分蘖芽；b. 根茎芽；c. 横走根茎芽；d. 羊草须根）

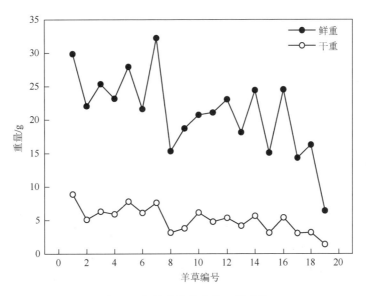

图 1-5 单株羊草分蘖的干鲜重量

自然条件下羊草有性繁殖能力低，目前文献报道中主要归纳为"三低"，即结实率低、抽穗率低、发芽率低。羊草有性繁殖能力低已成为我国羊草人工建植以及畜牧业发展的关键问题之一（马红媛等，2005），严重限制了羊草的大面积栽培（刘公社等，2016）。黄泽豪等（2003）从羊草生殖细胞的发育、羊草的生境适应机制、气候、营养条件以及草场利用方式等方面分析了羊草有性繁殖能力低的原因。但目前学者对羊草有性繁殖能力研究结果也存在着较大的差异。

羊草种子田间发芽率低，为 10%～20%（赵传孝等，1986；易津，1994）。羊草种子发芽率低的一个重要原因是其萌发对温度要求严格，需要在变温条件下萌发，恒温条件下羊草种子很难萌发（Ma et al.，2010a，2010b，2010c；马红媛等，2012a）。实验室条件下，运用低温层积（Ma et al.，2010a）、酸蚀处理和去稃处理（Ma et al.，2010b）、去掉部分胚乳（Ma et al.，2008；Ma et al.，2010b）在变温 5℃/28℃或 16℃/28℃下，羊草种子发芽率均能达到60%～95%，但实验室内的实验结果往往是在严格的控制条件下，直接应用到田间还有一定的差距。因此，如何将实验室内的研究方法转化成为技术，广泛应用于生产实践是未来研究的重点之一。段晓刚和樊金铃（1984）研究表明，羊草的结实率约为 25%；刘公社等（2003）对 287 个单穗的结实率进行了分析，结实率为 69.9%。我们于 2007 在吉林省西部的松嫩平原研究发现，羊草的结实率为 72%～82%，而有的群落的结实率不足 1%（马红媛，2008）。

为了提高羊草的有性繁殖能力，新品种的培育是重要的途径。目前我国已经筛选和培育了 9 个羊草品种，其野生性状得到了很大的改良，发芽率、结实率以及种子产量等有性繁殖特性都有了较大的提高（刘公社等，2016）。

三、羊草营养器官的形态结构

茎是种子植物重要的营养器官，有输导、支持、贮藏和繁殖的功能。羊草的茎由节和节间组成，节是着生叶的部位，两节之间部位成为节间。羊草的茎没有维管形成层和木栓形成层，只具初生构造，不能无限增粗。外层由一列表皮细胞构成表皮，表皮由长细胞和短细胞纵向排列而成，零星分布着气孔器 [图 1-6（a），图 1-6（b），图 1-6（c）]。从羊草茎秆的纵剖面可以看出，茎秆表皮下方有数层厚壁细胞分布，以增强支持作用 [图 1-6（d），图 1-6（e），图 1-6（f）]。表皮以内为基本薄壁组织，其间分布有 2～3 层起输导作用的维管束，多为两层，但由于排列不很规整而有时可见 3 层，一般内轮维管束直径较大，外轮维管束直径较小，茎秆中央部位不同程度萎缩破坏，形成中空的茎秆中部，相当于髓腔（杨利民，2003）。

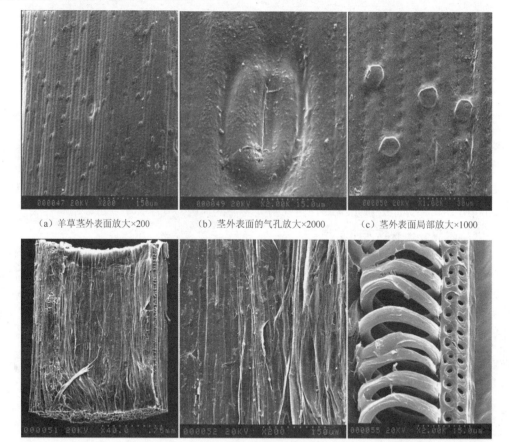

（a）羊草茎外表面放大×200　　（b）茎外表面的气孔放大×2000　　（c）茎外表面局部放大×1000

（d）羊草茎内表面放大×40　　（e）羊草茎内表面放大×200　　（f）茎内导管放大×2000

图 1-6　羊草茎表皮和羊草茎纵切扫描电镜图

羊草的叶鞘狭长而包茎，起保护、输导和支持的作用，中央厚、两缘渐薄，其中若干个彼此分割的通气腔，形成了一个承受外力的良好结构。叶鞘内表面（与茎接触的部分）表皮也是由长细胞和短细胞组成，气孔器的密度较大，羊草叶鞘的外表面平滑，表面生疏毛（图 1-7）。羊草叶片上表皮由长细胞、泡状细胞、两种短细胞和气孔器的保卫细胞和副保卫细胞构成。其中，泡状细胞大、壁薄、横切面扁形；长细胞壁薄、垂周壁上有波纹；短细胞是硅化细胞和木栓化细胞；气孔器的构造和其他禾本科植物基本相同。所有这些细胞排列是有规则的，叶脉上方的表皮由长细胞和成对的硅化细胞、木栓细胞混生排列，在硅化细胞上常有刚毛。粗叶脉上方表皮层有 4～6 行或更多行这样混生排列的细胞（王策箴，1981）。

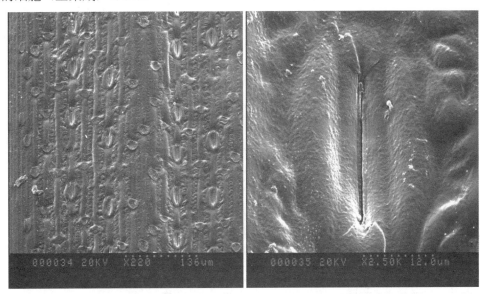

（a）羊草叶鞘内表面　　　　　　　　　（b）羊草叶鞘内表面气孔

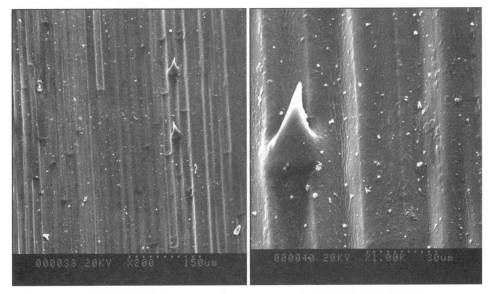

（c）羊草叶鞘外表面　　　　　　　　　（d）羊草叶鞘外表面腺毛

图 1-7　羊草叶鞘扫描电镜图

羊草叶片结构个体之间存在较大的差异。表皮毛的稀疏长短均存在显著的差异，有的表皮毛稀疏且短，有的则密且长。羊草叶片表皮一般由长细胞、短细胞、泡状细胞、气孔器的保卫细胞和副保卫细胞组成（图1-8）。不同生境下羊草叶片存在着较大差异（图1-8）。陆静梅等（1996）比较了黑钙土和盐碱土生境下羊草叶片的表皮毛差异，黑钙土羊草叶子较薄，约为184.9μm，上表皮具有稀疏的小圆锥形的表皮毛，表皮毛长约12μm；而盐碱生境下羊草叶片较厚，约为249.9μm；上表皮毛长而且密，长度约为375.1μm。但我们发现相同生长条件下的羊草叶片表皮毛在不同的个体之间也存在着很大的差异，如图1-8（a）表皮毛短小，而图1-8（c）的表皮毛长，是前者长度的10倍左右。

（a）羊草叶片上表面表皮毛   （b）羊草叶片下表面长表皮毛   （c）羊草叶片上表面单个气孔

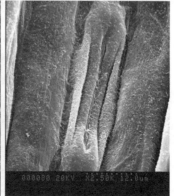

（d）羊草叶片下表面短表皮毛   （e）羊草叶片上表面气孔   （f）羊草叶片下表面单个气孔

图1-8　羊草叶片及气孔的扫描电镜图

羊草是多年生根茎植物，在节部生不定根，形成须根系。对羊草的根表面进行扫描电镜观察（图1-9）发现：羊草的根表皮层由单层细胞构成，生有密集的根毛。羊草根的成熟区结构明显分化为表皮层、皮层、中柱。皮层分化为外皮层、皮层薄壁组织和内皮层，外皮层细胞小，壁木栓化增厚明显；皮层薄壁组织细胞大而细胞壁薄，有胞间隙；近内皮层的2～3层皮层薄壁组织细胞呈辐射状排列，其细胞壁从外向内逐渐加厚；内皮层由 1 层小而排列紧密的细胞组成，其细胞壁（横壁、径向壁、内切向壁）加厚明显，在原生木质部辐射角处有通道细胞。中柱鞘由一层薄壁细胞组成，细胞小而排列紧密。中柱内为中柱鞘、初生维管束、髓。中柱鞘由单层薄壁细胞组成，其内侧为初生木质部和初生韧皮部，它们单独成束，相互交替排列，外始式初生木质部结构明显；原生木质部束数为 17 条左右，后生木质束为 3～5 条，中柱中央为髓（王策箴，1981；赵金花，2001）。

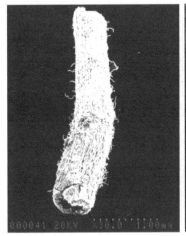 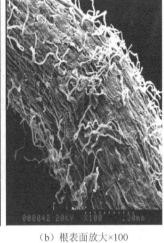 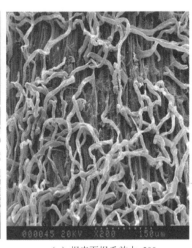

（a）羊草根表面放大×30　　　　　（b）根表面放大×100　　　　　（c）根表面根毛放大×200

图 1-9　羊草根的扫描电镜图

第二章 种子生态学研究进展

第一节 种子生态学的概念

种子是裸子植物和被子植物特有的繁殖体，在植物学上是由受精的胚珠发育而来，一般由胚（包含了植物的下一代）、贮藏组织（在幼苗获得自养能力之前，为胚和幼苗的生长提供营养物质，如胚乳）、附属结构（保护胚和贮藏组织或帮助种子传播）组成（图 2-1）。有的植物成熟的种子只有种皮和胚两部分（Black et al.，2006；胡晋，2006；宋松泉等，2008）。

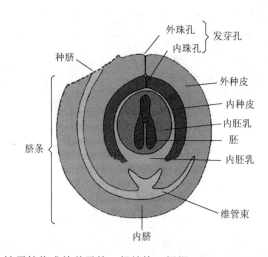

图 2-1 被子植物成熟种子的一般结构（根据 Black et al.，2006 修改）

在生态学研究中，种子的含义比植物学上种子的概念要宽泛，除了包括真种子，还包括类似种子的果实，即植物学上所定义的许多干果，由子房发育而来，有的还附有花器的其他部分发育而成的附属物，如稃壳、花萼等（高荣岐和张春庆，2010；张红生和胡晋，2010）。例如，禾本科植物所产生的种子，外部包有薄薄的果皮，与种皮紧密连接在一起，不易分离。颖果有时在果皮外部还包有稃壳，如水稻、大麦以及本书中的羊草等物种，这类带有稃壳的颖果在植物学上称为假果。瘦果的果皮和种皮容易分离，如向日葵、大麻等。类似果实的种子主要包括颖果和瘦果（图 2-2），除此之外还包括分果、坚果、荚果以及核果等。

（a）鹅绒藤的瘦果　　　　　　　　　　　　（b）羊草的颖果

图 2-2　类似种子的果实

第二节　种子生态学的发展

种子作为植物生活史的一个重要阶段，从发生、发育到成熟、传播、萌发以至成苗都与周围的环境密切联系着。种子在植物生态学中起着关键作用，是种群存在的基础以及植物群落多样性的决定因素。种子生态学是研究种子及种子与自然环境相互关系的学科，包括了许多种子生物学的研究领域，如种子散布、休眠、种子库、萌发以及幼苗更新等。1972 年，英国诺丁汉大学召开首次种子生态学会议，来自 23 个国家的 200 多名相关研究领域的专家学者探讨了种子生态领域的各方面问题，随后由 Heydecker（1973）编辑出版的 *Seed Ecology* 论文集是第一部种子生态学专著，涉及种子生态学相关的 27 个问题，标志着种子生态学学科的诞生（黄振英等，2012；于顺利和方伟伟，2012）。

经过几十年的发展，种子生态学研究日趋完善，出现了很多种子生态学的论著，如 *Population Biology of Plants*（Harper，1977）、*Ecology of Soil Seed Banks*（Leek et al.，1989）、*Seed germination in Desert Plants*（Gutterman，1993）、*Survival Strategies of Annual Desert Plants*（Gutterman，2002）、*The Ecology of Seeds*（Fenner and Thompson，2005）等。Black 等（2006）撰写了种子大百科全书 *The Encyclopedia of Seeds*：*Science*，*Technology and Uses*，首次全面系统地将种子研究相关的各个方面进行了归纳总结，包括种子结构、组成、发育、活力、休眠与萌发、激素及其代谢、幼苗建植、进化等；Baskin 和 Baskin 分别在 1998 年和 2014 年出版了 *Seeds: Ecology，Biogeography，and Evolution of Dormancy and Germination* 第一版和第二版，对种子休眠类型、生物地理学和进化、萌发的影响因素等进行了系统研究，堪称种子生态学研究领域的权威和经典之作。

种子生态学研究在国内发展也非常迅速，在不同的生态系统中都有较大的进展。在沙地和荒漠生态系统研究中，学者们研究了典型植物的种子的传播和萌发（刘晓风和谭敦炎，2007；杨允菲等，2012；王彦荣等，2012）、繁殖策略（刘志民，2010；王桔红等，2012；唐毅和刘志民，2012）、种子异型性和黏液层等适应机制（王雷等，2010；Yang et al.，2012）；盐碱化草地生态系统植物的萌发特性及适应机制（Shi et al.，1998；Shi and Wang，2005；Yang et al.，2007；马红媛等，2008a；杨帆等，2012；Ma et al.，2014；Ma et al.，2015a，2015b）；高寒草甸种子的休眠和萌发（Ma et al.，2013）、土壤种子库等特性（白文娟和焦菊英，2006；沈有信和赵春燕，2012；王国栋等，2012）、森林生态系统种子雨（Shen et al.，2007；许玥等，2012；杜彦君和马克平，2012）、种子萌发的水和热及盐的响应模型（胡小文等，2012；张红香等，2012）、种子生理学特性及生态学意义（王伟青等，2012）、种子性状的地理学特征及生态适应性（于顺利和方伟伟，2012；Yang et al.，2015；Huang et al.，2016）以及野生植物种质资源的保存与利用（杨湘云等，2012）等方面。2012 年《植物生态学报》出版了以"种子生态学"为主题的专辑，报道了我国科研人员在种子生态学领域取得的最新成果，内容涉及种子传播和性状、休眠和萌发、土壤种子库以及幼苗生长对环境因子的响应等方面。

第三节　种子生态学的研究动态及展望

种子生态学研讨会由国际种子科学学会（International Society for Seed Science，ISSS）主办，每三年举办一次，是世界上第一个纯粹以种子和环境为议题的主题性和学术性的会议。从国际种子生态学学术研讨会的大会议题可以看出种子生态学研究的主要议题及研究动态。

第一届种子生态学大会（Seed Ecology 2004）在希腊罗德岛召开，会议主要讨论了七个主题：① 地中海种子生态学；② 种子进化；③ 种子传播；④ 土壤和植冠种子库；⑤ 种子休眠和萌发；⑥ 种子在生态学中的功能；⑦ 应用种子生态学。

第二届种子生态学大会（Seed Ecology Ⅱ 2007）在澳大利亚珀斯举办，会议的主题为"种子与环境"。会议对种子传播、捕食、土壤和植冠层种子库、休眠和萌发生理生态学、地中海气候区物种种子生态学、种子的进化及种子在生态系统中的功能等热点问题进行了研讨。

第三届种子生态学大会（Seed Ecology Ⅲ）在美国的盐湖城召开，会议的主题为"种子与变化"，主要包括四个议题：① 种子生理生态学（seed ecophysiology），探讨在环境中种子休眠和萌发的变化以及这些变化如何受环境调节；② 种子进化生态学（seed evolutionary ecology），探讨种子在较短和较长的自然选择时间尺度上是如何适应变化的；③ 种子群落生态学（seed community ecology），探讨种子通过萌发、长期种子库或者传播来对环境产生响应，包括与传播者、病原体以及其他植物的动态关系；④ 种子恢复和保育生态学（seed restoration and conservation ecology），探讨种子在修复受损生态系统中的重要作用，种子对全球气候变化条件下生物多样性丧失的影响（黄振英，2010）。

第四届种子生态学大会（Seed Ecology Ⅳ）在中国沈阳召开，会议的主题为"种子与未来"。会议的主要议题包括六个方面：① 进化种子生态学，探讨植物生殖分配和繁殖力、种子大小和种子数量、母体效应、种子多态性等；② 种子传播，包括种子传播媒介、种子传播的适应性、种子捕食、种子传播预测；③ 种子库，包括土壤种子库及植冠种子库的组成和动态、种子库和出苗的关系等；④ 种子萌发和休眠，主要包括与种子休眠和萌发相关的种子生态学和生理生态学问题；⑤ 种子寿命和贮藏，主要探讨自然和人工条件下种子贮藏及其对种子寿命的影响；⑥ 种子生态与植物多样性保护及植被恢复的关系，主要探讨种子生态学知识在理解生物多样性保护和植被恢复中的作用（匡文浓和刘志民，2014）。

第五届种子生态学大会（Seed Ecology Ⅴ）在巴西贝洛奥里藏特召开，会议的主题为"生命网中的种子"。该次会议特别关注了种子在生物多样性的形成和维持方面的作用。会议的主要议题包括六个方面：① 种子进化生态学；② 动物行为学与种子传播；③ 种子库；④ 种子萌发和休眠；⑤ 种子生态学在农业中的应用；⑥ 种子生态学在生物多样性保护和恢复方面的应用。

尽管我们对自然环境下种子的认识有了很大的进展，种子生态学中仍然有很多方面没有开展系统研究。建议未来种子生态学的研究对以下方面进行重点关注：① 未来全球环境变化条件背景下，植物种子形态的进化、种子的结实、休眠和萌发、幼苗建成等的变化，以及这些变化如何影响未来种群的存在；② 目前的研究多集中在小的范围，大尺度多地区之间的比较研究较少；③ 土壤微生物对种子的萌发、种子库的持久性影响等方面的研究亟待加强；④ 种子生态学基础理论与关键技术结合需要加强，将种子生态学的理论知识应用于实践中，为退化生态系统的植被恢复提供理论支持和技术服务。

第四节 种子休眠概述

种子休眠是国际种子生态学中研究的关键和热点问题。种子休眠是一种重要的生物学特性，是种子植物抵抗外界不良环境的一种生态适应性，有利于植物种族延续。本节重点对种子休眠的定义、分类、成因和机理等内容进行概述。

一、休眠的定义和分类

（一）休眠的定义

种子的休眠和发芽是高等植物复杂的生态适应特征，受许多基因和环境因子的控制。休眠虽然已经成为国内外学者研究的热点问题，但对休眠定义较多。Hobson（1981）指出，休眠的定义如同休眠的研究者一样多，产生这种分歧的主要原因就是我们对其机制尚不清楚。Cardwell（1984）对休眠的定义为：由于种子的结构或化学性质影响了种子的发育，从而使得种子即使是在适宜的环境条件下也不能萌发的现象。Bouwmeester和 Karssen（1992）及 Vleeshouwers 等（1995）强调，一个正确的休眠概念应该将影响种子萌发的内部和外部因子分开。Hilhorst（1995）和 Bewley（1997）认为种子休眠是完整的具有发育能力的种子在适宜的环境条件下不能够萌发的现象。Benech-Arnold 等（2000）在此基础上，认为休眠是在水分、温度和氧气都充分的条件下，阻止种子萌发的一种内在状态。这就意味着，一旦这种阻力被消除，种子就会在大范围的环境条件下萌发。Baskin 和 Baskin（2004）对休眠做出了这样的概述：在任何正常的物理环境因子组合条件下，种子在某个特定的时期不能够萌发的现象，而在其他时期种子在这些环境条件下能够萌发。

为休眠下定义之所以如此困难，是因为休眠只能够通过种子萌发与否来表现，我们观察到单个种子萌发，可以作为完全或完全不事件，而单个种子的休眠具有的价值介于完全（最大程度休眠）和完全不（非休眠）之间。休眠不应该只是由种子萌发与否来体现，它是种子决定萌发所需条件的一个特征。这样考虑休眠，任何改变萌发条件的环境条件只是改变了休眠，当种子不再需要特定的环境条件就能萌发时，就是非休眠。许多因子能够改变种子休眠，如温度、光照、硝酸盐或者其他自然发生的化学信号（脱落酸和萜类）。休眠是种子本身决定萌发条件的一种特性，因此，任何扩大萌发所需环境范围，都应该被看作休眠解除的因子。

总之，种子休眠是种子内在的一种特征，它决定了种子萌发之前所必需的环境条件。决定休眠的内在分子机理由胚和/或种皮组成。目前，学者比较认可种子休眠的定义是指有生活力的种子在适宜的萌发条件下不能萌发的现象。

（二）休眠的分类

休眠分类系统主要有以下四个派别：Harper（1977）、Lang 等（1985，1987）、Nikolaeva（1969，1977，2001）、Baskin 和 Baskin（1998，2004）。Harper 的分类系统在生态学和种子生理学应用较为广泛，将休眠分为三个类型：先天性休眠（innate dormancy），强迫型休眠（enforced dormancy；即静止，条件休眠）和诱导休眠（induced dormancy；相当于二次休眠）。这一分类系统具有一定的局限性，不能包含所有休眠种类（Baskin and Baskin，1985，1998）。Lang 的"通用"分类系统包括内源休眠（endodormancy）、类休眠（paradormancy）和外源休眠（ecodormancy）。该分类的目的是针对所有的植物休眠，而不只是种子休眠，因此应用较少。Nikolaeva（1969）首次对不同类型的种子休眠进行了全面分类，之后又做出了相应的修改（Nikolaeva，1969），将休眠分为两大类：内源休眠和外源休眠。前者主要是胚的某些特征阻止种子萌发，而后者是结构上的某些特征，如胚乳、种皮或果皮等阻止种子萌发（表2-1）。

表2-1 Nikolaeva（1977）对种子休眠类型的分类

	类型	原因	打破方法
内源休眠	生理休眠	种子生理抑制机理	暖和/或冷层积
	形态休眠	胚发育不成熟	适宜于胚生长或萌发的条件
	形态生理休眠	种子生理抑制和胚发育不成熟	暖和/或冷层积
外源休眠	物理休眠	果皮/种皮不透水性	打开特定的结构
	化学休眠	萌发抑制剂	抑制剂渗出
	机械休眠	木纹状结构抑制生长	暖和/或冷层积

Baskin 和 Baskin（1998，2004）在 Nikolaeva 的基础上对休眠进行了更为全面的等级分类（hierarchical layers）：级（class）、水平（level）、类型（type）。休眠的五大类包括生理休眠（PD）、形态休眠（MD）、形态生理休眠（MPD）、物理休眠（PY）和复合休眠（PY+PD）。PD 又包括三个水平：深度、中度和非深度（表2-2）。根据目前的文献（Baskin and Baskin，1998，2004）信息，将物种休眠类型及打破休眠的方法归纳如下。

表2-2 种子休眠的分类系统（不包括具有未分化胚的种子）

类别	休眠类型	水平
A 类	生理休眠（PD）	深度，中度，非深度
B 类	形态休眠（MD）（不包括具有未分化胚的种子）	—
C 类	形态生理休眠（MPD）	非深度简单，中度简单，深度简单，深度简单上胚轴，深度简单，非深度复杂，中度复杂，重度复杂（不包括具有未分化胚的种子）
D 类	物理休眠（PY）	
E 类	复合休眠（PY+PD）	

资料来源：Baskin and Baskin，2004。

生理休眠（PD）。生理休眠是世界上最常见的休眠类型，因为该种休眠类型的种子的种皮具有透水性，最容易与物理休眠区分。生理休眠是因为胚的生长势低，胚周围的附属物（如胚乳、种皮或果皮）抑制胚的伸长。只有提高了胚的生长势，能够突破附属物的抑制，才能解除生理休眠。解除生理休眠的方法是暖湿（15℃）或冷湿（0~10℃）处理几周或几个月；也可以在干的条件下进行一段时间的后熟处理，如烟水等（Ma et al.，2018a，2018b）处理。

形态休眠（MD）。形态休眠是指在种子散布时胚仍没有发育完全的休眠类型。伞形科植物的种子属于典型的形态休眠，因为这类种子在萌发前，胚需要一段时间成熟并在吸水后生长，一般需要一个月的时间。

形态生理休眠（MPD）。形态生理休眠是既有形态休眠又有生理休眠的休眠类型。

成熟的种子具有发育不完全的胚且胚的生长受生理抑制。这类种子的休眠打破方法需要将种子放在适宜的条件下，降低休眠程度、允许胚成熟和生长。例如，澳大利亚的血皮草科（Haemodoraceae）鼠爪花属（*Anigozanthos*）植物往往具有形态生理休眠，种子萌发胚的长度约为243.7μm，而在15℃下放置两周左右，胚的长度为542.5μm，休眠被打破（Ma et al.，2018a），种子开始萌发（图2-3）。

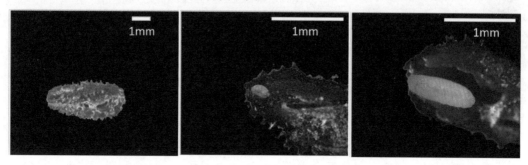

图2-3 具有形态生理休眠的袋鼠爪（*Anigozanthos flavidus*）萌发前胚变化动态

物理休眠（PY）。物理休眠是由于种子覆被物（种皮或果皮）不透水性引起的休眠类型。可以利用解剖刀等工具对不透水的果皮或种皮刻一个小孔，即刻痕处理；还可以通过热水处理、浓酸处理等方法解除物理休眠。在自然界中，经过几个月甚至是几年的反复冷热交替会使得种皮具有透水性。自然界中有16个科的植物种子具有物理休眠，如豆科和旋花科等。

复合休眠（PY+PD）。复合休眠是同时具有生理休眠和物理休眠的种子的状态，即种子存在生理休眠的胚和不透水的种皮或果皮。锦葵科、鼠李科、无患子科等的部分植物的种子具有此类休眠。打破复合休眠的方法首先要刻痕处理种皮来允许种子吸水；胚需要足够的生长势来解除周围覆被物对其的机械阻碍。

（三）休眠循环

Chepil（1946）最早发现埋在土中的许多牧草种子具有每年周期性休眠和发芽行为。根据种子休眠的分类系统，休眠循环是PD种子的一系列休眠状态。在许多物种中，休眠不是完全（all）或完全不（nothing）状态，多数具有非深度生理休眠的种子经过一系列温度驱动之后，对不同环境因子响应能力发生变化，从而处于休眠和非休眠状态之间（Bouwmeester and Karssen，1992；Baskin and Baskin，1998）。种子休眠循环现象具体表现为：种子形成→原初休眠诱导（Sp）→成熟种子（Sp）→Sc1→Sc2→Sc3→Sc4→Sc5→非休眠（Sn）Sc5→Sc4→Sc3→Sc2→Sc1→Ss（二次休眠）→Sc1→等。Sc1→Sc5表示种子在原初休眠和非休眠状态之间的暂时的生理休眠状态，或者是二次休眠的解除或诱导过程，即休眠连续性（dormancy continuum）。处于Sc1→Sc5期间的种子处于条件休眠或相对休眠状态（Baskin and Baskin，1998）。条件休眠的种子不能够像非休眠的种子那样在广幅的环境条件下萌发，Sp→Sn期间种子萌发的幅度越来越宽，而Sn→Ss之间的种子萌发幅度越来越窄，表明非休眠的种子向休眠种子的过渡，这个过程称为二次休眠 Ss。因此，非深度生理休眠的种子能够在休眠和非休眠之间进行休眠循环（Baskin and Baskin，2004）。

二、休眠成因与机理

以往对种子休眠的物候学和外部特征进行了大量的研究，对休眠机制也进行了许多探索，并提出了一些休眠机理学说。但对休眠的诱导、传递、保持和完成的根本机制还需要深入探讨。近十几年来，先进实验技术不断涌现，这些技术的应用在休眠机制方面已经显示出诱人的前景，并取得了很大的进展。

（一）种皮或果皮对休眠的影响

种皮对种子休眠的许多作用机制已经被报道，包括对胚萌发的机械阻碍——机械阻碍模型；阻碍抑制物质从胚中排出——抑制剂排出模型；存在着化学抑制物质——种皮抑制剂模型；限制水分的吸收——不透水性模型；限制氧气的吸收——氧气扩散模型（Bewley and Black，1994；Morris et al.，2000）。由于种皮（或果皮）的不透水性引起的种子的休眠称为物理休眠，这种休眠是在干燥的种子或果实成熟中进行的。具有物理休眠的种子，水分吸收的阻碍使得种子仍然保持休眠状态，直到某些因子软化了种皮，使得种皮透水后种子才打破休眠，这些因子包括高温、大幅度的变温、火烧、干、冻融以及通过动物的消化道等。但是，外种皮超微结构是怎样响应休眠处理以及在萌发初期阶段导致硬实种子对水和气体透性改变的原因和机理，仍然还不十分清楚（Manning and Staden，1987；唐安军等，2004）。

（二）内源激素对休眠的调控

遗传学和生理学研究已经证明，脱落酸（ABA）和赤霉素（GAs）在调节种子的休眠和萌发中起着重要的作用（Koornneef et al.，2002）。二者被认为是控制初级休眠（在种子成熟过程中形成的休眠）的主要激素，ABA 主要起抑制作用，而 GAs 则促进种子的萌发（Hilhorst and Karssen，1992；Iglesias and Babiano，1997）。目前不同研究者已经从多种种子的果皮、种皮、胚乳和胚中分离出萌发和生长有关的抑制剂。同时，认为激素调控休眠的学者也提出了不同的假说。

Khan（1971）提出种子休眠和发芽由三个因子调节，即萌发促进物质（GA）、细胞分裂素（CK）和萌发抑制物质（ABA），它们之间的相互作用决定种子休眠与萌发。他认为能够发芽的种子均存在生理活性浓度的 GA，但是存在生理活性浓度 GA 的种子不一定都发芽，因为如果存在 ABA，则 GA 诱导萌发的作用就会受到阻抑，而若 GA、ABA、CK 三者同时存在，则 CK 能起到抑制 ABA 的作用而使得萌发成为可能，因此，他认为 GA 是主要的调节因子，而 CK 仅在 ABA 存在时才是必要的。

在激素平衡模型中，ABA 和 GA 同时并相反地调节休眠的开始、保持和终止（Amen，1968；Wareing and Saunders，1971）。不同学者通过对拟南芥的研究修订了这一模型（Karssen and Lacka，1986；Hilhorst and Karssen，1992；Karssen，1995），认为 ABA（由胚产生）在种子发育过程中诱导休眠，GAs 促进非休眠种子的萌发。另外，成熟种子萌发所需要的 GAs 的量受 ABA 浓度控制。因此，种子发育过程中 ABA 水平低时萌发所需要的 GAs 量也少（轻度休眠），反之则需要大量的 GAs（深度休眠）。这一模型表明，ABA 和 GAs 并不是直接相互作用的。Bewley（1997）认为，GAs 本身并不控制种子的休眠，在种子萌发的促进方面的作用更大。种子发育过程中 ABA 对休眠诱导的调节非常清楚，但是保持休眠的作用并不清楚，部分原因是休眠和非休眠的种子中 ABA 的含量非常相似。因此，ABA 在休眠和非休眠种子中的差异反映了种子对激素的敏感程度（Bewley，1997）。除了 ABA 和 GAs，乙烯在调节种子休眠和萌发中也起着重要的作用。乙烯主要是通过降低种子对内源 ABA 的敏感性来打破许多种子的休眠和/或促进种子萌发（Matilla，2000；Baskin and Baskin，2004）。因此，乙烯能够通过抑制 ABA 的作用来促进种子的萌发（Beaudoin et al.，2000；Ghassemian et al.，2000）。

（三）酚类物质对休眠的作用

酚类物质是一大类植物次生物，在植物体中有多方面的生理功能，许多科学家已经研究发现酚类物质是抑制种子萌发的关键物质，与种子休眠有着密切关系，它们常存在于植物的子叶、胚乳、种皮、果肉中（Granger et al.，2011；何芳和张宁，2015）。Baskin 和 Baskin（1998）认为，果实和种子内的酚酸（咖啡酸、阿魏酸和苯乙烯酸）及酚类物质［多酚（单宁酸），黄酮醇（栎精）］能够抑制种子的萌发。酚类对种子萌发的抑制主要与其对内源激素、种皮透性和对胚的供氧能力有关（Willemsen and Rice，1972；Bewley and Black，1994）。Miller（1989）和 Abdul（1989）研究表明，阿魏酸能显著抑制苜蓿种子的发芽。宋亮等（2006）研究表明，香豆酸、香草酸、香豆素和阿魏酸对苜蓿种子萌发均表现为"高浓度抑制，低浓度促进"的效应，并认为可能的原因是这些酚类物质影响了种子萌发所需的关键酶类以及细胞分裂过程，使种子萌发过程中缺乏必需的能量以及合成代谢所需的中间产物，从而降低种子活力，抑制其萌发。酚酸是发芽的抑制物质。Weidner 等（1999）研究认为，酚酸在休眠的种子中含量低，而在非休眠的种子中含量高。红松种子外果皮内的酚酸类化合物包括没食子酸、儿茶酸、香草酸、对羟基苯甲酸及阿魏酸等，其含量高达 40 000 ng/gFW，在种子开始吸水时，随着水分进入种子内部，从而抑制种子的萌发。而经水浸种或 5℃ 层积的种子中的酚酸含量明显下降，而发芽率则呈明显上升趋势（李金克等，1996）。

（四）休眠的分子调控

休眠与萌发是植物种子对环境变化的适应特征，受许多基因调控和环境因子的影响。科研人员利用数量遗传学方法（如 QTL 分析）和突变等手段已对休眠和萌发特性进行了深入的遗传学研究（尹华军和刘庆，2004）。随着分子生物学的快速发展，种子休眠和萌发研究已经深入到分子水平。目前已经有研究通过 cDNA 文库筛选、mRNA 差异显示、cDNA 阵列（cDNA-array）方法（Potokina et al.，2002；Maraschin et al.，2006）以及蛋白质组方法（Gallardo et al.，2002）识别了许多与休眠表达或种子萌发有关的转录基因或蛋白，成为研究种子休眠和萌发的新工具和新方向。

对休眠分子生物学研究多以模式植物拟南芥为材料（王伟青和程红焱，2006）。Leon-Kloosterziel 等（1994）发现，具有 *ats* 基因的拟南芥突变体的种子是心形的，休眠程度浅，可能是因为突变体的种皮有三层细胞而不是原来的五层。Nishimura 等（2007）发现 *ahgl*-1 拟南芥突变体的休眠程度加重且 ABA 的含量明显多于非突变体植物。*DOG*1基因控制拟南芥种子的休眠，在种子成熟阶段休眠的形成时候起作用，这一基因的转录水平在种子吸水之后下降（Bentsink et al.，2006，2010）。

学者不仅在拟南芥中对种子休眠和萌发相关的基因和突变体进行了研究，在其他物种中也有一定研究，如花生（*Arachis hypogaea*）（Issa et al.，2010）、鹰嘴豆（*Cicer arietinum*）（Hernandez-Nistal et al.，2006）、独行菜（*Lepidium sativum*）（Graeber et al.，2010）、水稻（*Oryza sativa*）（Sugimoto et al.，2010）等。对野生燕麦（*Arena fatua*）的研究表明，吸涨的种子胚内 ABA 响应的 mRNAs 和热平衡蛋白（heat-stable proteins）上调或保持不变。休眠相关的转录子在休眠种子的胚内含量高，在非休眠和后熟的种子内含量下降，而在萌发的种子中则消失。因此，特异性 mRNAs 和蛋白的持续存在是保持休眠的必要条件（Holdsworth et al.，1999）。ABA 在休眠中的作用不是抑制基因表达，而是诱导抑制胚萌发的特异性基因的表达（Garello et al.，2000）。这些基因产物在休眠调节中的特异性功能还不清楚（Bewley，1997；Garello et al.，2000；Koornneef et al.，2002）。Bove 等（2005）用 cDNA-AFLP 方法成功地识别了休眠和非休眠的烟草中差异表达基因，在 15 000 个转录衍生片段（transcript-derived fragment，TDF）中，识别了6.8%的差异表达片段；De-Diego 等（2006）在干燥和萌发 24 h 的拟南芥种子中识别了35 个 TDF；Leymarie 等（2007）识别了 39 个差异表达片段（TDF），并对其中的 25 个进行了克隆和测序。

（五）环境因素对休眠的影响

种子休眠的特性是长期演化过程中形成的对不良环境的适应。休眠与环境因子有着密切的关系。Benech-Arnold 等（2000）将影响休眠的环境因子简单地分成两类：① 控制种子群体休眠程度变化的因子，即温度及其与水分条件的协同作用；② 当休眠程度足够低时，去除种子萌发的最终制约因子，即光照、变温和硝酸根的浓度。各种因素对种子休眠的影响如图 2-4 所示。种子休眠的程度反映了种子萌发对环境（包括温度、水分、光照、氧气等）需求的幅度；能发芽的环境范围越宽，表明种子休眠程度越浅；反之，范围越窄，休眠程度越深。例如，休眠的周期性就是其对环境变化的一种反映。在夏季一年生植物中，冬季低温解除休眠，而夏季高温诱导休眠（Baskin and Baskin，1998）。光敏感种子和非敏感性种子也是根据休眠种子对光照这一环境因子的需求来划分的。

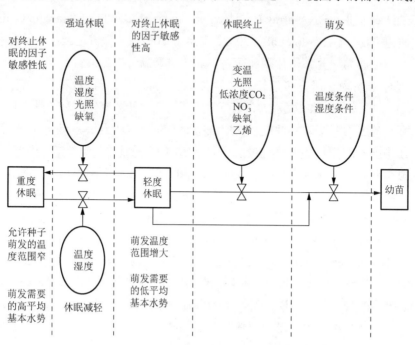

图 2-4　各种因素对种子休眠的影响流程图（Benech-Arnold et al.，2000）

第三章 羊草种子的发育和成熟

从种子形成到发育成熟是胚珠细胞不断分裂、分化以及干物质在细胞中不断合成、转化和积累的过程。在这一过程中，明显的变化主要有三个方面：外部形态及物理特性的变化、贮藏物质的合成与积累的变化以及发芽力的变化。这三个方面互相依存、密切配合并协调发展，种子才能够正常发育和真正成熟（高荣歧和张春庆，2010）。羊草是异花授粉植物，从开花到结实一般历时 30～45 d，该阶段主要是雌蕊历经授粉受精，发育成胚和胚乳，再经历灌浆阶段形成种子。本章主要研究了羊草花前至成熟阶段，羊草种子个体大小、形态结构、重量、颜色、硬度、含水量、结实率、种子和稃的形态、内源激素的动态及萌发特性等内容。

第一节 羊草受精及胚与胚乳的早期发育

羊草的花序为复总状，花序轴上长有分生枝梗，每个枝梗有一个穗状花序，通常把生长枝梗上的分枝称为小穗，每个小穗的基部有两片颖片，分别叫作内颖和外颖。羊草的花从整个花序的 1/3 处开始开放，然后向上向下，基部小穗最后开放。小花在适宜的温度、湿度条件下，外稃向外开展，内外稃开裂，露出花药，经过 15～20 min 后，内外稃角度增加达到 45°～60°，柱头露出，花药下垂，散播花粉。一般开花持续 90 min 左右，之后外稃向内闭合，30 min 全部关闭，小花开花结束，一朵小花由内外稃开始开裂到完全闭合，一共需要 160 min 左右（李德新，1979；祝廷成，2004）。

一、羊草穗的结构及双受精

羊草的花序轴有 10～30 个节，每节生 1～2 个小穗，小穗由小穗轴、颖片和小花构成。每个小穗最外部是外颖和内颖，内部是小花（图 3-1）。在一个 2～10 mm 长的小穗轴上着生 5～15 朵小花（刘公社和李晓霞，2015）。羊草的一朵颖花由 1 片内稃、1 片外稃、1 对浆片、1 个雌蕊和 3 个雄蕊构成，雌蕊由子房、花柱和柱头组成（图 3-2），雄蕊由花丝和花药两部分组成，花药的长度约为 5 mm（图 3-3），羊草花药有紫色和黄色之分（图 3-4），受精的子房发育成羊草种子（图 3-5）。

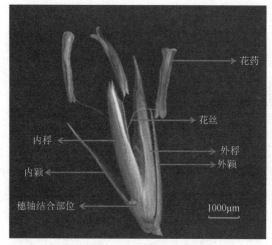

图 3-1　羊草小穗的形态结构

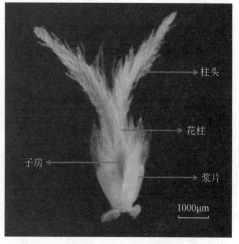

图 3-2　羊草雌蕊形态结构

（a）开花前的小穗

（b）花药伸出稃

（c）花药和花丝伸出稃

（d）开花后

图 3-3　羊草开花的各个过程图

（a）紫色花药

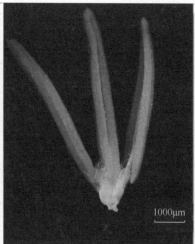

（b）黄色花药

（c）紫花羊草穗（左）和黄花羊草穗（右）

图 3-4　紫色和黄色羊草花药

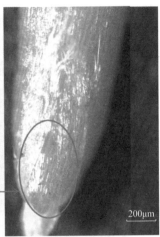

（a）新成熟的羊草种子　　　　　　（b）去稃的羊草种子　　　　　　（c）羊草种子的胚

图 3-5　羊草种子

被子植物种子的发育从双受精开始，产生二倍体的胚和三倍体的胚乳。羊草双受精作用的时间如表 3-1 所示。羊草的柱头为羽状柱头，传粉后，花粉很快落在羽状柱头上萌发，萌发孔长出花粉管。花粉管不断调整方向，穿过柱头和花柱进入子房，并破坏一个助细胞，将一个营养核与两个精子释放到破坏的助细胞中，此后，一个精子与卵细胞融合，合子发育成颖果中的胚，另一个精子与极核融合，发育成胚乳。

表 3-1　羊草双受精作用时间表

卵受精		极核受精	
授粉后时间/h	卵受精过程	授粉后时间/h	极核受精过程
1	花粉管进入助细胞并释放精子	1	花粉管进入助细胞并释放精子
（1，2]	精子移向卵细胞	（1，2]	精子移向极核
（2，3]	精核贴在卵细胞核膜上	（2，3]	精核贴在极核膜上
（3，8]	精核与卵核融合	3	精核与极核融合
（8，10）	在卵核内形成雄性核仁	（3，4）	在一个极核中形成雄性核仁
10	合子进入休眠期	4	初生胚乳核分裂
20	合子分裂		

资料来源：卫星和申家恒，2004。

羊草的花粉粒近似圆球形，表面有许多的小突起，称为基柱，基柱包括头部（caput）和柱状的棒（基粒棒，baculum）两部分。每个花粉粒上有一个圆形的萌发孔，孔口周围隆起为孔阜，萌发孔上面有个萌发盖（图 3-6）。萌发孔是花粉萌发时花粉管的出口，也是花粉脱水和水合过程中水的进出的主要位置。与其他禾本科植物一样，羊草的萌发孔区是外壁退化形成的孔盖（operculum），孔盖的外壁边缘加厚，孔盖下面存在垫状内壁加厚，成为 Z-层（zwischenkörper），Z-层含酸性多糖，当花粉水合时变为凝胶状，把孔盖举起，萌发孔打开，在花粉管萌发前 Z-层溶解。羊草花粉成熟时，有的花粉具有多核，有的是空瘪无核，但 90% 以上的花药的花粉发育是正常的（黄泽豪，2003）。

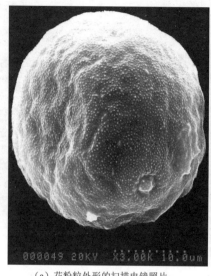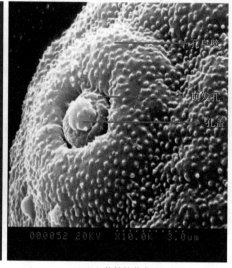

（a）花粉粒外形的扫描电镜照片　　　　　　（b）花粉粒萌发孔

图 3-6　羊草花粉粒扫描电镜图

二、胚和胚乳的发育

（一）胚的发育

种胚是种子最重要的部分，是合子经细胞分裂、分化发育而成。合子具有不同的极性，顶端具有萌发功能，下端仅仅具有植物性和营养功能，顶端细胞最后发育成成熟的胚，基细胞则发育成胚柄，但在心形后期胚柄开始衰老逐步退化。种子胚发育到子叶期后，已经完成了根分生组织和茎分生组织的分化，并加强核酸、蛋白质等的合成作用，在胚成熟后期，有机物合成结束（宋松泉等，2008；陈琳，2013）。

羊草的胚胎发育为紫菀型。卵细胞受精之后，合子体积没有明显变化。大多数合子内有 1 个大核仁，少数合子内雌雄性核仁一直没有融合，要经过 10～12 h 的休眠期，休眠期间，光镜下未见有形态学的极性分化。合子分裂前期，大部分雌雄核仁已融合为 1 个大的核仁（孙桂贞和屠骊珠，1990；卫星和申家恒，2004）。休眠期之后，合子进入第一次有丝分裂，有横分裂和斜分裂。细胞原胚早期两胚细胞无差异，只是在后期见到顶细胞和基细胞有比较大的差异。顶细胞体积小，细胞质浓，液泡小；基细胞体积较大，有明显的液泡，紧贴细胞壁分布着一薄层细胞质。顶细胞和基细胞的细胞质内都含有丰富的线粒体和圆球体，顶细胞内蛋白质比例较高，基细胞中的脂肪比例较高（孙桂贞和屠骊珠，1990）。

开花后 2 d，顶细胞进行一次纵分裂，基细胞进行一次横分裂，形成 T 形细胞原胚，以后细胞向各方向分裂，沿纵轴方向伸长；开花后 4 d 形成椭圆形胚，胚轴不明显；开花后 8 d，形成了具盾片状雏形的长棒状胚。以后胚进入分化期，首先出现小的盾片，然后出现胚芽鞘和胚根鞘；开花后 15 d，胚根和胚芽出现；之后，胚芽的两片幼叶也全部分化，经胚发育成熟期形成胚（孙桂贞和屠骊珠，1990）。

（二）胚乳的发育

胚乳大多数情况下是由极核和一个精子融合产生，是一个新的结构，参加融合的三个核（两个极核和一个精核）是单倍体，所以胚乳往往是三倍体结构（胡适宜，2005）。禾谷类种子的受精极核无须休眠，受精后即分裂，其初生胚乳核是按游离核方式在细胞分化之前分裂形成许多游离核后，再细胞化形成胚乳细胞（陈琳，2013）。禾本科植物的胚乳是营养物质的贮藏场所，在种子发育和萌发过程中，向胚组织提供营养物质。

羊草胚乳属核型（卫星和申家恒，2004；祝廷成，2004）。核型胚乳发育的基本过程为：初生胚乳核分裂及其后核的分裂不伴随其形成细胞壁，核成游离状态分布在细胞质中，在胚囊的中央细胞中形成一个多核的合胞体，在合胞体时期，随着游离核的增加和液泡的扩大，这些核与细胞质常常被挤到周边，围绕着中央大液泡（胡适宜，2005）。羊草胚乳细胞化按照先由珠孔端向合点端，从胚囊边缘向胚囊内部的顺序进行。细胞化的胚乳细胞，仍以有丝分裂来增加胚乳细胞的数目，胚乳组织不断地从周围的珠心位置吸收营养物质，并贮存在胚乳细胞中（卫星和申家恒，2004；祝廷成，2004）。胚乳是羊草种子的主要部分，胚乳组织的主要功能是积累贮藏物质，为胚的发育和幼苗的生长提供营养，以及分泌与个体发育有关的激素。

（三）果皮和种皮的发育

种皮是由珠被发育而成的，受精后胚和胚乳发育的同时，珠被发育成种皮，包在种子的最外面，起保护作用。珠被有一层的，也有两层的，具有两层珠被的胚珠常形成两层种皮，外珠被形成外种皮，内珠被形成内种皮。但禾本科植物的种皮极不发达，仅剩下由内珠被内层细胞发育而来的残存种皮，这种残存种皮与果皮愈合在一起，而主要由果皮对内部幼胚起保护作用（宋松泉等，2008）。羊草颖果的外面是果皮，往里依次是种皮、糊粉层以及胚乳（图3-7）。

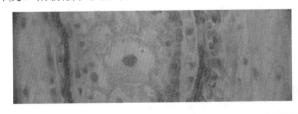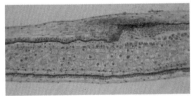

图 3-7　乳熟期羊草颖果的切片

第二节　羊草种子发育过程

本节相关研究内容是以中国科学院大安碱地生态试验站为研究平台，揭示了松嫩平原西部草甸羊草抽穗、开花至成熟期内的种子休眠形成的动态过程以及与休眠相关的内源激素及相关抑制物质的累积规律。2017 年 5 月 28 日（开花前）用红油标记抽穗和长势一致的羊草约 1000 穗，5 月 29 日～7 月 3 日每隔 5 d 采样一次，7 月 18 日取样一次，共计时间长度为 50 d，取样次数为 9 次，每次 100 穗左右。每次取约 50 穗进行实验：观察种子颜色、每穗小花数、种子总粒数、结实率、裸种子和带稃种子长度、测定种子水分含量、千粒重等指标，旨在探讨羊草种子发育过程中形态的变化动态。取约 50 个羊草穗进行种子萌发特性研究。

一、羊草开花-结实过程中穗及小穗的变化

图 3-8 为盛花期及成熟期的羊草群落和羊草个体。羊草的穗状花序个体之间存在很大的差异，主要有两大类：穗轴每节的小穗全部单生，部分小穗单生和对生混合（表 3-2）。羊草穗长一般在 14～17 cm；每穗种子数 112～167 个，每穗有 21～29 个小穗组成；每个小穗有 5～7 个小花。王克平（1984）将羊草小穗分为单生型、对生型以及从对生型中分化出的圆锥型三种类型。从我们在大安碱地生态试验站的调查中发现，110 穗羊草中，仅有 16 个为单生型，占 14.5%，对生的占 85.5%（表 3-2），大部分羊草小穗为对生。

（a）盛花期的羊草群落　　　　　　　　　　（b）盛花期的羊草穗

（c）种子成熟期的羊草群落　　　　　　　　（d）种子成熟期的羊草穗

图 3-8　盛花-成熟期的羊草

表 3-2　羊草穗长、每穗小穗数、每小穗小花数等状况

采样日期	羊草穗长/cm	每穗种子/个	小穗数/（穗/个）	小花数/（个/小穗）	小穗单双状况
5 月 29 日	17.3±0.5	166.8±10.9	29.0±1.5	5.7±0.6	1 穗全单 14 穗单双混合
6 月 03 日	16.4±0.5	143.8±10.7	22.8±1.3	6.3±0.3	1 穗全单 14 穗单双混合
6 月 08 日	15.8±0.7	148.6±11.8	26.7±2.3	5.7±0.3	7 穗全单 8 穗单双混合
6 月 13 日	15.1±0.5	138.9±7.3	23.7±1.2	5.8±0.2	2 穗全单 13 穗单双混合
6 月 18 日	15.9±0.6	160.1±12.5	27.4±2.1	5.9±0.3	3 穗全单 12 穗单双混合
6 月 23 日	14.7±0.4	138.8±4.9	25.0±1.0	5.6±0.2	1 穗全单 14 穗单双混合
6 月 28 日	14.7±0.6	111.5±7.8	21.6±1.0	5.2±0.3	1 穗全单 9 穗单双混合
7 月 03 日	14.4±0.6	125.9±12.8	26.1±2.3	4.9±0.4	0 穗全单 10 穗单双混合

注：每个取样时期样品数量为 10～15 个，表中数据为平均值±SE。

二、羊草种子发育过程颜色变化

羊草的花药、种子颜色和颖色均有黄色、紫色和斑色三种分化，不同类型羊草的差异是遗传分化的结果，与生态环境有直接关系（王克平，1984）。羊草种子开花前期至成熟的整个过程中稃和裸种子表面颜色不断变化（表 3-3）。羊草在开花前期，小穗的外部变为紫红色或者紫色，花药的颜色也是紫红色。6 月 3 日开始开花后，种子逐渐开始发育，10 d 左右长到成熟种子的一半，种子为绿色；6 月 23 日，绿色的种子上面出现红色斑点，有一部分种子已经完全变红色，6 月 28 日种子变为黄色，变硬，羊草种子成熟（表 3-3）。

表 3-3　2007 年 5 月 29 日~7 月 18 日羊草种子外观变化

调查日期	种子外观描述
5 月 29 日	未开花，大部分小穗外部变红或紫
6 月 3 日	少数开花，为紫色或红色花
6 月 8 日	大部分开花，有少数开始形成种子（绿色）
6 月 13 日	有些种子形成，有些达到半粒（绿色）
6 月 18 日	部分结实，同一穗上仍有少数未开花
6 月 23 日	结实种子表面出现红色斑点或者完全变红
6 月 28 日	种子完全变黄、变硬，整个穗以及 5 cm 左右的穗梗已经变白；有少数种子开始脱落
7 月 3 日	整个穗以及大部分穗梗已经变白，部分穗都有种子脱落现象
7 月 18 日	整个穗以及全部穗梗已经变白，大部分穗都有种子脱落现象

三、羊草种子个体长度变化

从图 3-9 可以看出，在整个发育过程中，带稃种子长度均不存在显著差异。5 月 29 日～6 月 13 日 15 d 时间内，羊草完成了开花过程，并进行着灌浆过程，裸种子长度达到 2.6 mm；6 月 13～18 日为羊草种子灌浆期，6 月 18 日裸种子长度达到 3.3 mm，至此羊草种子发育完成，6 月 18 日～7 月 3 日，羊草种子长度之间不存在显著的差异。

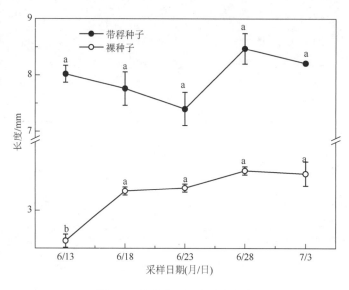

图 3-9　羊草种子长度动态变化

从图 3-10 可以看出，羊草种子发育分成两个明显的阶段：6 月 8～18 日是羊草种子个体生长的过程，这一发育阶段中，种子长度不断增加，胚乳尚未充满整个种子；6 月 18 日之后，这一生长阶段种子个体大小基本保持不变，胚继续生长，7 月 18 日去稃的羊草种子可以明显看到种胚 [图 3-10（f）]。

(a) 6月8日　　　　　　　(b) 6月13日　　　　　　　(c) 6月18日

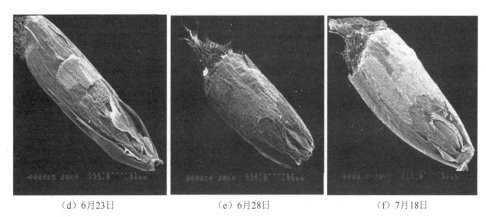

（d）6月23日　　　　　　（e）6月28日　　　　　　（f）7月18日

图 3-10　不同采集日期的羊草种子个体大小变化

四、羊草种子个体重量和含水量的变化

从图 3-11 可以看出羊草种子成熟过程中千粒鲜重变化较大，5 月 29 日和 6 月 3 日千粒鲜重均高于 6 月 8 日，6 月 8～28 日随着进一步生长发育，千粒鲜重呈上升趋势，之后呈显著下降趋势。羊草千粒重干重从 5 月 29 日（0.94 g）至 6 月 28 日（2.15 g）呈上升趋势，之后也呈下降趋势。7 月 3 日的千粒重（干/鲜）均低于 6 月 28 日，这可能是以下原因造成的：本实验选取整穗为研究对象，根据整穗的种子数重量计算得到千粒重，而在 7 月 3 日调查时每个穗上籽粒饱满、较大的种子部分脱落，剩余种子较小，空瘪种子的比例相对升高，千粒重下降。

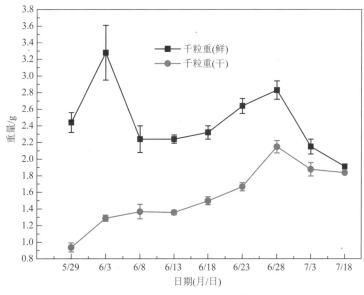

图 3-11　羊草种子千粒重的动态变化

在羊草开花至种子成熟的整个发育过程中，种子含水量呈现三个明显的变化时期。

5月29日～6月8日种子含水量呈现显著下降趋势，从62%下降到38%。6月8日～6月23日，种子含水量变化幅度较小，为35%～38%。种子完全成熟即6月23日之后，含水量呈线性下降趋势，从36%下降到4%（图3-12）。

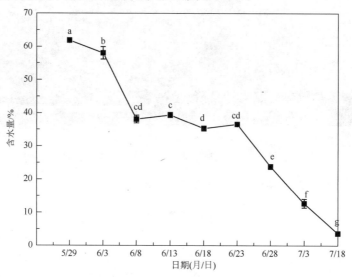

图3-12　羊草种子含水量的动态变化

五、羊草种子结实率变化

从图3-13可以看出，6月13～28日羊草种子结实率为72%～82%，不同取样时间没有显著的差异，而在7月3日显著下降（53.5%）。7月3日调查时发现，有部分成熟饱满的羊草种子开始脱落，且以离穗梗部位较远的、饱满诚实的种子脱落最多，空瘪种子比例相对升高，从而导致结实率下降。具体原因还需要进一步研究。上述结果表明，在羊草种子成熟之后，应尽快进行收获，否则饱满的种子脱落造成浪费。

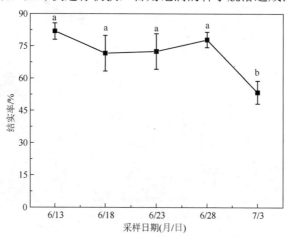

图3-13　羊草结实率动态变化

对 10 个羊草穗从底部往上，调查每个小穗的结实率（即每个饱满的羊草种子/总的羊草种子）在不同结实部位的差异，二者没有显著的相关性（$r=0.045$），即不同部位的羊草小穗的结实率没有显著相关性［图 3-14（a）］。并且，从调查的 10 个羊草个体可以看出，不同部位的羊草小穗个体之间存在着明显的差异。羊草穗的每个小穗的小花数表现为底部最多，其次是中部，上部小花数最少［图 3-14（b）］。

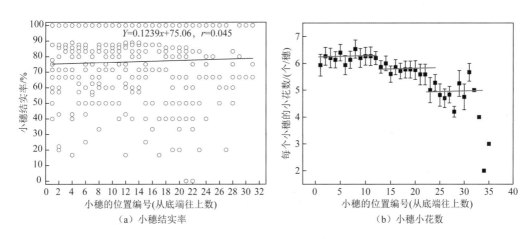

（a）小穗结实率　　　　　　　　　　（b）小穗小花数

图 3-14　不同部位羊草小穗的结实率和小穗的小花数

第三节　羊草种子个体发育过程中形态变化

羊草种子发育过程研究时间为 2007 年 5 月 28 日～7 月 18 日。5 月 28 日（开花前）用红油标记抽穗、生长状况相似的羊草，每隔 5 d 采样一次，取样后，放入装有 4%戊二醛（pH=7.2）的小瓶内，抽真空 3 h，待材料完全沉到固定液底部，放在 4℃冰箱内冷藏备用。扫描电镜观察前，将上述固定的种子，用磷酸缓冲液（pH=7.2）冲洗 3～5 次，然后用 30%、50%、70%、90%、100%乙醇梯度脱水，干燥后用双面胶粘于样片品台上，用 RMC-Eiko Corp 镀金仪镀金，并在 S-570 扫描电镜下观察拍照。

一、稃表面形态变化

从稃外表面扫描电镜图可以看到，羊草种子稃有条形纹理，在发育初期明显，随着种子不断发育，条形纹理变得模糊，整个种子稃表面较为光滑。稃的表层由长细胞和短细胞两种类型组成（图 3-15）。在发育初期，短细胞都是严密闭合的，到后期则有部分断开，这可能是由于种子采集期间，天气处于严重干燥–连续降水变化状态，干湿交替使得羊草种子稃表面的短细胞破裂。

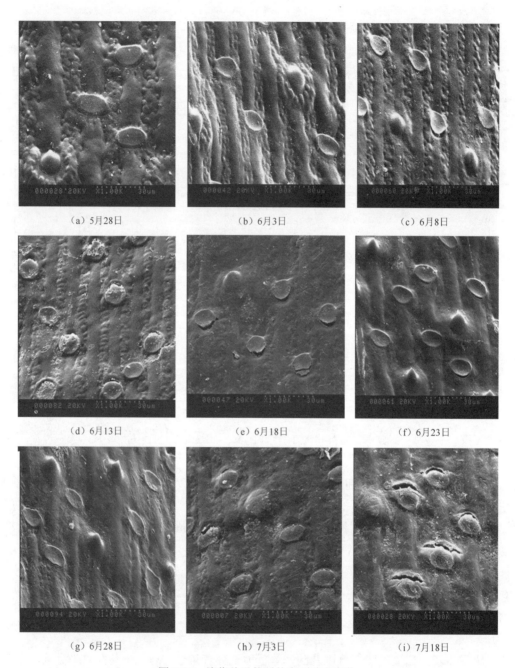

(a) 5月28日   (b) 6月3日   (c) 6月8日

(d) 6月13日   (e) 6月18日   (f) 6月23日

(g) 6月28日   (h) 7月3日   (i) 7月18日

图 3-15　羊草种子外稃外表面动态变化

从羊草种子外稃的扫描电镜观察图可以看出，外稃内表面结构没有明显的变化规律。从图上看，有的发育时期有腺毛的存在，且个数较多、分布较密；而有的时期则没有。作者认为种子发育过程中，这些腺毛变化可能不大，但羊草种子个体之间存在着较大的差异，即有一些个体有长短疏密不同的腺毛，而有些个体则没有（图 3-16）。

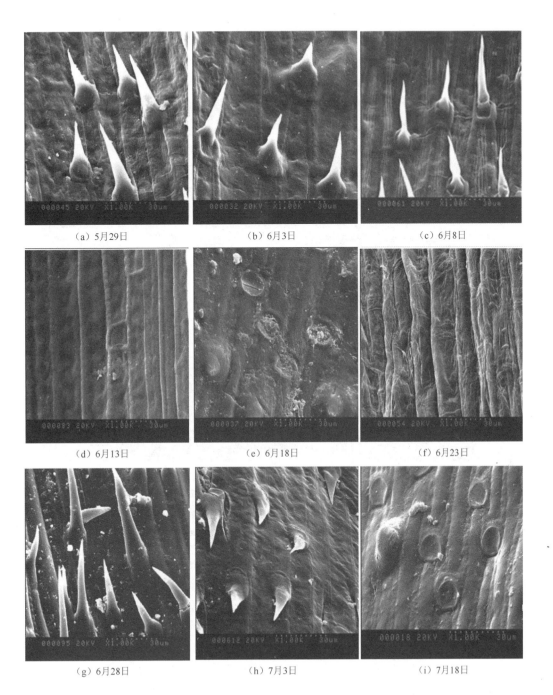

图 3-16　羊草种子外稃内表面动态变化

二、果皮变化

从图 3-17 中可以看出，羊草种子的种皮（实际为果皮）在种子成熟过程中的形态变化很大，6月3～8日皱褶非常明显，6月18日之后逐渐展平，显现出条形纹理，表面结构逐渐致密。

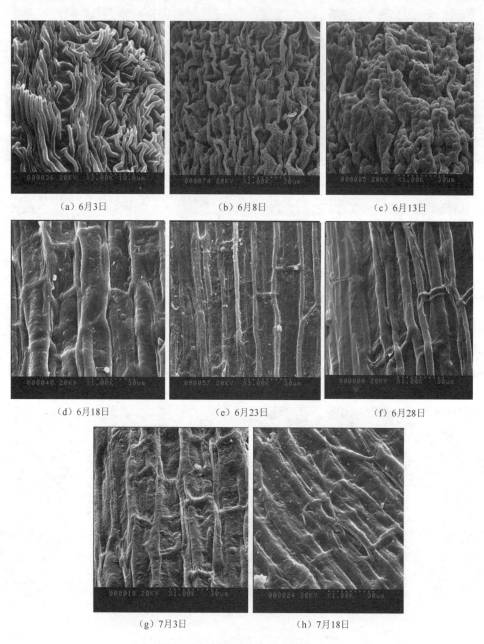

图 3-17　羊草种子种皮动态变化

第四节　羊草种子个体发育过程中内源激素变化

正在生长发育的种子除积累各种主要的贮藏养料之外，生长调节物质或激素也会发生动态变化，如赤霉素（GA$_3$）、细胞分裂素（CK）和脱落酸（ABA）等（胡晋，2006）。这些物质在植物胚胎发育、种子休眠调控、营养生长、果实成熟、叶片衰老等植物生长发育的各阶段均发挥着重要作用。本节研究了羊草种子从开花前至成熟期整个发育过程中GA$_3$、ABA、玉米素核苷（ZR）和吲哚乙酸（IAA）的动态变化过程，旨在为羊草种子休眠机理研究提供理论依据。

一、材料和方法

（一）实验材料

以中国科学院大安碱地生态试验站为平台，于2007年5月29日至7月18日期间，约每隔5 d时间取羊草穗50个，放在-80℃低温下保存至2008年1月中旬。

（二）实验方法

通过酶联免疫吸附测定法（ELISA）测定GA$_3$、ABA、ZR和IAA四种植物激素在羊草种子成熟过程中的动态变化。将羊草种子从羊草穗上剥离下来，称取约1.00 g放入研钵中，加入少量石英砂和4 mL提取液研磨成浆，转入10 mL离心管中，用6 mL提取液洗涤研钵，将洗涤液倒入离心管中，摇匀后放入4℃冰箱中过夜。然后经过离心、过C18小柱、氮气吹干除去甲醇、定容等步骤完成对激素的提取。

（三）内源激素GA$_3$、ABA、IAA、Z、ZR的提取和测定

激素的提取：称取不同采集时间的羊草种子1.00 g左右，加入2 mL样品提取液，在冰浴下研磨成匀浆，转入10 mL试管，再用2 mL提取液分次将研钵冲洗干净，一并转入试管中，摇匀后放置在4℃冰箱中过夜，1000 r/min离心15 min（实验中离心机型号LDZ5-2，约4000 r/min），取上清液。沉淀中再加1 mL提取液，搅匀，置4℃下再提取1 h，离心，合并上清液并记录体积，残渣弃去。上清液过C18固相萃取柱（500 mg/6 mL；可用10～15个样品/个），具体步骤是：80%甲醇（1 mL）平衡柱→上样→收集样品→移开样品后用100%甲醇（5 mL）洗柱→100%乙醚（5 mL）洗柱→100%甲醇（5 mL）洗柱→循环。将过柱后的样品转入5 mL塑料离心管中，真空浓缩干燥或用氮气吹干，除去提取液中的甲醇，用样品稀释液定容至1.5 mL。

激素的测定：采用酶联免疫吸附测定法（ELISA），根据试剂盒的说明，经过酶标板的包被、洗板、竞争、洗板、加二抗、洗板、加底物显色、比色等过程，测定GA$_3$、ABA、IAA、Z、ZR等激素。共有9个样品处理，每个处理3次重复。

结果计算：Logit曲线是计算ELISA结果最方便的方式。曲线的横坐标用激素标样

各浓度（ng/mL）的自然对数表示，纵坐标用各浓度显色值的 Logit 值表示。Logit 值的计算方法如下：

$$\text{Logit}\left(\frac{B}{B_0}\right) = \ln \frac{B / B_0}{1 - B / B_0} = \ln \frac{B}{B_0 - B}$$

式中，B_0 是 0 ng/mL 孔的显色值；B 是其他浓度的显色值。作出的 Logit 曲线在检测范围内应是直线。待测样品可根据其显色值的 Logit 值从图上查出其所含激素浓度（ng/mL）的自然对数，再经过反对数即可知其激素的浓度（ng/mL）。

二、结果与分析

（一）GA$_3$的动态变化

羊草种子内源激素 GA$_3$ 浓度随着成熟度的增加呈先下降后上升趋势，但从整个发育过程来看，变化幅度较小（图 3-18）。5 月 28 日～6 月 8 日，即种子开花前至开花后的过程中，整个种子内 GA$_3$ 浓度呈下降趋势，6 月 8 日浓度最低，为 886.05 ng/gFW，之后，随着成熟度的增加，GA$_3$ 有上升趋势，7 月 18 日种子的 GA$_3$ 浓度显著高于 6 月 8 日（$p>0.05$）。

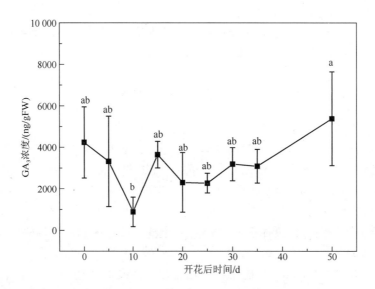

图 3-18　不同发育时期羊草种子内源 GA$_3$ 的动态变化（以开花前 5 月 29 日为基数 0）（Ma et al., 2010c）

（二）ABA 的变化动态

从图 3-19 可以看出，羊草种子内源激素 ABA 浓度随着成熟度的增加呈上升趋势。在完全成熟时期（7 月 3 日左右）浓度达到最大值，显著高于 5 月 29 日～6 月 8 日种子内的激素浓度（$p<0.05$）。

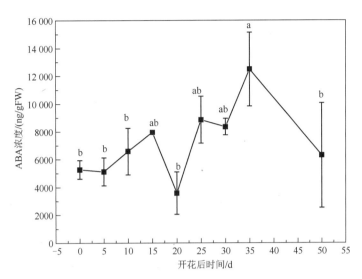

图 3-19　不同发育时期羊草种子内源 ABA 的动态变化（以开花前 5 月 29 日为基数 0）（Ma et al., 2010c）

（三）ZR 的变化动态

从图 3-20 可以看出，羊草种子内源激素 ZR 浓度随着成熟度的增加呈显著上升趋势，在完全成熟时期（7 月 3 日左右）含量达到最大值，显著高于 5 月 29 日～6 月 8 日种子内的激素含量（$p<0.05$）。

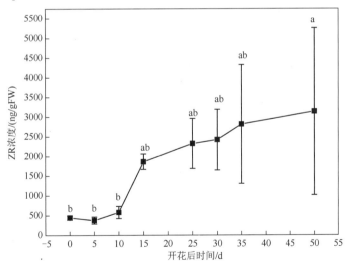

图 3-20　不同发育时期羊草种子内源 ZR 的动态变化（以开花前 5 月 29 日为基数 0）（Ma et al., 2010c）

（四）IAA 的动态变化

从图 3-21 可以看出，羊草种子内源 IAA 浓度在整个发育期内基本呈上升趋势，在开花后 10 d 内，略呈下降趋势，之后上升，在种子刚成熟时期（7 月 3 日）浓度达到最大值，随着成熟度的增加，到 7 月 18 日，浓度低于 7 月 3 日。

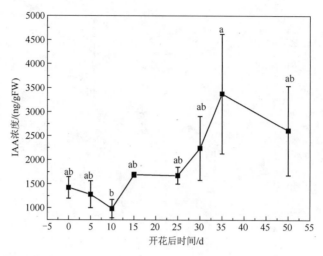

图 3-21 不同发育时期羊草种子内源 IAA 的动态变化（以开花前 5 月 29 日为基数 0）（Ma et al.，2010c）

（五）促/抑激素比值

从图 3-22 可以看出，羊草种子从开花前（5 月 29 日）至完全成熟（7 月 18 日）过程中，GA_3、ZR、IAA 与 ABA 的比值均小于 1，且比值除了 ZR/ABA 外，均表现为先

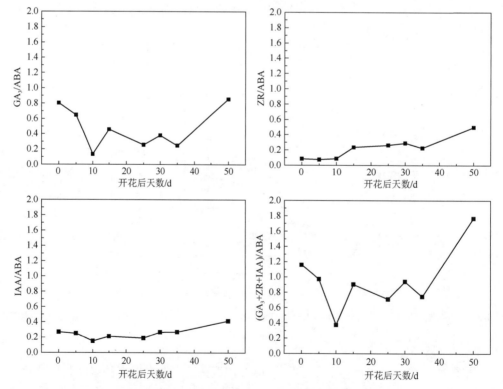

图 3-22 不同发育时期羊草种子内源促/抑激素比值的动态变化
（以开花前 5 月 29 日为基数 0）（Ma et al.，2010c）

下降后上升的趋势，且最低值均出现在 6 月 8 日。三种促进激素总和与 ABA 之比在 5 月 29 日和 7 月 18 日两个时间点大于 1，分别为 1.16 和 1.77。

三、小结与讨论

激素控制种子休眠和萌发的研究已经成为休眠机理研究的热点之一。多数研究认为，内源激素参与了休眠的诱导、维持和终止。Brady 和 Mccour（2003）认为，在种子休眠获得或解除过程中起关键作用的内源信号分子是 ABA 和 GA$_3$。目前，多数研究认为 ABA 可以促进种子休眠，抑制种子的萌发。随着种子的形成，胚发育成熟，种子进入一个相对静态的休眠期；而有学者提出，ABA 含量与种子休眠性不相关是因为 ABA 间接参与调控、维持种子的休眠（Gianinetti and Vernieri，2007）。在种子休眠与萌发的过程中，ABA 和 GA 作为两种最为重要的植物激素，相互拮抗。早期的遗传学研究表明，ABA 与 GA 两种激素可互相抑制对方的合成（Yamaguchi，2008；Nambara et al.，2010）。ABA 促进种子贮藏蛋白和脂肪的合成，促进种子脱水性耐性和种子休眠的获得，抑制种胚萌发；而 GA 促进 α-淀粉酶、核酸酶、蛋白水解酶、ATP 酶等的表达，解除种子休眠，促进萌发，种子休眠或萌发取决于这两种激素的平衡。孟繁蕴等（2006）对滇重楼种胚休眠和发育过程中内源激素的变化动态研究表明，ABA 含量显著下降，与休眠解除有较大的相关性；而在滇重楼种胚的发育期，特别是滇重楼种胚的生理后熟期，GA$_3$、IAA、ZR 含量逐渐升高，其变化趋势与滇重楼种胚快速分化、发育相一致，抑制物质的减少及促萌物质的增加与积累，最终导致滇重楼种胚休眠的解除。有的学者则认为种子休眠和萌发取决于所有抑制激素和促进激素的比值（易津等，1997）。

我们的研究表明，在整个发育过程中，促进激素 GA$_3$、IAA、ZR 中，GA$_3$ 含量最高，且含量变化不大，IAA 和 ZR 均呈显著的上升趋势。而 ABA 含量在发育前期基本呈上升趋势，而在完熟期之后（7 月 18 日）略低于 7 月 3 日采集的含量。这与易津等（1997）的研究不完全一致，其研究表明，ABA 含量随着发育时间的增加呈先上升后下降趋势，灌浆期最低（0.942 ng/粒），腊熟前期（7 月 20 日）达到最大值（2.11 ng/粒），到完熟期（8 月 20 日）含量下降到 1.58 ng/粒，GA$_3$ 含量则随发育时间增加，基本呈下降趋势。产生差异的原因可能是种子采集的年份、地理环境以及物候期的不同。总体上，种子保持休眠或者萌发状态是由多种激素及外界环境等诸多因子共同决定的，并且多种激素的信号途径并不是单独存在的，而是存在一定的交叉，因此要明确理解种子休眠与萌发的生理机制需要在整体上综合分析多种因素及其相互作用，而不能仅仅从某单一因素考虑（于敏等，2016）。

第四章 羊草种子休眠特性

种子休眠是植物经过长期演化而获得的一种适应环境变化的生物学特性，具有重要的生物学和生态学意义。种子休眠的原因很多，有的是单一因素造成的，如种皮或果皮不透水性、胚发育不完全或者内源抑制物质等，而有的是多种因素共同作用的结果。羊草种子的休眠特性已经有很多报道，并得到了广泛的关注（易津，1994；刘公社和齐冬梅，2004；祝廷成，2004；马红媛等，2005；何学青等，2010）。本章系统研究了羊草种子的结构、透水性、内源抑制物质、种子大小、采集年份和贮藏时间等对羊草种子休眠的影响。

第一节 羊草种子结构

种子的结构一般包括胚、胚乳和种皮三部分，分别由受精卵（合子）、受精极核和珠被发育而成。羊草种子实际为颖果，其外由外稃、内稃包被着，内稃一侧有退化的柄，内外稃和果皮紧密结合，不容易剥离。去稃的羊草种子为椭圆形，呈黄色或深褐色，基部生有 1 mm 左右的柔毛。如果没有特别的说明，本书中所有的羊草种子均指带稃的羊草颖果。

一、材料和方法

（一）实验材料

本节所用的羊草种子除了用于石蜡切片的种子为 2006 年 6 月中旬采自中国科学院东北地理与农业生态研究所长春园区温室内的灌浆期种子之外，其余材料均于 2004 年 7 月末采自中国科学院大安碱地生态试验站。

（二）实验方法

1. 羊草种子重量与长度

用称重法测定羊草种子的千粒重，称量 100 粒种子的质量，5 次重复，计算 1000 粒种子重量的平均值。用游标卡尺测定羊草种子的内外稃长度、去稃种子的长度和厚度等指标。

2. 羊草种子胚和胚乳的观察

将成熟的羊草种子浸泡 24 h，放入含有甲醛-乙酸-乙醇固定液（FAA）的小瓶内，抽真空 3 h，待材料完全沉到固定液底部后，放入 4℃冰箱内冷藏备用。扫描电镜观察前，将上述固定的种子，用磷酸缓冲液（pH=7.2）冲洗 3～5 次，然后依次用 30%、50%、70%、90%、100%乙醇梯度脱水。羊草种子的胚的观察是在实体解剖镜下用解剖刀、解剖针等工具将羊草种子的胚分离，并用显微镜进行拍照；羊草种子胚的扫描电镜是将分离的胚粘于样片品台上（样品台上粘有导电的双面胶带），干燥，用 RMC-Eiko Corp 镀金仪镀金，并在 S-570 扫描电镜下观察拍照。

3. 羊草种子休眠部位的确定

对带稃的羊草种子进行处理后，分别得到对照，去稃，去外稃，去内稃，去稃后将稃重新覆盖在种子上（去稃十稃），从胚一侧切去种子底部 1 mm（底部去 1 mm），切去去稃种子一半（去稃去 1/2 胚乳），切去去稃种子的 1/4（去稃去 1/4 胚乳）共 8 种处理。然后在 5℃/35℃、12 h/12 h 光照/黑暗条件下进行萌发，低温下黑暗，高温下光照，每种处理 4 次重复，每个重复内 30 粒羊草种子。

二、结果与分析

（一）羊草种子组成部分的比例

从实体解剖镜下可以看出，羊草的种子与外稃和内稃黏合，种子具纵向沟槽，背腹压扁，顶端具簇生的毛，种脐长条形（图 4-1）。羊草种子的胚小，胚乳硬，胚不具外胚叶，不具尾状盾叶，具一个很小的中胚轴节间，具一枚盾片维管束，胚向也边缘集聚。外稃披针形，具有狭窄膜质的边缘，顶端渐尖或形成芒状小尖头，基盘光滑，内稃短于外稃。稃表皮有一薄层角质层。从表 4-1 和表 4-2 可以看出，羊草种子千粒重较小，仅有 2.29 g 左右，其中稃占了整个种子质量的 44.5%，带稃羊草种子长度为 8.11 mm，而去稃种子长度为 3.73 mm 的一半。但羊草种子个体大小因生境条件和地理区域的不同而有很大的差异。

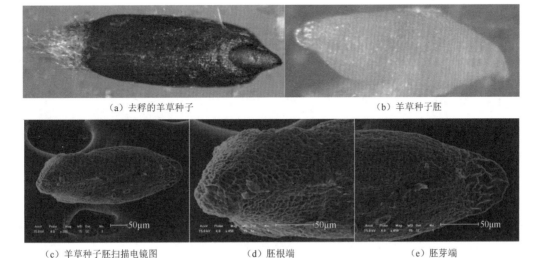

（a）去稃的羊草种子　　　　　　　　　　　　　　（b）羊草种子胚

（c）羊草种子胚扫描电镜图　　　　　（d）胚根端　　　　　（e）胚芽端

图 4-1　羊草种子及胚实体解剖镜和扫描电镜照片

表4-1　供试羊草种子重量指标

带稃种子 千粒重/g	稃 千粒重/g	去稃种子 千粒重/g	稃/带稃种子/%
2.29±0.03	1.06±0.08	1.32±0.16	44.5±2.30

表4-2　供试羊草种子长度指标

带稃种子长/mm	带稃种子宽/mm	带稃种子厚/mm	内稃长/mm	去稃种子长/mm	去稃种子宽/mm	去稃种子厚/mm
8.11±0.20	1.24±0.02	0.93±0.02	7.31±0.14	3.73±0.19	1.06±0.02	0.72±0.02

羊草种子果皮的表皮细胞为一层排列紧密的长条形细胞，其外面覆被明显的角质层。刘军和黄娟（2003）对羊草种子结构进行了解剖，羊草种子的果皮和种皮以及残留珠心组织的特性如表4-3所示。

表4-3　羊草种子的形态结构

果皮				种皮		残留珠心组织	
表皮细胞	内外表皮之间的薄壁细胞	内表皮细胞	厚度/μm	形态	厚度/μm	形态	厚度/μm
长条形，外被一薄层角质层	2～3层细长型包庇细胞层	一层长条形细胞紧密排列	62.5	一层非细胞结构	12.5	一层非细胞结构	7.5

资料来源：刘军和黄娟，2003。

（二）羊草种子的胚和胚乳的结构

同禾本科其他植物一样，羊草种子的胚包括种皮、胚乳和胚三部分。种皮与果皮合生不易分类，胚乳占了绝大部分，紧贴种皮的一层细胞是糊粉层，其余为富含淀粉的胚乳细胞。羊草种子的胚较小，位于籽粒底部中间位置。胚包括盾片、胚芽、胚芽鞘、胚轴、胚根、胚根鞘等。被子植物的胚根据其位置、大小和性状，共分为13种类型（Martin，1946；Baskin and Baskin，2014），羊草种子的胚为线完全发育的线形胚（linear developed）。羊草种子胚的长度一般为450 μm（图4-1）。

（三）羊草种子的稃和胚乳对休眠的影响

对稃和胚乳进行处理之后的羊草种子发芽率及幼苗的生长指标如图4-2和表4-4所示。5℃/35℃变温条件下，对照和去内稃处理的羊草种子在发芽率、发芽速率及幼苗的生长指标之间不存在显著的差异。但其他六种处理的发芽率、发芽势及幼苗发育指标均显著高于对照，而发芽速率（T_{50}）则显著低于对照。切1 mm稃的处理降低了稃的部分机械阻力，因此其发芽率和发芽势均显著高于对照，但显著低于去稃以及去稃+稃处理。去稃和去稃+稃处理的几乎所有的指标（根长除外）均不存在显著的差异（$p>0.05$）。去稃种子的胚乳加快了种子萌发的速率，缩短了发芽时间。在发芽前3 d，去1/2胚乳的种子发芽率显著高于去 1/4 胚乳的种子，而后两者的发芽率基本一致，不存在显著的差异。幼苗的生长也因胚乳含量的减少而受到一定的影响，随着胚乳减少量的增多，羊草苗长和根长及鲜重也呈下降趋势（表 4-4）。

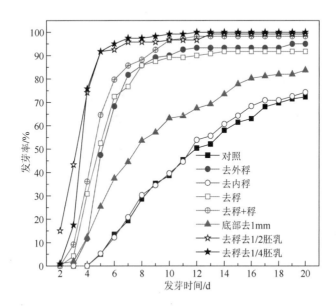

图 4-2　不同处理对羊草种子的萌发进程（Ma et al.，2008）

表 4-4　不同处理对羊草种子萌发和幼苗生长指标的影响

处理	发芽势/%	T_{50}/d	根长/cm	芽长/cm
带稃	13.5±2.0e	11.7±0.29a	1.25±0.08c	2.26±0.23cd
去稃	72.5±3.4bc	4.9±0.07b	1.29±0.10c	2.65±0.05abc
去稃+稃	79.8±3.8b	4.5±0.13bc	1.61±0.10ab	2.77±0.12ab
底部去 1 mm	45.6±3.8d	6.8±0.4bc	1.40±0.12abc	2.98±0.28a
去内稃	12.2±3.4e	11.5±0.84a	1.34±0.04bc	2.16±0.14d
去外稃	68.4±3.5c	5.1±0.12b	1.68±0.09a	2.67±0.09abc
去稃去 1/2 胚乳	92.5±3.4a	3.2±0.23cd	0.57±0.06e	1.40±0.14e
去稃去 1/4 胚乳	95.0±1.0a	3.6±0.08bc	0.94±0.15d	2.40±0.05bcd

注：图中数据表示平均值±SE，n=4，同一列数据中的相同字母表示在 0.05 水平不显著。

三、小结与讨论

羊草种子由胚乳、胚、果种皮和内外稃等结构组成，其内稃和外稃与果种皮粘连在一起，对羊草种子胚的生长产生一定的机械阻力。羊草种子的稃厚而致密，且表面有一层角质层，影响种子的通透性（齐冬梅等，2004）。从扫描电镜图片上也可以看出，稃的表面也有一层角质层存在，这些结构可能为羊草种子胚的透水、透气性都带来一定的抑制作用。通过对羊草种子去稃等一系列处理发现，羊草的外稃的机械阻力是抑制其萌发的主要部位之一。对于有稃种子来说，胚位于外稃一侧，外稃与羊草种子的果种皮紧密相连，发芽时外稃便会对羊草种胚产生较强的机械阻力。稃除了机械抑制之外，稃中可能含有阻碍发芽的化学抑制物质，这种或这些化学物质的主要成分可能是酚酸类物质，这些物质的成分及含量有待进一步的验证。

本研究表明，胚乳是抑制羊草种子萌发的另外一个因素。在种子萌发前期，去掉的胚乳越多，种子的萌发也越快。去掉 1/2 胚乳的种子，抑制物质含量少于去掉 1/4 胚乳的种子，萌发速度快，平均萌发时间短。Huang 等（2004）对大赖草（*Leymus racemosus*）的研究表明，去掉的胚乳越多，大赖草种子的发芽率越高，发芽速度越快，这一结果与我们的结果部分相似，但对羊草种子来说这一规律仅出现在萌发的前 3 d，之后去 1/2 和去 1/4 胚乳的种子发芽率之间不存在差异（Ma et al.，2008a）。因此，我们认为去胚乳处理可以促进种子萌发，除了减少抑制物质以外，可能还存在其他的促进因素。例如，促进了与种子萌发有关的酶的活性，或加速了胚乳中的抑制物质的外渗，这些需要在以后的实验中进一步证实。

总之，从羊草种子的结构分析其休眠的原因，首先外稃的机械抑制是羊草种子休眠的因素之一；其次，胚乳是抑制羊草种子胚伸长的另外一个主要因素。羊草种子内外稃与种皮紧密结合，对羊草种子胚的生长势产生机械抑制；并且稃表面具有致密的角质层，可能会对羊草种子的吸水特性产生一定的影响。羊草种子果皮的表皮细胞外有一层厚的角质层，可能对胚吸水与呼吸作用有一定的影响。去稃和切去部分胚乳的种子发芽率能达到 100%，表明休眠完全被解除，但胚乳的作用机理是 ABA 抑制、透水性影响还是水溶性抑制物质的作用还有待进一步研究。

第二节　羊草种子的透水性

一、材料和方法

供试羊草种子为 2004 年 7 月份采自中国科学院大安碱地生态试验站的羊草群落。采用称重法研究羊草种子的吸水规律，比较去稃和带稃羊草种子在室温下的吸水特性。首先将带稃羊草种子手工去除外稃和内稃，得到去稃种子。称取带稃和去稃羊草种子的初始重量，每种处理 3 次重复，每次重复 50 粒羊草种子，然后包在双层纱布中，完全浸入装有蒸馏水的烧杯中，置于 25℃恒温箱内，分别吸水 4 h、7 h、10 h、24 h、48 h、72 h 后测定种子重量，并计算在不同吸水时间后羊草种子的吸水量。

二、结果与分析

从图 4-3 可以看出，带稃和去稃的羊草种子具有相似的吸水规律变化曲线。在吸水过程中，前期吸水速率快，4 h 后两者吸水率分别为 68.1% 和 44.4%，之后缓慢上升，吸水 24 h 后，吸水率基本上保持恒定。带稃种子的吸水率在每个时间点均显著高于去稃种子。

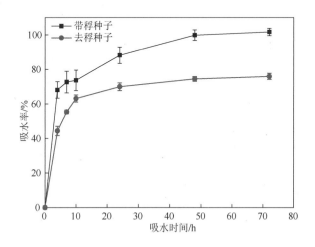

图 4-3　带稃和去稃羊草种子吸水率的变化曲线（Ma et al.，2008）

三、小结与讨论

羊草种子的稃具有一定的透水性，能为种子萌发提供一定的水分条件，不是引起羊草种子休眠的因素，因此排除了羊草种子有物理休眠（PY）的可能性。稃能够吸收较多的水分，这可能在减缓种子在干旱环境下的脱水速率有一定的作用，不至于使种子脱水而失去活力（蔺吉祥和穆春生，2016）。果皮或种皮是否具有透水性是判断种子是否具有物理休眠的主要特性，也是生理休眠和物理休眠的主要区别。

稃对羊草种子休眠的影响主要是稃对胚的机械抑制以及稃中存在的抑制物质（Ma et al.，2008，2010a，2010b）。通过对去稃和未去稃的羊草种子的吸水规律的比较（图 4-3）发现，稃和种皮并没有抑制羊草种子的吸水率，但影响了种子的吸水速率，这与何学青等（2010）的研究结果一致。结合本章第一节的研究，羊草种子的胚是成熟和发育的胚，不存在生理后熟现象，这就排除了羊草种子休眠属于形态（MD）或者形态生理休眠（MPD）的可能，因此，羊草种子可能的休眠类型为生理休眠（PD），利用低温 4℃浸种 10 d 即可打破羊草种子的休眠（Ma et al.，2010a），属于非深度的生理休眠。

第三节 羊草种子内源抑制物质

一、材料和方法

（一）羊草种子水溶性抑制物质的提取和生物鉴定

1. 实验Ⅰ：不同浓度的稃和带稃种子浸提液对大白菜种子萌发的影响

为研究羊草种子和稃中是否存在抑制种子萌发的水溶性抑制物质，用羊草种子和稃的浸提液处理白菜种子，并对这些抑制物质进行生物鉴定。取手工剥取的羊草种子稃0.4720 g 和带稃的羊草种子（2004 年）0.4720 g，分别加入 50 mL 80%的冰甲醇研磨，4000 r/min 离心 15 min，放在 4℃冰箱内浸提 24 h。在减压浓缩机中将甲醇滤出，将剩余的水溶液定容至 25 mL。以此溶液作为 100%浓度，取出一部分，分别稀释到 50%和25%，以蒸馏水处理作为对照备用。将上述 0、25%、50%和 100%的羊草种子稃和带稃的种子的浸提液，加入铺有定性滤纸的直径为 9 cm 的培养皿内，每个浓度 4 次重复，每个培养皿中播种 50 粒大白菜种子。发芽条件为 25℃恒温，12 h/12 h 光照/黑暗。24 h测定发芽率，48 h 测定根长。

2. 实验Ⅱ：稃和去稃种子浸提液对苜蓿和羊草种子萌发的影响

浸提液制备按照如下方法进行：分别取羊草种子的内外稃和胚乳（内部含胚）各0.283 g，放入两个小烧杯中，加入 50 mL 蒸馏水，放在 35℃恒温箱中浸泡 48 h。用三层纱布过滤到容量瓶内，放入 4℃冰箱备用。将打破休眠的羊草种子和苜蓿种子分别放入铺有双层滤纸的培养皿内，加入一定量的浸提液，以蒸馏水处理为对照，加入的量以浸透滤纸为标准。每种处理 3 次重复，每个重复 50 粒种子。

（二）不同休眠程度的羊草种子内源激素的差异

1. 实验Ⅰ：不同休眠程度的羊草种子的获得

根据前期实验，通过低温浸种处理会显著打破羊草种子的休眠，且不同采集年份的羊草种子也存在着显著的差异，如 2004 年的羊草种子休眠程度浅，发芽率高；而 2005年采集的种子发芽率低，休眠程度深。因此，选择 2004 年和 2005 年的羊草种子，分别进行 5℃浸种 10 d 和 16℃浸种 10 d 以及 16℃浸种 5 d+5℃浸种 5 d 处理后，得到一系列休眠程度存在差异的羊草种子。手工将上述羊草种子的内外稃分离，将稃和去稃羊草种子放在-20℃下备用。

2. 实验Ⅱ：内源激素和酚酸含量的测定

通过高压液相色谱（HPLC）测定上述处理的带稃种子、去稃种子的内源激素和酚酸的含量。具体的测定方法如下。样品前处理：精确称取新鲜样品 1～3 g（精度 0.001 g），剪细后放于研钵中，研细后转入 50 mL 具塞三角瓶中，加入 30 mL 冰甲醇（4℃），加塞放入超声波中，4℃超声震荡 0.5 h 后，放入冰箱中过夜，过滤，滤渣中再加入 20 mL 冰甲醇，超声震荡 0.5 h，过滤，合并滤液，减压浓缩至 5 mL 后，经过 0.5 μm 滤膜过滤，清液待上机测定。色谱条件：玉米素（Z），玉米素核苷（ZR），异丙酮（IPA）测定如下：Waters 244 型 HPLC 仪器；柱：DiamosilC18（0.5 cm×3.5 cm）；流动相：10% CH_3OH，5% CH_3CN，85%H_2O（用 H_3PO_4 调 pH=3.5）；流速：0.8 mL/min；检测器：UV254nm；定量方法：外标法；最小检测限：10^{-8} g/L。GA_3、IAA、ABA 测定：流动相：30% CH_3OH，10% CH_3CN，60%H_2O（用 H_3PO_4 调 pH=3.5），其他条件与 Z，ZR，IPA 测定相同。最小检测限：10^{-8} g/L。内源激素测定 ABA、IAA、Z、ZR 等；酚酸测定儿茶酸、苯甲酸、氯原酸、咖啡酸、香豆酸、阿魏酸等。

实验Ⅲ：不同休眠程度的羊草种子的萌发特性

为了确定上述不同处理种子休眠程度与内源激素含量的差异，将上述不同处理的种子在 16℃/28℃变温下萌发，12 h/12 h 光周期，每天调查种子发芽率，及时补充蒸发的水分，萌发 14 d 结束实验。

（三）数据分析

利用 SPSS19.0 对数据进行统计分析，采用 Duncan 方法作多重比较，最小显著差法（LSD）在 0.05 概率水平，确定各个平均值之间的差异显著性，利用 Origin7.5 软件绘图。利用 SPSS 软件对不同休眠程度的羊草种子的发芽率与对应种子的内源激素含量做相关分析。

二、结果与分析

（一）羊草种子水溶性抑制物质的生物鉴定

从图 4-4 和图 4-5 中可以看出，随着浸提液浓度的增加，大白菜种子的发芽率和幼苗的根长均呈下降趋势，且稃的浸提液的抑制作用显著高于带稃的种子浸提液。浓度 100%的稃浸提液处理的大白菜种子发芽率为 0［图 4-5（a）］，相同浓度下的带稃种子处理的发芽率为 37.5%，对照为 87.0%［图 4-5（b）］，三者之间均存在着极显著的差异。带稃羊草种子和稃的浸提液对白菜种子萌发生长影响的实验研究表明，羊草种子和稃中存在着种子萌发的抑制物质，这些抑制物质对大白菜种子的发芽及根长生长均存在不同程度的抑制作用。这些抑制物质的存在可能是羊草种子休眠的原因之一。

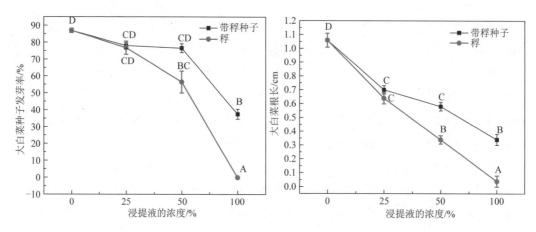

图 4-4　不同浓度的带稃的羊草种子和稃浸提液对大白菜种子发芽率和根长的影响

图中字母表示在 0.01 水平的差异程度（Ma et al.，2010b）

（a）稃浸提液

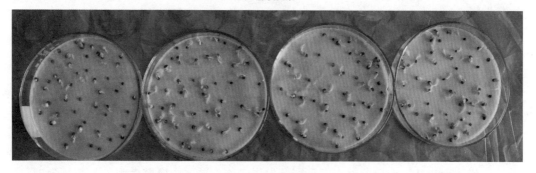

（b）去稃种子浸提液

图 4-5　羊草种子稃浸提液和去稃种子浸提液对大白菜种子萌发的影响

从左往右浸提液浓度分别为 100%、50%、25% 和 0

从图 4-6 可以看出，稃和胚乳浸提液对苜蓿和羊草种子的萌发均有显著的抑制作用。

对于苜蓿种子来说，去稃种子的浸提液的抑制作用大于稃浸提液。苜蓿种子的发芽率分别为对照（77.3%）>稃浸提液（71.3%）>去稃种子浸提液（69.3%）。对羊草种子来说，稃浸提液处理的发芽率为82%，显著低于对照和胚乳浸提液处理的种子。去稃种子浸提液对羊草种子的发芽率影响没有达到显著性水平。这可能与实验提取的胚乳浸提液浓度较低，抑制物质渗出较少有关。从这两组数据中可以确定，稃和胚乳中的确存在某种或某些抑制种子萌发的物质。

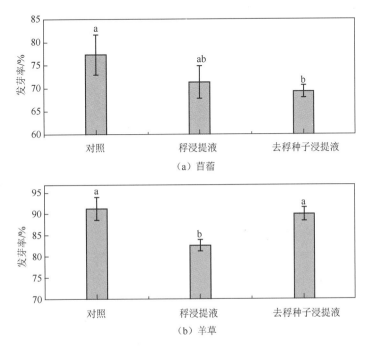

图 4-6　羊草种子的稃皮和胚乳的浸提液对苜蓿和羊草种子发芽率的影响

（平均值±标准误差，*n*=3）

每一小图中，具有相同字母的柱体间差异在 0.05 水平不显著

（二）不同休眠程度的羊草种子内源激素含量

1. 羊草种子和稃内源激素变化

对 2004 年采集的种子而言，羊草种子稃中的内源促进激素 GA_3 和 IAA 的含量远远高于去稃种子处理（图 4-7），前者分别是后者的 2.11 倍和 4.56 倍。对 2005 年采集的种子而言，内源促进激素 GA_3、Z、IAA 以及抑制激素 ABA 的含量均表现为在带稃的种子中含量高于去稃种子处理（图 4-8），前者分别是后者的 1.96、2.58、3.57 和 3.4 倍，内源抑制激素 ABA 也主要存在于种子稃中，稃中的含量是去稃的 1.87 倍。从 2004 年和 2005 年采集的羊草种子的内源激素含量分布可以看出，无论是内源促进激素（GA_3 和 IAA）还是抑制激素（ABA）均在稃中的含量高。

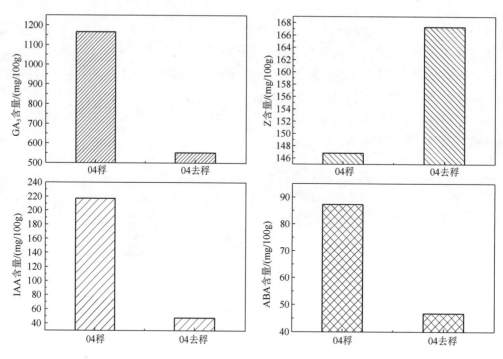

图 4-7　2004 年采集的羊草种子稃和去稃种子内的内源激素的含量

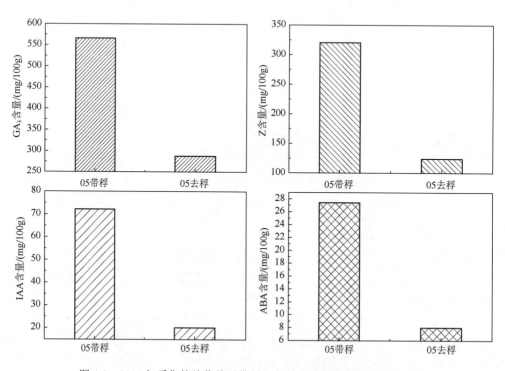

图 4-8　2005 年采集的羊草种子带稃和去稃种子内的内源激素的含量

2. 不同休眠程度的羊草种子内源激素变化

无论是在带稃羊草种子还是去稃种子中，促进激素 GA_3、IAA、Z 的含量均明显高于 ABA（图 4-9）。在带稃种子中，经过任何温度浸种处理的 GA_3 和 Z 的含量均降低。除 16℃浸种 5 d+5℃浸种 5 d 处理的羊草种子的 IAA 和 ABA 含量稍高于对照之外，其他两种浸种方法的 IAA 和 ABA 含量也略低于对照。对去稃的种子而言，经过任何温度浸种处理的 GA_3 含量均下降，但经 5℃浸种 10 d 处理的高于其他两种浸种方法处理的种子。经过不同处理的羊草种子中激素 Z 的变化表现为 5℃浸种 10 d 略高于对照，而 16℃浸种 5d+5℃浸种 5 d 含量明显下降，比对照降低了 33.6 μg/100 g。经过浸种处理之后内源激素 ABA 的含量均大幅度上升，经 5℃浸种 10 d、16℃浸种 10 d 和 16℃浸种 5 d+5℃浸种 5 d 处理的去稃羊草种子的 ABA 含量分别是对照的 8.01、8.15 和 4.83 倍。

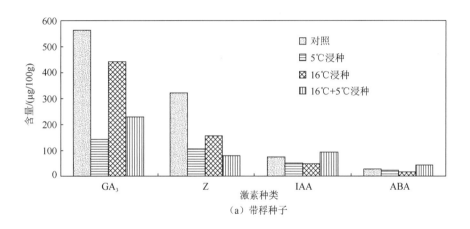

（a）带稃种子

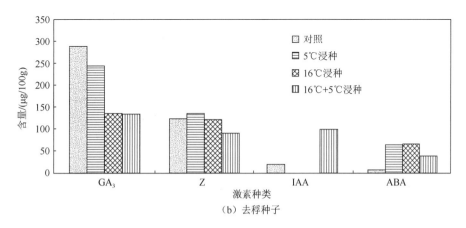

（b）去稃种子

图 4-9　经过不同处理后的羊草种子内源激素的变化

经过 5℃浸种后的羊草种子内的儿茶酸、对羟基苯甲酸、氯原酸、咖啡酸、香豆酸和阿魏酸的含量均低于对照（图 4-10）。其中香豆酸的含量下降幅度最大，对照内香豆酸含量是处理的羊草种子的 6.61 倍，酚酸总量为 25.81 mg/100 g，比对照减少了 17.45 mg/100 g。

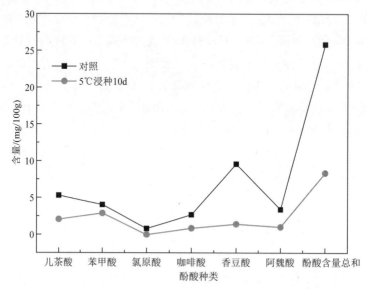

图 4-10　2005 年采集的羊草种子经过 5℃浸种 10 d 处理内源酚酸含量的变化

3. 羊草种子休眠程度与内源激素的关系

2004 年和 2005 年采集的种子经过 5℃浸种、16℃浸种以及 16℃+5℃浸种处理后的发芽率均高于没有经过处理的种子（图 4-11）。对 2004 年羊草种子而言，经过 5℃浸种和 16℃浸种发芽率最高，两者相差不大，而 16℃+5℃浸种处理的发芽率则显著低于上述两种处理，与对照之间不存在显著差异。2005 年羊草种子的发芽率以 5℃浸种处理为最高，其他规律与 2004 年羊草种子相同。

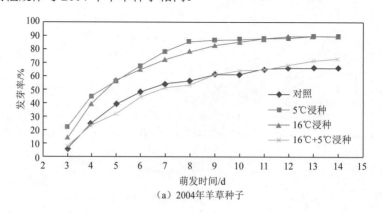

（a）2004年羊草种子

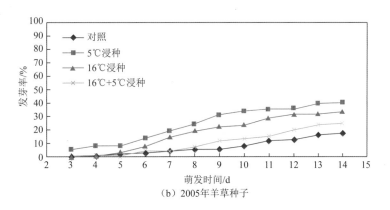

（b）2005年羊草种子

图4-11　2004年和2005年采集的羊草种子经过不同处理之后的萌发进程

2004 年和 2005 年羊草发芽率及内源激素的相关分析表明，GA$_3$、Z、IAA、ABA，GA$_3$/ABA 和（GA$_3$+Z+IAA）/ABA 均与羊草种子的发芽率没有显著的相关性。但可以看出 ABA 与发芽率之间呈负相关（r=-0.289），而与其他内源激素之间均呈正相关（表4-5）。

表4-5　羊草种子内源激素与发芽率的相关性分析

	GA$_3$	Z	IAA	ABA	GA$_3$/ABA	（GA$_3$+Z+IAA）/ABA
发芽率相关系数	0.351	0.041	0.191	-0.289	0.041	0.055
显著性 p	0.394	0.939	0.651	0.487	0.924	0.896

三、小结与讨论

本节中，羊草种子稃中内源激素含量高于去稃种子，但相关分析结果表明，羊草种子的发芽率与内源促进激素含量均没有达到显著相关性，其休眠的原因可能是内源激素调控作用不大。关于羊草种子的休眠激素调控方面，前人进行了初步研究，确定了羊草的休眠类型为抑制物引起的生理休眠，抑制物主要是脱落酸（ABA），主要抑制部位是稃和胚乳（易津等，1993；易津，1994；易津等，1997；刘公社和齐冬梅，2004）。进一步的研究认为，种子内萌发促进激素与抑制激素的比值对种子萌发起着重要的调节作用。当促/抑激素比值较大时，种子解除休眠，萌发率提高。羊草种子的休眠是萌发抑制物脱落酸与萌发促进物（多种激素，如 ZR、Z、GA$_3$、IAA 等）综合作用的结果（易津等，1997）。但利用外源激素处理解除羊草休眠种子的效果非常有限（王萍等，1998）。易津等的研究认为，羊草种子属于生理休眠，主要是在稃和胚乳中存在抑制物质 ABA（易津，1994；易津等，1997；刘公社和齐冬梅，2004）。据测定，贮存 1 年的种子内 ABA 含量为 0.83 μg/g，而贮存 5 年的为 0.08 μg/g，含量随着贮藏年限的延长而下降，和羊草种子的发芽率呈极显著的负相关（易津，1994）。从羊草种子不同发育期内源激素变化动态看，灌浆期 ABA 含量为 0.942 ng/粒，GA$_3$ 为 0.562 ng/粒，到完熟期含量分别为 1.58 ng/粒和 0.25 ng/粒。在种子成熟过程中，ABA 逐渐积累，GA$_3$ 呈逐渐减少的趋势（易津等，1997）。这说明羊草种子的休眠是在种子成熟过程中逐渐形成的。但关于羊草种子的自然休眠年限和种子寿命没有确切的定论。有的认为 2～3 年，有的认为 4 年以上。本节中，羊草种子稃中内源激素含量高于去稃种子，但相关分析结果表明，羊草种子的发芽率与内源促进激素含量均没有达到显著相关性，其休眠的原因可能受内源激素调控作用不大。

但羊草种子的稃与胚乳内均含有水溶性和醇溶性的抑制物质，且稃的抑制作用更大。稃浸提液对羊草种子的发芽存在着自毒作用，即抑制自身种子的萌发，但本章第一节研究表明，去稃+稃处理种子的发芽率与去稃处理没有显著性差异，表明稃中虽然有抑制物质，但在其浓度足够低的时候不能对羊草种子萌发产生抑制作用。此外，虽然对这些物质进行了生物鉴定，根据已有的研究推断可能是酚酸类物质，但具体还未进行定性分析。

第四节　羊草种子的大小

一、材料和方法

（一）实验材料

供试羊草种子于 2004 年 7 月末采自中国科学院大安碱地生态试验站。通过逐层过筛，将种子按照个体大小分为小种子、中种子和大种子三种型号。

（二）实验方法

对上述个体大小不同的羊草种子，分别测定其千粒重、吸水率以及发芽率。千粒重测定方法：每次称量 100 粒种子质量，5 次重复，计算平均值。吸水率测定方法：将三种不同个体大小的种子 50 粒×3 次重复，在 28℃下吸水 3 h，测定吸水前后种子质量变化，计算吸水率。发芽率测定前用 0.1%的 $HgCl_2$ 溶液将种子表面消毒 10 min，再用蒸馏水冲洗若干次，将消毒种子放在铺有单层滤纸的 9 cm 玻璃培养皿内，每种处理 3 次重复，每个重复 50 粒羊草种子，发芽条件为 16℃/28℃，12 h 黑暗/12 h 光照，光照强度为 54 μmol/（m^2·s），萌发 21 d 测定种子的发芽率。

二、结果与分析

（一）不同大小的羊草种子千粒重吸水量

供试的小种子、中种子和大种子的千粒重分别为 1.88 g、2.32 g 和 2.87 g，经单因素方差分析，供试羊草种子的千粒重存在极显著差异（$p<0.01$）。吸水 3 h 后，小种子的吸水率显著低于中种子和大种子，而后两者之间则没有显著差异（图 4-12）。

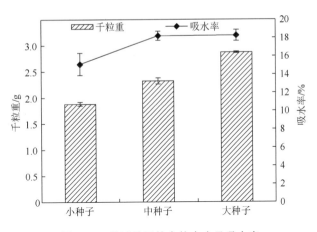

图 4-12　供试种子的个体大小及吸水率

（二）不同大小的羊草种子萌发特性

从图 4-13 可以看出，三种个体大小的种子发芽率之间没有显著差异。在萌发初期（0～16 d），三种个体不同的种子发芽率依次为：中种子>小种子>大种子。随着萌发继续进行，大种子发芽率逐渐升高，16～21 d，小种子和中种子的发芽率分别增加了 10.3%和 6.0%，而大种子增加了 15.3%，且仍呈上升趋势（图 4-13）。对三者最终发芽率（21 d）进行统计分析，结果表明三种个体不同的种子发芽率之间不存在显著差异。

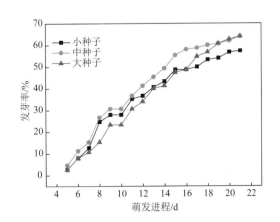

图 4-13　个体大小不同的种子随萌发进程发芽率情况

从图 4-14 可以看出，个体大小不同的羊草种子每天发芽个数最高值出现的时间也不同。小种子和中种子第 9 天萌发个数最多为 6 粒（共 50 粒），而大种子每天发芽个数波动较大，没有明显的高峰值，只是在第 10 天萌发 4 粒。

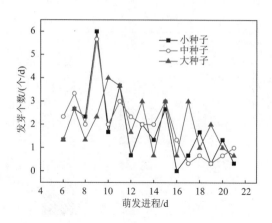

图 4-14　个体大小不同的种子的每天发芽个数

三、小结与讨论

种子千粒重反映了种子的大小和饱满程度，千粒重越大种子越饱满，其内含的营养物质越丰富，可以提供促进种子发芽的物质越多，使发芽迅速整齐。千粒重对幼苗的生长和生物量也有较大影响。种子质量越大，秧苗素质越好，生物量越高。大粒种子比小粒种子具有更充足的贮藏物质，保证幼苗能够有充足的资源，最大可能地用于生长。研究表明，种子大小反映母体对后代的投资水平，与种子数量、幼苗存活率有密切关系。小种子具有较强的拓殖能力，能够依靠种苗数量占据生存空间；而大种子能产生出较大的幼苗，对资源缺少和面临的生存逆境具有潜在的耐受力（林玲等，2014）。

对羊草种子而言，其个体大小对发芽率没有显著的影响，且在萌发前期，小种子和中种子的萌发速率高于大种子，随着萌发时间的增加，大种子发芽率逐渐增加，但萌发结束后，大、中和小三种个体种子发芽率之间没有显著差异。杨允菲和祝廷成（1989）通过对 1983 年和 1984 年放牧场、长期割草场、短期割草场和停刈的休闲草地等地采集的种子发芽率与千粒重的相关分析表明，二者呈极显著的正相关。这与本书结论有一定的出入，这可能与后者种子千粒重与采集地的地理环境、草地管理方式等不同有关。

第五节　采集年份和贮藏时间

一、材料和方法

（一）实验材料

供试羊草种子为 2002 年、2003 年、2004 年、2005 年、2008 年、2009 年 7 月末采自中国科学院大安碱地生态试验站的自然羊草群落。采集后的种子在室温下晾干，装入透气布袋中，放在 4℃冰箱内保存、备用。

（二）实验方法

1. 实验Ⅰ：2004～2009 年采集的羊草种子萌发特性

萌发实验时间为 2009 年 9 月。实验前先用 0.1%HgCl₂ 溶液对种子进行表面杀菌 10 min，再用蒸馏水冲洗若干次，然后将不同年份的羊草种子用镊子手工去稃，去稃后用消毒的解剖刀切去 1/2 胚乳，以未进行去稃和去胚乳的种子即带稃种子为对照。将上述消毒种子放在铺有单层滤纸的 9 cm 玻璃培养皿内，每种处理 3 次重复，每个重复 50 粒羊草种子。发芽实验采用纸培法，每个培养皿内加入一定的蒸馏水保持培养皿内湿润。用封口膜封口，防止溶液蒸发。发芽温度为 5℃/28℃，高温 12 h 光照［光强 54 μmol/（m²·s）］，低温 12 h 黑暗。萌发 21 d 后，记录幼苗的根长和苗长，计算根冠比。

2. 实验Ⅱ：不同贮藏年限对羊草种子萌发的影响

2004 年 7 月采集的羊草种子自然风干后，放在 4℃冰箱内，分别在 2005 年 5 月、2006 年 11 月、2007 年 7 月进行萌发实验。萌发实验在人工气候箱（HPG-280Ⅱ）内进行。萌发条件为 16℃/28℃变温，低温 16℃黑暗 12 h，高温 28℃光照 12 h，光照强度为 54 μmol/（m²·s）。发芽时间为 21 d。其余萌发条件与实验Ⅰ相同。

3. 实验Ⅲ：2002～2005 年采集的羊草种子萌发特性

将 2002～2004 年采集的羊草种子进行萌发实验，实验时间为 2009 年 9 月，实验方法和条件与实验Ⅰ相同。种子用蒸馏水冲洗干净，每个年份的种子四次重复，每次重复 50 粒饱满的种子。2002～2004 年的羊草种子，采自中国科学院大安碱地生态试验站。培养条件为 16℃/28℃，12 h/12 h，黑暗/光照，高温下光照，低温下黑暗。

4. 数据统计分析

$$平均发芽时间（d）=\sum(Gt \times Dt)/\sum Gt$$

式中，Gt 为逐日萌发数；Dt 为萌发天数。

$$萌发指数（GI）=\sum(Gt/Dt)$$

式中，Gt 为在不同时间的发芽数；Dt 为相应 Gt 的萌发日数。

$$发芽率（\%）=发芽种子数/供试种子总数 \times 100\%$$

$$发芽势（\%）=前6天发芽的种子数/供试种子总数 \times 100\%$$

$$简化活力指数=S \times GI$$

式中，S 为发芽终期胚根的长度。

不同年份和处理之间的种子发芽率、幼苗根长、苗长和根冠比等数据用单因素方差分析；采集年份、处理及其互作发芽率、根长等指标的数据采用双因素方差分析。

二、结果与分析

（一）实验Ⅰ：2004～2009年采集的羊草种子萌发特性

1. 不同采集年份、不同处理方式的种子对羊草种子发芽率的影响

从图 4-15 可以看出，带稃的羊草种子中以 2008 年和 2009 年发芽率最高，分别为 61.7%和 63.3%，两者不存在显著差异；以 2005 年最低为 21.7%，显著低于 2004 年的 38.9%。去稃的羊草种子中 2004 年、2008 年和 2009 年发芽率分别为 80.0%、86.7%和 74.4%，无显著差异。4 个年份中去稃半粒羊草种子发芽率均高于 93%，无显著差异。单因素方差分析表明，同一年份的种子中，发芽率均表现为去稃半粒>去稃>带稃种子，且均达到显著水平。

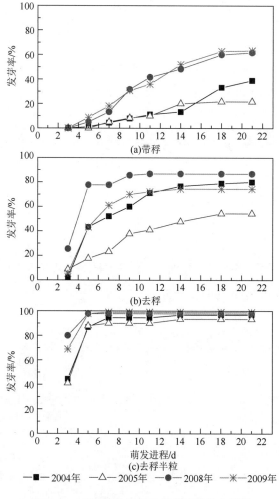

图 4-15　不同采集年份羊草种子发芽率差异

2. 不同采集年份、不同处理方式的种子对羊草幼苗生长的影响

从图 4-16 和表 4-6 可以看出，对照和去稃处理中，随着采集年限的推迟，羊草幼苗根长和苗长均呈增加趋势，带稃的羊草种子的根长和苗长中以 2009 年最高，分别为 6.0 cm 和 5.5 cm，去稃处理也达到 4.9 cm 和 3.9 cm，均显著高于 2004 年处理，但与 2008 年处理之间无显著差异。4 个年份中带稃处理根冠比均无显著差异，去稃和去稃半粒处理中均以 2004 年根冠比最低。

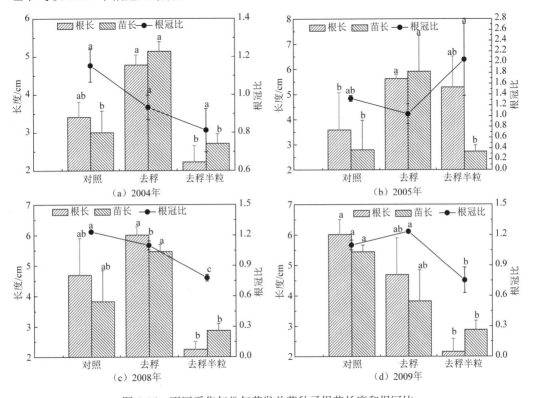

图 4-16　不同采集年份年萌发羊草种子根苗长度和根冠比

图中的小写字母不同分别表示不同处理年限之间根长、苗长以及根冠比存在显著的差异（$p<0.05$）

表 4-6　采集年份、处理及其互作对羊草种子发芽率和幼苗生长的影响

变异来源	发芽率	根长	苗长	根冠比
年份	56.8***	9.238***	14.464***	10.760***
处理	376.5***	82.021***	108.524***	14.673***
处理×年份	16.1***	4.155**	4.738**	3.306*

注：表中数据为双因素方差分析的 F 值；*** $p<0.001$；** $p<0.01$；* $p<0.05$。

（二）实验Ⅱ：不同贮藏年限对羊草种子萌发的影响

2004 年 7 月份采集的羊草种子在 4℃下贮藏不同时间，其发芽率如图 4-17 所示。贮藏时间对羊草种子的萌发存在显著的差异（$F=10.725$，df $=2$，$p=0.010$）。其中，贮藏

36 个月的羊草种子发芽率为 66.7%，显著高于贮藏 10 个月和 16 个月的种子。研究表明，随着贮藏时间的增加羊草种子的生理休眠被打破，发芽率增加。

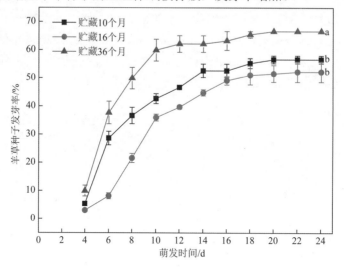

图 4-17　不同贮藏时间对羊草种子萌发的影响

（三）实验Ⅲ：2002～2005 年采集的羊草种子萌发特性

2002 年和 2003 年采集的种子千粒重之间没有显著差异，但均显著低于 2004 年和 2005 年；而 2004 年和 2005 年采集的种子之间的千粒重也不存在显著差异[图 4-18(a)]。

2004 年采集的羊草种子的发芽率最高，发芽时间最短，发芽指数、根长、芽长、发芽势等指标也与其他贮藏年份种子存在着显著的差异［图 4-18（b），图 4-19，表 4-7]。另外，虽然不同贮藏年份的种子的千粒重存在着显著的差异，但羊草千粒重与种子的发芽之间并没有必然的联系。因此，羊草种子发芽率低，不仅与种子的休眠程度有关，种子的质量对各种发芽指标的影响也不容忽视。

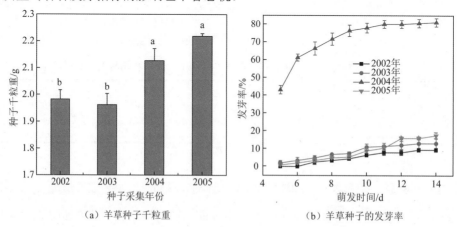

（a）羊草种子千粒重　　　　　　（b）羊草种子的发芽率

图 4-18　不同采集年份羊草种子的千粒重和发芽率

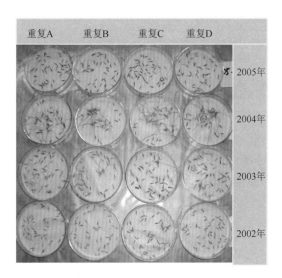

图 4-19　不同采集年份（2002～2005 年）羊草种子萌发状况

表 4-7　不同采集年份种子的发芽及生长指标

采集年份	发芽率/%	发芽势/%	发芽指数	发芽天数/d	根长/cm	芽长/cm	活力指数
2002	9.5±0.96a	0.0±0.00a	0.52±0.04a	9.46±0.43bc	0.43±0.14a	0.46±0.15a	0.23±0.07a
2003	13.3±2.59ab	3.6±1.74a	0.66±0.17a	8.38±0.61b	2.39±0.30b	2.62±0.20c	1.66±0.33a
2004	80.7±2.36c	61.4±1.98b	11.72±0.40b	6.39±0.20a	3.99±0.20c	4.85±0.14d	56.97±3.56b
2005	16.2±1.61b	2.1±0.85a	0.95±0.08a	10.22±0.35c	1.84±0.17b	1.81±0.26b	1.72±0.30a

注：表中数据为平均值±SE，同一列数据中的不同字母表示在 0.05 水平差异显著。

三、小结与讨论

本节表明羊草种子的休眠程度与采集年份及贮藏时间均有一定的相关性。2004～2009 年采集的羊草种子的发芽结果表明，2008 年和 2009 年的带稃的羊草种子发芽率最高，2004 年和 2005 年的种子发芽率显著降低。这可能是由以下原因引起的。

首先，贮藏 4～5 年会使羊草种子的活力下降。本实验的萌发时间是 2009 年 9 月份，此时 2004 年和 2005 年的种子贮藏的年限已有 4～5 年，发芽率呈下降趋势可能是随着贮藏时间的增加，种子活力下降引起的。董玉林等（2007）对贮藏 1～7 年的冰草种子的活力进行了测定，结果表明，贮藏 1～2 年的种子休眠性最强，贮藏 4 年的种子发芽率最高。虽然种子活力可能下降，但是种子仍然是具有活力的，本书中经过去稃+去 1/2 胚乳处理的羊草种子（去稃半粒）发芽率均在 90% 以上，且处理之间无显著的差异。易津等（1993）比较了贮藏 1～5 年的羊草种子内的 ABA 含量的变化情况，发现它们呈下降趋势，发芽率呈上升趋势，且贮藏 4～5 年发芽率最高，这与本书结论不同。羊草种子的萌发不仅受贮藏年限的影响，且种子贮藏的环境温度和水分等条件同样会对种子萌发产生影响（马红媛和梁正伟，2007b）近期，我们对室温下贮藏 12 年的羊草种子进行萌发，种子完全丧失发芽力。由此可见，羊草种子的贮藏年限和贮藏环境对其活力均有重要影响。

其次，种子的休眠和萌发还受种子采集年份的气候条件的影响。不同年份的种子质量受温度、降水以及土壤盐碱化程度等气候条件和环境因子的影响。不同地理环境下，气温和降水的变化通过影响地上植物母体生长条件和物候期，进而影响种子大小、数量、形态和质量，最终会影响休眠和萌发格局等（张学涛和谭敦炎，2007；魏胜利等，2008；Kochanek et al.，2010；Ooi，2012；Huang et al.，2016；Smith et al.，2017）。温度不仅会影响种子的休眠水平和萌发速度，而且可能会影响子代种子的成熟时间和幼苗的建成（黄振英等，2012）；水分也是通过气温和降水的变化来影响地上植物母体生长条件和物候期，进而影响未来进入土壤种子库的种子数量、质量和休眠特性（Kochanek et al.，2010；Ooi，2012；布海丽且姆·阿卜杜热合曼等，2012）。

第五章 羊草种子萌发的环境因素

种子萌发是指种子从吸胀作用开始的一系列有序的生理过程和形态发生过程。种子的萌发需要适宜的温度、适量的水分、充足的空气，有的物种种子萌发还需要一定的光照。另外，埋藏深度、盐碱胁迫等外界环境因子都会对种子的休眠和萌发有重要影响。本章首先对羊草种子萌发过程胚及胚乳的变化动态等一般特征进行探讨，然后重点对温度、光照、水分、埋藏深度等生态因子对羊草种子萌发的影响进行系统的研究。

第一节 羊草种子萌发过程胚和胚乳的变化

一、材料和方法

（一）实验材料

供试羊草种子于 2015 年采自中国科学院大安碱地生态试验站。采集后的种子在室温下晾干后装入透气布袋中，放在 4℃冰箱内保存、备用。实验前先用 0.1%的 $HgCl_2$ 溶液对种子进行表面杀菌 10 min，再用蒸馏水冲洗若干次。

（二）实验方法

实验Ⅰ：羊草胚的发育动态观察。将上述饱满的羊草种子放在铺有双层滤纸的培养皿内，每个培养皿放 30 粒，共 8 个，加入适量的水分，保证滤纸浸透但没有明显的水层。放入人工气候箱内，培养条件为 16℃/28℃，12 h/12 h，黑暗/光照，高温下光照，低温下黑暗。在培养 0（对照）、2、4、6、8、10、12 和 14 d 时对萌发的羊草种子在实体显微镜下进行胚的生长动态观察并照相。

实验Ⅱ：羊草胚和胚乳的变化。在萌发 0、2、4、6、8、10、12 和 14 d 时将上述羊草种子随机取 5 粒，放入装有 4%戊二醛（pH=7.2）的小瓶内，抽真空 3 h，待材料完全沉到固定液底部，放入 4℃冰箱内冷藏，固定 24 h 以上。扫描电镜观察前，将上述固定的种子，用磷酸缓冲液（pH=7.2）冲洗 3～5 次，然后依次用 30%、50%、70%、90%、100%乙醇梯度脱水，干燥后用双面胶粘于样片品台上，用 RMC-Eiko Corp 镀金仪镀金，并在 S-570 扫描电镜下观察拍照。

二、结果与分析

羊草种子萌发过程中胚的变化动态如图 5-1 所示。羊草种子吸胀之前如图 5-1（a）所示，萌发经过吸胀之后，胚开始分化，胚根先从种子中生长出来，但仍然包在胚根鞘中

[图 5-1（b）]，之后胚芽也逐渐突破种皮开始生长 [图 5-1（c）]，并继续伸长 [图 5-1（d）]，理论上，此时已经完成了萌发的过程。萌发 8 d 之后羊草胚根从胚根鞘中伸展出来继续生长，并出现了大量的根毛 [图 5-2（a）]，之后，羊草针状真叶已经呈现绿色 [图 5-2（b）]，继续生长之后，从胚芽鞘中伸展出来，开始进入萌发后的幼苗生长阶段。

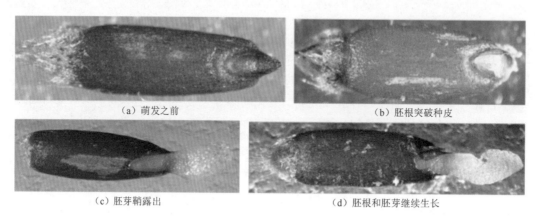

（a）萌发之前　　　　　　　　　　　　　　　　（b）胚根突破种皮

（c）胚芽鞘露出　　　　　　　　　（d）胚根和胚芽继续生长

图 5-1　羊草种子萌发动态

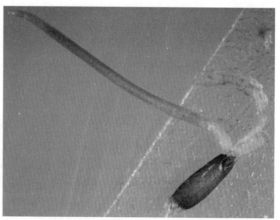

（a）胚根突破胚根鞘，并生长出大量的根毛　　　　（b）胚芽鞘继续生长，变为绿色能够进行光合作用

图 5-2　羊草种子萌发后幼苗生长动态

　　羊草种子萌发过程中胚乳的变化动态如图 5-3 和图 5-4 所示。胚乳细胞有大小两种淀粉体，大淀粉体缝隙被小淀粉体填充（图 5-3）。种子萌发过程中，胚乳以物质分解为主，其重量不断减少。而在胚中，物质转化以合成为主，其重量不断增加，胚由小变大，胚乳由大变小。从整个种子来看，则是分解作用大于合成作用。发芽的种子，虽然体积和鲜重都在增加，但干重却显著减轻，直到幼苗由异养（由胚乳提供养料）转为自养（子叶进行光合作用制造有机物）后，干重才能增加。干重的减少主要是因为呼吸作用消耗了一部分干物质。羊草种子萌发 0～10 d 过程中，胚乳及淀粉体的变化如图 5-3 和图 5-4

所示。萌发10 d时，大部分羊草种子内的大小淀粉体均已分解，转化为胚和幼苗生长所需的物质。

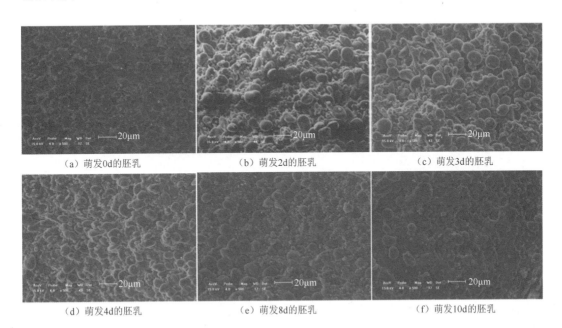

（a）萌发0d的胚乳　　　　　（b）萌发2d的胚乳　　　　　（c）萌发3d的胚乳

（d）萌发4d的胚乳　　　　　（e）萌发8d的胚乳　　　　　（f）萌发10d的胚乳

图 5-3　萌发过程中羊草种子胚乳的变化动态（×500）

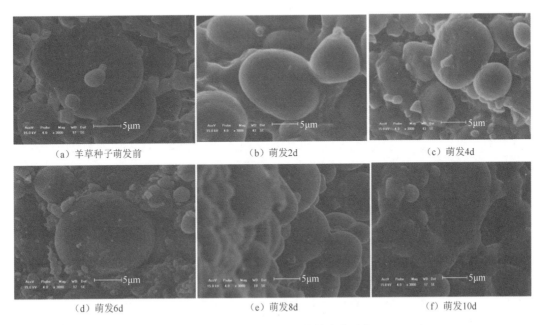

（a）羊草种子萌发前　　　　　（b）萌发2d　　　　　　（c）萌发4d

（d）萌发6d　　　　　　（e）萌发8d　　　　　　（f）萌发10d

图 5-4　萌发过程中羊草种子胚乳淀粉体的变化动态（×3000）

第二节　温　度

一、材料和方法

（一）实验材料

供试羊草种子（千粒重约 2.5 g）于 2004 年采自中国科学院大安碱地生态试验站。采集后的种子在室温下晾干后装入透气布袋中，放入 4℃冰箱内保存、备用（实验用的种子均为采集后两年内）。实验前先用 0.1%的 $HgCl_2$ 溶液对种子进行表面杀菌 10 min，再用蒸馏水冲洗若干次。

（二）实验方法

1. 恒温和变温对羊草种子萌发的影响

本节共设 2 个恒温和 3 个变温处理。恒温为 28℃（研究区 2004 年夏末秋初的温度最高值）、35℃（研究区 2004 年观察的夏季日最高温度）；变温为 5℃/35℃、5℃/28℃（5℃为打破种子休眠的温度）、16℃/28℃（夏末秋初成熟的羊草种子散布时期的温度日变化），低温 16 h 黑暗，高温 8 h 光照 [54 μmol/（m^2·s）]。在智能化人工气候箱内进行培养，每种处理 3 次重复，每个重复 50 粒饱满的种子，将种子放在铺有双层滤纸的培养皿（直径 9 cm）保持湿润不见明水层，每天记录发芽个数，萌发时间为 21 d。

2. 转移实验

恒温转变温：将恒温 28℃下萌发 21 d 的羊草种子转移到 16℃/28℃人工气候培养箱内继续培养 7 d，每天记录发芽个数。其他光照等条件同上。

变温转变温，包括两种处理：一是在 5℃/28℃（高温光照 8 h，低温黑暗 16 h）培养 9 d，然后转入 16℃/28℃人工气候培养箱内继续培养；二是先在 16℃/28℃人工气候培养箱内培养 9 d，然后转移到 5℃/28℃条件下继续培养，累计发芽时间为 21 d。其他条件同上。

二、结果与分析

（一）恒温和变温对羊草种子萌发的影响

从图 5-5 中可以看出，羊草种子在恒温 28℃和 35℃下发芽率分别为 1.3%和 0。变温条件下羊草种子发芽率大幅度提高，在 16℃/28℃、5℃/28℃和 5℃/35℃下的发芽率分别为 45.3%、75.3%和 85.3%，表现为 16℃/28℃<5℃/28℃<5℃/35℃。结果表明，恒温不利于羊草种子的萌发，变温是促进羊草种子萌发的必要条件，且随着变温幅度的增加发芽率呈上升趋势，且平均萌发时间较短（表 5-1）。

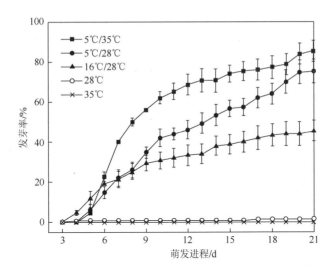

图 5-5 恒温和变温下羊草种子的发芽率

表 5-1 变温条件下羊草种子的发芽指标

变温处理/℃	平均发芽时间/d	发芽率/%	发芽指数	6 d 发芽势/%
5/35	9.55	85.3	5.24	22.7
5/28	11.46	75.3	3.91	14.7
16/28	8.62	55.0	4.67	19.3

（二）转移实验对羊草种子萌发的影响

1. 恒温转变温

将恒温 28℃下培养的羊草种子转移到变温 16℃/28℃时，发芽率均迅速提高，转移第 7 天发芽率从 1.3%提高到 55.9%（图 5-6），这进一步表明变温是羊草种子萌发的必要条件。

2. 变温转变温

从图 5-7 中可以看出，在 5℃/28℃变温条件下转入 16℃/28℃变温条件下发芽率最高，21 d 发芽率达到 80.7%，比 5℃/28℃和 16℃/28℃分别高出 5.4%和 35.4%。从第 4 天开始发芽起至第 8 天呈线性增加，第 8～9 天变化不大，在第 9 天放入 16℃/28℃气候箱后，发芽率呈大幅度的直线上升趋势，第 10 天的发芽率达到 47.3%，一天内增加了 16.0%。16℃/28℃～5℃/28℃的发芽率虽然高于 16℃/28℃变温处理，但是不及 5℃/28℃发芽率高。从图 5-8（a）中可以看出，5℃/28℃转入 16℃/28℃的双次变温处理的每天发芽个数各有两个明显的高峰值，而 16℃/28℃转入 5℃/28℃的双次变温在发芽第 5 天出现一个小的高峰值，图 5-8（a）和图 5-8（b）可以看出，两次变温每天发芽个数相对集中。

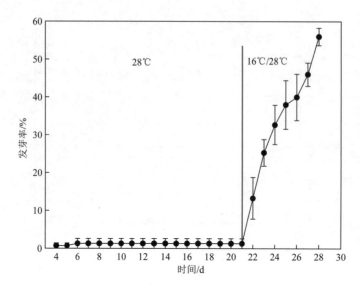

图 5-6　恒温转至变温对羊草种子萌发进程的影响

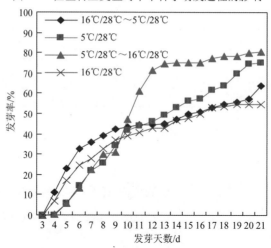

图 5-7　两次变温对羊草种子萌发进程的影响

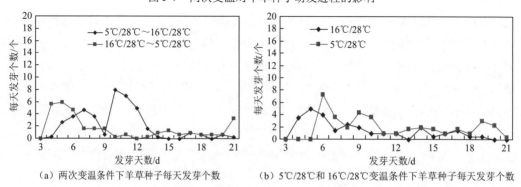

（a）两次变温条件下羊草种子每天发芽个数　　　（b）5℃/28℃和16℃/28℃变温条件下羊草种子每天发芽个数

图 5-8　两次变温条件下及 5℃/28℃和 16℃/28℃变温条件下羊草种子每天的发芽个数

三、小结与讨论

温度在决定种子萌发时间和物种分布方面具有重要的作用（Guan et al.，2009）。本节中，羊草种子在 28℃和 35℃恒温下发芽率低于 2%，16℃/28℃、5℃/35℃和 5℃/28℃变温条件下发芽率为 55.0%~85.3%。研究表明，温度是影响羊草种子发芽率的最关键因素，恒温不利于羊草种子萌发，变温是提高其发芽率的必要条件。

温度主要是通过一系列控制种子萌发的过程来影响种子萌发，从而影响该物种的分布（Bewley and Black，1994）。在松嫩平原羊草草地上，羊草种子五月末抽穗，6月份开花结实进入乳熟期，7~8 月中下旬果熟期并有部分种子脱落。该地区 10a 内（1991~2000 年）七月平均气温为 18.9~28.4℃，八月份平均气温为 15~25℃（邓伟等，2006），可以看出，种子脱落季节的温度适合羊草种子的萌发，在水分、盐碱等环境因素适宜的条件下，羊草种子能够萌发，产生新的个体。

变温对提高自然界中某些物种种子的发芽率是必需的（Baskin and Baskin，1998）。本节的实验中可以看出，未打破休眠的羊草种子大幅度萌发只有在变温下才能得以实现。温度变化会影响很多决定种子萌发的过程，包括膜的通透性、膜结合蛋白和胞质酶的活性（Bewley and Black，1994；Gulzar and Khan，2001）。温度在决定种子的萌发时间上具有双重作用：直接影响萌发和调节休眠（Bouwmeester and Karssen，1992；Probert，2000；Brändel，2004）。在夏季一年生植物中，较低的冬季温度解除休眠，而较高的夏季温度则诱导休眠（Baskin and Baskin，1998）。羊草种子的萌发对日变温幅度非常敏感，随着日变温幅度的增加，发芽率呈上升趋势，且平均发芽时间随之下降。本书认为最好的发芽温度为 5℃/28℃和 5℃/35℃（16 h/8 h），但从幼苗生长和发芽率两方面看，16℃/28℃的效果更好。当种子解除休眠后，它们首先在高温下发芽，然后随着继续解除休眠，需要的最低温度降低，直至发芽最大的温度范围，这样就能最大限度地解除休眠（Baskin and Baskin，1998）。从本研究结果看，由 16℃/28℃转入 5℃/28℃的双次变温发芽率好于各自单独变温条件下的发芽率。而 5℃/28℃转入 16℃/28℃的双次变温发芽效果则不是特别明显。

第三节　光　照

一、材料和方法

（一）实验材料

供试羊草种子（千粒重约 2.5 g）于 2004 年采自中国科学院大安碱地生态试验站。采集后的种子在室温下晾干后装入透气布袋中，放入 4℃冰箱内保存、备用（实验用的种子均为采集后两年内）。实验前先用 0.1%的 HgCl₂ 溶液对种子进行表面杀菌 10 min，再用蒸馏水冲洗若干次。

（二）实验方法

光照共设两种处理：一种是光/暗处理；一种为全暗处理。光/暗处理是将种子放入培养皿后，加入 10 mL 蒸馏水，用封口膜将培养皿封口以防止水分蒸发。全暗处理是将种子在上述处理后包上两层铝箔，其他条件与光/暗处理相同。在 16℃/28℃ 和 5℃/28℃ 变温条件下的光照培养箱内培养，低温 16 h 黑暗，高温 8 h 光照。萌发时间为 21 d，实验结束时调查发芽率。

二、结果与分析

从图 5-9 可以看出，在 5℃/28℃ 和 16℃/28℃ 两种变温条件下，羊草种子均表现为黑暗处理的发芽率显著高于光/暗处理（$p<0.05$）。5℃/28℃ 光/暗处理和暗处理的发芽率分别为 76.0% 和 88.0%，在 16℃/28℃ 下分别为 68.0% 和 78.7%，表明光照抑制了羊草种子的萌发。

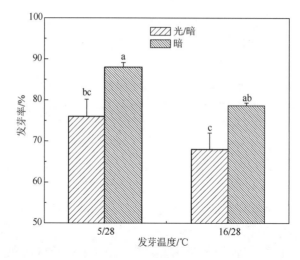

图 5-9 不同变温条件下光照对羊草种子发芽率的影响

图中数据为平均值±SE，图柱上面的字母表示在 0.05 水平上的差异程度

从表 5-2 可以看出，光照条件下的羊草幼苗的苗高和根长明显低于黑暗条件。光照条件下幼苗苗高和根长大于 1 cm 的个数比例分别为 60% 和 30%；而黑暗条件下幼苗苗高和根长大于 1 cm 的个数比例分别为 80% 和 82%。黑暗条件促进了幼苗的伸长，尤其是促进了根的伸长。

表 5-2 5℃/28℃光照和黑暗处理对羊草种子发芽和种苗发育的影响

光照处理	苗高>1cm 的个数比例/%	根长>1cm 的个数比例/%
光照	60	30
黑暗	80	82

三、小结与讨论

种子休眠和萌发受多种环境因素的控制，其中光照控制许多物种种子的萌发。有生活力的种子因光照条件不适宜而不能正常萌发，这种现象称为光休眠；有光休眠特征的种子称为光敏感种子，包括喜光（需光）性种子和忌光（需暗）性种子；没有光休眠特征的种子称为光不敏感种子（赵笃乐，1995）。有关光照对种子萌发的影响在多个物种中已经展开，但作用机理研究较少，目前认为的作用机理是光照调节 GA 的合成和种子对 GA 的敏感性。Toyomasu 等（1993）深入研究了种子 GA 合成对光照的响应，研究发现，内源 GA_1 经过红外线处理后增加，而当用红外线处理后再用远红外处理，光照对 GA_1 含量则没有影响（Yamaguchi and Kamiya，2002）。光照能够改变种子对 GAs 的敏感性（Derkx and Karseen，1993）。另外，光照影响种子休眠受多个基因的控制。拟南芥的萌发也依赖于光照，光照基因家族包括五个基因（*PhyA-PhyE*），目前诸多文献对其功能也进行了初步研究。

不同物种种子萌发对光照要求不同，这是其适应生态环境的一种繁殖策略（Ahmed and Khan，2010）。光照是种子萌发的重要环境调节信号，且能够与温度互作调节种子萌发（Baskin and Baskin，1998），如牧豆树（*Prosopis juliflora*）种子的发芽率在光照与黑暗条件下，15℃和25℃下发芽率没有差异，而在 40℃时，光照条件下发芽率显著高于黑暗条件（El-Keblawy and Al-Rawai，2005），在蝇子草属植物中也有类似的结论（Mondoni et al.，2009）；而有些物种种子的发芽率则受光照的抑制，如帚石楠（*Calluna vulgaris*）发芽率在 14～35℃黑暗条件下均受到抑制（Thomas and Davies，2002）；有的物种种子光照对其发芽率没有显著的影响，如禾本科盐生植物 *Urochondra setulosa*（Khan and Gulzar，2003）、梭梭（*Haloxylon ammodendron*）（Huang et al.，2003）等。本节两种变温条件下，羊草种子在有光照和黑暗条件下都能萌发，但黑暗条件下发芽率显著高于光/暗处理，并且黑暗条件促进了种子幼苗的生长。羊草种子采集地气候为典型的大陆性季风气候，春季干旱、多大风，夏季炎热、降水相对集中，且土壤存在不同程度的盐碱化。在有光照条件下种子萌发受到抑制，是羊草种子长期以来形成的对恶劣环境的一种适应。由于羊草种子本身个体较小，其散落地点和迁移方式受风沙等自然条件影响较大。光抑制萌发特点保证了在不适宜羊草幼苗生长的水分、温度等环境条件下，部分落在地表的羊草种子不能够立即萌发，成为土壤种子库的一部分，保证了羊草物种的繁衍。

第四节　水　　分

一、材料和方法

（一）实验材料

供试羊草种子（千粒重约 2.5 g）于 2010 年采自中国科学院大安碱地生态试验站。

采集后的种子在室温下晾干后装入透气布袋中，放入 4℃冰箱内保存、备用。实验前先用 0.1%的 $HgCl_2$ 溶液对种子进行表面杀菌 10 min，再用蒸馏水冲洗若干次。

（二）实验方法

将过 20 目筛子的河沙冲洗干净后烘干，装入培养皿内，每个皿内 100 g（1 cm 厚），然后分别加入 2.5 mL、5.0 mL、7.5 mL、10.0 mL、12.5 mL、15.0 mL、17.5 mL、20.0 mL、30.0 mL、40.0 mL 蒸馏水，此时沙子水分含量分别为 2.5%、5.0%、7.5%、10.0%、12.5%、15.0%、17.5%、20.0%、30.0%、40.0%。每个培养皿内播种 50 粒饱满的羊草种子，播种深度约 2 mm，然后用封口膜将培养皿封口，尽量防止水分蒸发。将培养皿放在培养箱内，条件同上，萌发时间为 16 d。

干旱胁迫条件由聚乙二醇（PEG6000）溶液模拟产生，共设 6 种胁迫，分别为 0、50 g/L、100 g/L、150 g/L、200 g/L 和 300 g/L，与之对应的溶液水势分别为 0、-0.1 MPa、-0.20 MPa、-0.40 MPa、-0.60 MPa 和 -1.20 MPa（Michael and Kaufaman，1973）。将灭菌的种子置于培养皿内，每个处理 50 粒饱满的羊草种子，每个培养皿内加入 10 mL 上述不同浓度的 PEG，封口膜封口，在上述萌发条件下培养。

二、结果与分析

从图 5-10 可以看出，在土壤含水量为 2.5%～15.0%时，羊草种子发芽率最高，为 88.0%～92.2%，且处理之间无显著变化（$p>0.05$），之后随着含水量增加呈下降趋势，含水量为 30%和 40%时，发芽率分别为 72.2%和 73.3%，显著低于 2.5%～15.0%处理。单因素方差分析结果表明，含水量显著影响羊草种子萌发（$F=4.795$，$p<0.05$）。

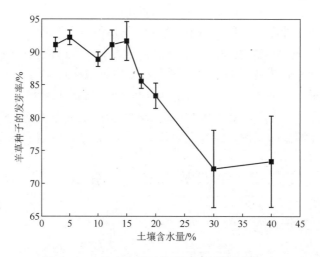

图 5-10　土壤含水量对羊草种子发芽率的影响

水分含量对羊草幼苗根长、苗长和根冠比均有显著的影响（图 5-11）。其中根长、苗长随着含水量的增加呈先上升后下降的趋势，而根冠比则呈下降趋势。方差分析表明，土壤水分含量对羊草幼苗根长有极显著的差异（F=30.719，df=8，p<0.0001）；对羊草苗长也存在着极显著的影响（F=6.686，df =8，p<0.0001）；对羊草根冠比的影响极显著（F=21.110，df =8，p<0.001）。

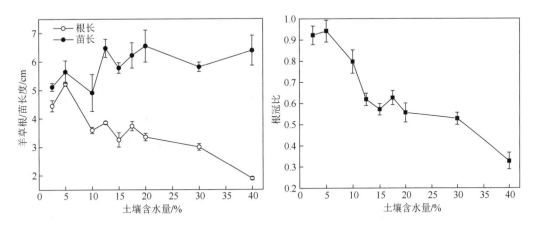

图 5-11　土壤含水量对羊草幼苗生长的影响

由图 5-12 可以看出，随着 PEG 浓度增加，羊草种子发芽率呈明显下降趋势。0～10%无显著差异，发芽率为 59.3%～67.3%（p>0.05）；15%～30%PEG 处理的种子发芽率均显著低于对照；15%PEG 处理发芽率为 48.0%，比对照降低了 19.3%；30%PEG 完全抑制了羊草种子萌发。

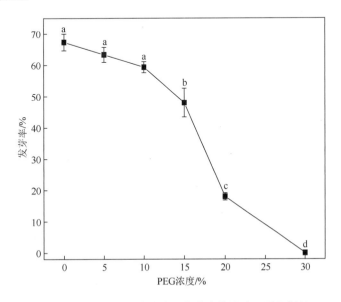

图 5-12　PEG 模拟水分胁迫对羊草种子发芽率的影响（马红媛等，2012a）

PEG 浓度对羊草幼苗根长和苗长的影响基本表现为低浓度（0～10%）下没有显著影响，随着浓度增加呈显著下降趋势；根冠比在 0～15% 的 PEG 浓度之间没有显著差异，但 20% 的处理下根冠比显著高于其他浓度处理，主要是因为在 20%PEG 苗长受到了显著的抑制，根长长度超过了苗长（图 5-13）。单因素方差分析表明，PEG 浓度对羊草根长（$F=47.448$，df =4，$p<0.0001$）、苗长（$F=103.363$，df =4，$p<0.0001$）以及根冠比（$F=19.938$，df =4，$p<0.0001$）均存在着极显著的影响。

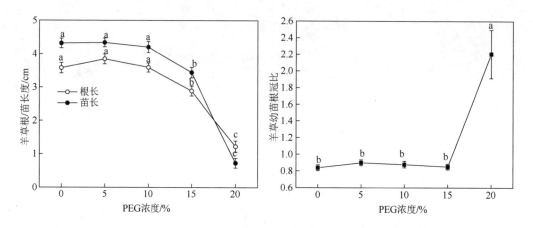

图 5-13　不同浓度的 PEG 模拟水分胁迫对羊草种子幼苗的生长的影响

三、小结与讨论

水分是影响种子萌发的关键生态因子之一，特别对干旱和半干旱地区的植物影响尤为重要（李欣荣和张新时，1999；Maraghni et al.，2010），植物探测在合适的土壤含水量条件下萌发能力是种子预测性萌发策略的组成部分，种子的预测性萌发策略可以增加某些植物种定居的成功率，降低种子和幼苗的死亡率（Smith et al.，2000；朱选伟等，2005）。种子-土壤接触是土壤水分快速转移到种子中的最重要因子。据报道，某些物种种子吸收的水分有 85% 以上直接归因于蒸汽（Wuest，2007）。本节中，羊草种子在土壤含水量为 2.5%～15.0% 时发芽率最高，为 88.0%～91.1%，处理间无显著差异（$p>0.05$），之后随着含水量增加呈显著下降趋势，含水量显著影响种子萌发（$F=4.795$，$p<0.05$）。羊草种子能够对干旱胁迫具有一定的耐性，在低于 10% 的 PEG 胁迫下，发芽率没有显著降低，15%～20%PEG 下，发芽率显著下降，30%PEG 则完全抑制了其萌发。

PEG 溶液广泛用来模拟种子在田间经受的环境水分胁迫。一般说来，土壤的永久枯萎渗透势为-1.5 MPa，水分胁迫在诱导种子二次休眠中起着重要作用。樟子松（*Pinus sylvestris* var. *mongolica*）种子在-1.20MPa（30% 的 PEG）下发芽率为 0（朱教君等，2005），与本节的研究一致，欧洲油菜（*Brassica napus*）（Fei et al.，2009）和异苞滨藜（*Atriplex cordobensis*）（Aiazzi et al.，2001）低温下（10℃）在-1.5 MPa 下诱导了种子的二次休眠。增加水分胁迫导致种子发芽率下降在其他研究中也有报道。美洲柿（*Diospyros texana*）

种子发芽率在-0.6MPa 时从 95% 下降为 45%（Tobe et al.，2006）；枣莲（*Ziziphus lotus*）种子发芽率在-1MPa 时从 100% 降至低于 5%（Maraghni et al.，2010）；除虫菊（*Tanacetum cinerariifolium*）种子在渗透势≤-0.9 MPa 时没有种子萌发（Li et al.，2011）。

松嫩平原属于干旱半干旱气候，年平均降水量为 413.7 mm，年平均蒸发量为 1756.9 mm（邓伟等，2006），水分是该地区植被恢复的一个关键因素。另外，由于近年来不合理的人类活动，该地区盐碱化程度加剧，羊草种子处于盐碱和干旱双重胁迫的土壤条件下，且在土壤水势低的情况下，土壤中的水分无法进入种子而使之萌发。在水分胁迫下，羊草种子能够形成长久种子库，等待适宜条件进行萌发。

第五节　埋　深

埋深是调节种子萌发的重要因子之一（Ren et al.，2002；Liu and Han，2008）。埋深与种子发芽及幼苗出土直接相关（Baskin and Baskin，1998；Huang and Gutterman，1998；Benvenuti et al.，2001）。适当的埋深可以为种子萌发创造比较适宜的温度和水分等环境条件。当埋藏过深，种子萌发会被土壤中高含水量、低温、弱氧气交换能力、高 CO_2 水平等因素抑制，或者由于将养分耗尽，幼苗未能出土（Keeley and Fotheringham，1997；Maraghni et al.，2010）。种子对埋深可能有以下 4 种响应：①发芽并出土；②发芽，但幼苗不能够伸长到地表；③种子休眠并成为种子库的一部分；④各种不适宜的因素造成种子死亡。另有研究认为，埋深除了影响种子萌发以外，还影响幼苗的生长和形态建成（Greipsson and Davy，1996）。

羊草是一种优质牧草，在草原生态系统中占有重要地位。近年来，羊草草原退化速度不断加快，退化面积逐年扩大（许振柱和周广胜，2005）。祝廷成（2004）研究发现，不同放牧强度的羊草草地中，沙粒含量占轻度退化土壤颗粒重量的 64.4%，占重度退化土壤的 73.7% 以上。羊草草地放牧种子库（土层深 0～12 cm）总数为 6586 粒/m²，且 80% 以上集中在 0～3 cm 土层。这说明在自然界中羊草种子的休眠与萌发乃至幼苗生长可能与沙埋深浅存在某种密切的关系，即羊草出苗率低，不仅与羊草休眠期长和发芽率低有关，还可能与羊草种子个体小、拱土能力弱、种子埋藏深浅有关。但目前有关埋深对羊草种子萌发的幼苗生长的影响报道很少，缺乏系统研究。为此，本节以细河沙和土壤为发芽介质，初步探讨了 0～3 cm 沙埋深度（简称埋深）对羊草种子出苗率和幼苗生长发育的影响，旨在进一步阐明羊草种子发芽特性，加深对羊草发芽生物学规律的认识与了解，为退化羊草草地的恢复与重建提供科学依据。

一、材料和方法

（一）实验材料

供试羊草种子（千粒重约 2.5 g）于 2004 年采自中国科学院大安碱地生态试验站。

采集后的种子在室温下晾干后装入透气布袋中，放入 4℃冰箱内保存、备用。实验前先用 0.1%的 $HgCl_2$ 溶液对种子进行表面杀菌 10 min，再用蒸馏水冲洗若干次。

（二）实验方法

1. 沙培实验

将河沙分别过 1.0 mm 和 0.2 mm 筛子，取粒径为 0.2～1.0 mm 的沙子，用自来水洗净之后再用蒸馏水润洗，室温下晾干。再将双层滤纸铺在直径为 10 cm、高 15 cm 的有孔塑料花盆底部，这样既可以通气同时也阻止河沙漏出。然后在该塑料盆中预先装入底沙，敦实，底沙厚度设计分别为 9 cm、8 cm、7 cm 和 6 cm，最后将 50 粒籽粒饱满的羊草种子均匀播种于底沙表面，再以 0（无覆盖）、1 cm、2 cm 和 3 cm 厚的沙子覆盖，使每盆沙体总厚度均保持在 9 cm 左右，这样可以分别得到 0、1 cm、2 cm 和 3 cm 的 4 种埋深处理。每种处理 4 次重复。播种后浇水，浇水量以花盆底部渗出水为标准。为防止水分蒸发，用塑料薄膜将花盆口封好后，将其放在 HPG-280Ⅱ人工气候箱内培养 36 d，培养条件为 16℃/28℃变温，12 h 黑暗/12 h 光照，光照强度为 54 μmol/（$m^2 \cdot s$）。培养第 6 天除去薄膜。以后每 3 天浇水 1 次，浇水量标准同上。每 2～8 天记录出土幼苗数量和地上株高（指沙层表面至幼苗顶端的高度）。实验结束后将羊草幼苗根部取出冲洗干净，随机抽取 15 株记录根长、根数、叶片数、绝对株高（指种子基部至幼苗顶端的长度），并取 25 株幼苗，在 80℃烘干至恒量，用万分之一天平分别称量地上和地下部干重。

2. 土培实验

播种深度设 0、1 cm、2 cm、3 cm、4 cm、5 cm 和 6 cm，共 7 个处理。首先将土壤（pH=7.49）过 20 目筛，然后装入直径 13.5 cm、高 11.0 cm 的塑料盆中，使每盆底土厚度分别为 3 cm、4 cm、5 cm、6 cm、7 cm、8 cm、9 cm，然后将 50 粒籽粒饱满的羊草种子均匀播在土表，覆土后分别得到播种深度 6 cm、5 cm、4 cm、3 cm、2 cm、1 cm、0 的 7 种埋深处理。每盆浇水 300 mL，置于人工气候箱中培养。培养条件为 16℃/28℃变温，光/暗培养，实验期间及时补充水分以保证水分供应。实验结束时记录羊草出苗数。

3. 数据处理

出苗率（GE）用下式计算：

$$GE(\%) = \frac{n}{N} \times 100$$

式中，n 为露出沙土表面的幼苗个数；N 为供试种子数。利用 SPSS 19.0 对数据进行统计与分析。将出苗率转化成反正弦形式之后进行单因素方差分析（one-way ANOVA）；采用 Duncan 方法多重比较，最小显著差法（LSD）在 0.05 概率水平，确定各个平均值之间的差异显著性。利用 Origin 7.5 软件绘图。

二、结果与分析

（一）沙埋深度对羊草种子萌发的影响

1. 出苗率和出苗时间

从图 5-14 可以看出，羊草种子的出苗率随着种子埋深的增加而下降。没有沙子覆盖的（0 cm 埋深）的出苗最快，在播种第 3 天和第 9 天的出苗率分别为 14.7% 和 77.3%。埋深 3 cm 的出苗最慢，比埋深 0 cm 的推迟出苗 4～6 d，播种第 9 天的出苗率仅有 13.0%。其余两种处理位于两者之间。播种第 15 天，0 cm 的出苗率达到最大，为 89.3%，而埋深 3 cm 的出苗率仅为 35.5%。此外，出苗时间随着种子埋深的增加而延迟。出苗率达到 50% 的时间分别为 5.2 d（0 cm）、8.1 d（1 cm）、8.9 d（2 cm）和 21.8 d（3 cm），并且达到最高出苗率所需时间也存在较大差异，与埋深 0 cm 相比，埋深 1 cm、2 cm 和 3 cm 时出苗分别推迟了 3 d、10 d 和 13 d。

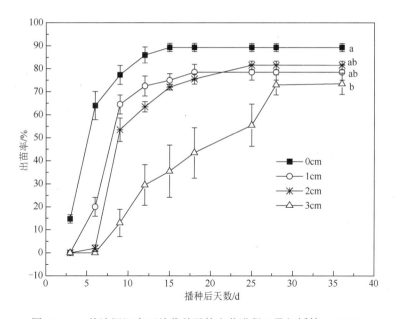

图 5-14　4 种沙埋深度下羊草种子的出苗进程（马红媛等，2007）

数据为平均值±SE；不同字母为 0.05 水平上差异显著

2. 幼苗的生长规律

图 5-15 为 4 种沙埋深度下羊草地上株高的增长与播种后天数的关系曲线。可见，埋深 0～2 cm 的地上株高增长趋势基本相同。与三者相比，埋深 3 cm 的地上株高在播种后 10～20 d 内受到了显著抑制，表现出不同的增长方式；实验结束时（第 36 天）不同处理的地上株高表现为：0 cm 的最低（13.1 cm），3 cm 的最高（15.8 cm），且地上部幼苗比较纤细。

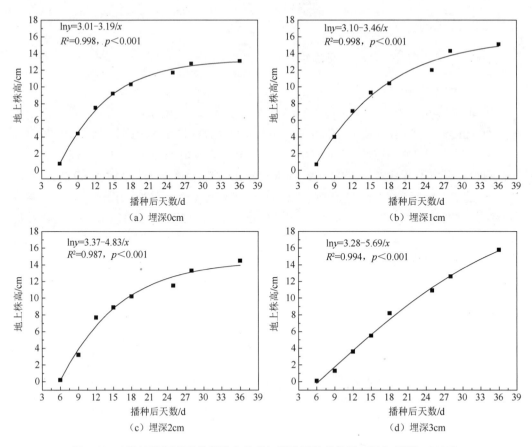

图 5-15　4 种沙埋深度下羊草地上株高与播种天数的关系（马红媛等，2007）

3. 幼苗形态指标特征

随着埋深的增加，羊草幼苗的根长、根数、根冠比呈先上升后下降趋势，叶片数呈下降趋势，绝对株高则呈上升趋势。从表 5-3 可以看出，埋深 2 cm 时的根长最长（6.5 cm），埋深 3 cm 的根长最短（3.0 cm），且与前两者差异显著。埋深 1 cm 的根数最多（5.4 条/株），埋深 3 cm 的根数最少（3.3 条/株），且差异显著，但埋深 0～2 cm 的根数差异也不显著。单株叶片数埋深 0 cm 的最多，为 3.1 片，显著高于埋深 3 cm（1.9 片/株）的叶片数。由于埋深的增加，幼苗绝对株高在埋深 3 cm 时最大，埋深 0 cm 时最小，但埋深 2～3 cm 不存在显著差异。根冠比的大小与根长的变化趋势完全相同。

表 5-3　4 种沙埋深度对羊草幼苗形态指标的影响

埋深/cm	根长/cm	根数/（条/株）	叶片数/（片/株）	绝对株高/cm	根冠比
0	4.6±0.1 ab	4.1±0.1 ab	3.1±0.0 a	13.0±0.6 b	0.36±0.01 ab
1	5.6±1.0 a	5.4±0.6 a	2.7±0.1 bc	15.7±1.2 a	0.40±0.10 a
2	6.5±0.9 a	5.3±0.3 a	2.5±0.1 b	16.6±1.0 a	0.44±0.06 a
3	3.0±0.7 b	3.3±0.9 b	1.9±0.2 c	16.9±1.6 a	0.21±0.07 b

资料来源：马红媛等，2007。

注：数据为平均值±SE；同列数据不同字母为 0.05 水平上差异显著；调查时间为播种后第 36 天。

4. 单株干质量的变化

埋深对羊草地上和地下部分的干质量均存在着显著的影响，即随着埋深的增加，地上和地下单株干质量均呈先上升后下降的趋势。埋深 1 cm 时，地上和地下单株干质量最大，分别为 3.00 mg 和 1.07 mg；最小值均出现在埋深 3 cm，分别为 1.84 mg 和 0.51 mg，且分别与最大值差异显著（图 5-16）。从图 5-17 可以直观地看出在埋深 1～2 cm 时，羊草根苗长均为最佳。

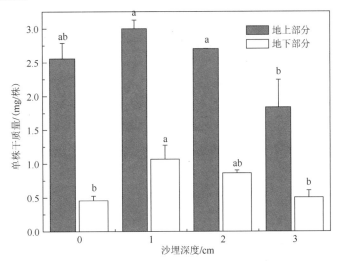

图 5-16　4 种沙埋深度对羊草幼苗单株干质量的影响（马红媛等，2007）

数据为平均值±SE；图柱上方不同字母为 0.05 水平上差异显著

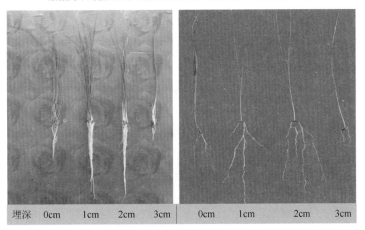

（a）幼苗的根系（每种埋深 8 株幼苗）　　（b）单株幼苗的根系

图 5-17　不同沙埋深度对羊草幼苗的影响

（二）土埋深度对羊草种子萌发的影响

从图 5-18 可以看出，不同播种深度下的出苗时间和出苗率明显不同。播种后 5～

10 d，0～2 cm 播种深度的出苗速度最快，出苗个体数最多。播种深度 3 cm 的开始显著下降，播种深度 4～6 cm 没有幼苗出土。播种后 10～20 d 各播种深度处理出苗速度开始减慢并逐渐达到最大出苗率，最终出苗率趋势大小表现为：播种深度 1 cm（80.7%）＞0 cm（72.7%）＞2 cm（70.0%）＞3 cm（38.0%）＞4 cm（6.7%）＞5 cm（2.0%）＞6 cm（0.0%）。相关分析表明，羊草出苗率与播种深度呈极显著负相关（$r = -0.9408$，$p < 0.01$）。

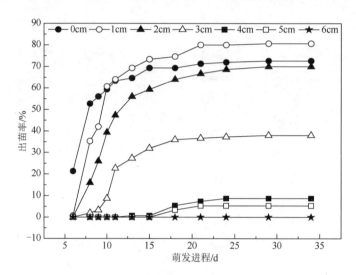

图 5-18　不同土埋深度对羊草种子出苗率的影响（闫超等，2008）

三、小结与讨论

无论是土埋还是沙埋处理，羊草种子出苗率随着埋深的增加呈下降趋势，最高出苗率（89.3%）出现在 0 cm 埋深处，最低值（73.5%）出现在 3 cm 埋深处，比前者降低了15.8%，说明种子埋深是导致羊草种子出苗率降低的原因之一。这种埋深响应趋势与Ren 等（2002）对沙拐枣属（*Calligonum*）的 10 个物种、鱼小军等（2006）对无芒隐子草（*Cleistogenes songorica*）和条叶车前（*Plantago lessingii*）、李秋艳和赵文智（2006）对红砂（*Reaumuria soongorica*）等植物的研究结果相似。与此不同，有的物种则随着埋深的增加呈先上升后下降趋势，如日本栗（*Castanea crenata*）（Seiwa et al.，2002）、柠条（*Caragana korshinskii*）和花棒（*Hedysarum scoparium*）（王刚等，1995）。这与物种种子个体大小、生存环境等因素有关。Grundy 等（1996）的模型表明，所有物种的出苗率最大潜力应该在土壤表面，且随埋深增加呈指数递减。Forcella 等（2000）则认为，并不是所有的种子萌发都符合这一规律，大种子的出苗率与埋深则表现为抛物线型关系，而不是简单的指数递减。沙埋对大种子出苗表现为在某种程度上的促进，对小种子表现为抑制。因为大种子在土表更容易遇到干旱胁迫（Buhler，1995）。埋深对小种子抑制主要是因为缺乏适宜的氧气、光照和温度，从而阻碍种子的萌发或即使萌发还要忍耐黑暗和沙层的阻力（Sykes and Wilson，1990）。在种子萌发至出苗期间，种子内的贮藏物是能量的唯一来源，如果能量供应不能满足胚芽鞘或胚轴伸长的需求，就会使种子在出土之前死亡。Galinato 和 Van Der Valk（1986）研究表明，蒲菜（*Typha glauca*）等小种子仅能够在沙埋深度小于 1 cm 时出土，而芒颖大麦（*Hordeum jubatum*）和水茅（*Scolochloa festucacea*）等大种子能够在埋深 5 cm 时出土。

　　羊草种子个体小，千粒重仅为 2.0～2.5 g，平均长度为 7.4～8.6 mm，厚度为 1.1～1.2 mm，出苗率符合随埋深增加而降低的规律。羊草种子出苗率最高出现在表面播种，这与马红媛和梁正伟（2007b）的研究结论相吻合。本研究明确了 1～2 cm 埋深更适宜羊草种子出苗及幼苗生长，而表面或 3 cm 埋深不利于其出苗和幼苗生长的结论。从羊草形态指标上看，埋深 1～2 cm 下生长最佳，0cm 和 3 cm 埋深不利于其生长。因为埋深 0 cm 幼苗周围水分条件差，表面变干快；而埋深 3 cm 处的水分含量过高，O_2 浓度低。埋深 1～2 cm 的水分等条件适宜，促进了羊草幼苗地上和地下部分的生长。从表 5-3 可以看出，埋深 3 cm 的幼苗株高与其他处理没有显著差异，而根长受到显著抑制，这种现象可能是羊草幼苗应对埋深的一种适应方式。为了能够保证幼苗长出地面，将其能量大部分供给地上部生长，从而使得幼苗能够破土存活下来。类似现象在其他一些物种中也有体现（Seiwa et al.，2002）。埋深过深还能够抑制幼苗的净光合能力，从而影响地上和地下生物量及其分配（Harris and Davy，1987，1988）。

第六章　盐碱胁迫与羊草种子萌发

种子萌发和幼苗生长是植物生活史的主要部分，种子与植物群落的组成、结构和更新演替等联系紧密。早期的生活史事件，如萌发和幼苗的定植与生长速率、胁迫耐性等被认为是决定种群和群落特征的重要因子（Wilczek et al.，2010；Burghardt et al.，2015）。盐碱生境下的种子萌发，除受温度、水分、光照等影响，盐分是影响种子萌发的决定性因子（Song et al.，2008；Easton and Kleindorfer，2009；Erfanzadeh et al.，2010a）。随着土壤盐度增加，种子萌发率降低，许多种子由于高盐及低水势而进入休眠状态，甚至死亡。因此，理解种子休眠和萌发对环境条件的响应，对于揭示和预测物种的生态适应性非常重要。盐碱地植物种子萌发特性的系统研究，对退化草地生态系统植被恢复有重要指导意义。

松嫩平原位于大陆性季风气候区半干旱地带，是我国著名的生态脆弱带、气候和环境变化的敏感带。羊草是该地区原始优势植被，然而自 20 世纪 60 年代后，在人类过度活动和全球变化的双重影响下，90%的羊草草地发生了不同程度盐碱化，随着盐碱化程度的不断加重，植被覆盖度不断降低。在松嫩平原盐碱化羊草草地生境中，典型的苏打盐碱化土壤盐分主要以 Na^+、HCO_3^-、CO_3^{2-}、Cl^- 为主，含量分别为 1541.5 mg/kg、5014.2 mg/kg、432.0 mg/kg 和 727.8 mg/kg（马红媛和梁正伟，2007a，2007b）。土壤表面具有盐和碱的积累，且土壤中因为含有大量的蒙脱黏土而透水性很差，土壤黏重（Yu et al.，2010），种子很难在如此高的盐碱胁迫及恶劣的土壤物理性质条件下萌发，即使有少部分种子能够萌发，幼苗也很难在自然生境下（干旱和盐碱双重胁迫）正常生长，因为苗期是羊草生活周期内耐盐碱能力最差的时期（马红媛和梁正伟，2007a）。环境因子变化，尤其是盐碱程度加重及植被覆盖度降低导致的地表裸露、土壤含水量和保水能力的降低等因素已不适宜羊草种子的萌发和幼苗存活，退化植被得不到及时更新，这是该地区羊草草地退化的原因之一。本章从不同盐分种类和浓度、盐分与温度互作、pH 以及苏打盐碱胁迫等对羊草种子萌发和幼苗生长的影响进行研究，并初步探讨了苏打盐碱胁迫影响羊草种子萌发的机理。

第一节　盐分种类和浓度对羊草种子萌发的影响

一、材料和方法

（一）实验材料

供试羊草种子（千粒重约为 2.5 g）于 2004 年 7 月和 2011 年 7 月末采自中国科学院大安碱地生态试验站的羊草自然分布群落内。采集后的种子在室温下晾干，装入透气布袋中，放入 4℃冰箱内保存、备用。实验前先用 0.1%HgCl$_2$ 溶液对种子进行表面消毒 10 min，再用蒸馏水冲洗若干次后备用。

（二）实验方法

1. NaCl 和 Na$_2$CO$_3$ 胁迫及胁迫解除对羊草种子萌发的影响

将 NaCl 配成 0、50 mmol/L、100 mmol/L、150 mmol/L、200 mmol/L、300 mmol/L、400 mmol/L 和 500 mmol/L 8 种浓度的溶液，Na$_2$CO$_3$ 配成 0、25 mmol/L、50 mmol/L、75 mmol/L 和 100 mmol/L 5 种浓度梯度，发芽温度 16℃/28℃，12 h 黑暗/12 h 光照，每种处理 3 次重复，每次重复 50 粒饱满的羊草种子，每天记录发芽种子数，培养 14 d 后，计算种子发芽率；之后将未萌发的种子转移到铺有新的滤纸的培养皿内，加入 10 mL 蒸馏水浸泡 36 h，然后转移到新的培养皿内，加入蒸馏水在上述温度条件下继续培养 14 d，实验结束时计算种子的萌发恢复率和总发芽率。

2. 不同盐分种类和浓度对羊草种子萌发的影响

将 NaCl、KCl、Na$_2$CO$_3$、K$_2$CO$_3$、NaHCO$_3$、KHCO$_3$、Na$_2$SO$_4$ 和 K$_2$SO$_4$ 8 种盐分，配成浓度为 10 mmol/L、20 mmol/L、30 mmol/L、40 mmol/L、50 mmol/L、60 mmol/L、80 mmol/L 和 100 mmol/L 的溶液。其余萌发条件与上述实验相同，不同在于羊草种子为 2011 年采集。

3. 数据处理

利用 SPSS 16.0 对数据进行统计与分析。将发芽率和发芽恢复率等百分数指标转化成反正弦形式之后进行方差分析（ANOVA）；采用 Duncan 方法多重比较，在 0.05 概率水平用最小显著差法（LSD）确定各个平均值之间的差异显著性。利用 Origin 7.5 软件绘图。

二、结果与分析

（一）NaCl 和 Na$_2$CO$_3$ 胁迫对羊草种子萌发的影响

从图 6-1 可以看出，随着 NaCl 和 Na$_2$CO$_3$ 浓度的增加，羊草种子发芽率呈显著下降趋势，最高发芽率出现在没有盐碱胁迫的条件下。当 NaCl 浓度达到 300 mmol/L 时，发芽率仅为 1.5%，浓度达到 400 mmol/L 时没有种子萌发 [图 6-1（a）]；而 Na_2CO_3 浓度达到 100 mmol/L 时，发芽率仅为 1.9% [图 6-1（b）]。

（二）NaCl 和 Na_2CO_3 胁迫解除后羊草种子复萌特性

NaCl 和 Na_2CO_3 胁迫解除后，羊草种子发芽恢复率随着原盐浓度的增加而显著升高，最高值分别为 55.3%（500 mmol/L NaCl）和 48.7%（100 mmol/L Na_2CO_3）[图 6-1（c）和图 6-1（d）]。从图 6-1（e）和图 6-1（f）可以看出，两种盐分对羊草种子的总发芽率都有一定的抑制作用，表明盐碱胁迫可能会使得小部分羊草种子处于永久性致死。羊草种子对上述两种盐分的耐受能力较小，适宜的耐盐碱浓度（对照发芽率的 75.0%）分别为 54.2 mmol/L 和 14.3 mmol/L（表 6-1）。

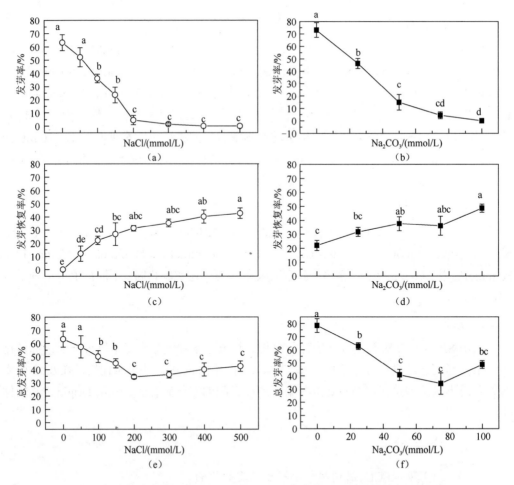

图 6-1　羊草种子在 NaCl 和 Na_2CO_3 胁迫下萌发状况（马红媛等，2012a）

表6-1 在16℃/28℃下羊草种子萌发耐盐性

盐分种类	耐盐性/（mmol/L）		
	适宜浓度	半致死浓度	阈值浓度
NaCl	54.2	110.3	240.0
Na$_2$CO$_3$	14.3	29.9	68.0

资料来源：马红媛等，2008a。

（三）不同盐分种类和浓度对羊草种子萌发的影响

不同盐分种类和浓度对羊草种子发芽率的影响如图6-2和图6-3所示。线性回归结果表明，所有的 8 种盐胁迫下，随着盐浓度的增加羊草种子的发芽率均呈下降趋势，R^2为 0.49～0.91。对所有的钾盐和钠盐来说，阴离子的抑制作用均表现为 $CO_3^{2-} > HCO_3^- > Cl^- > SO_4^{2-}$。

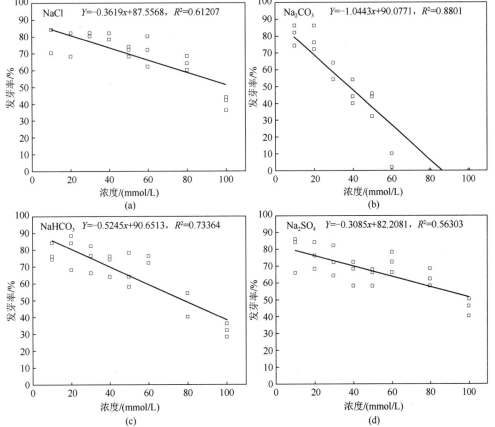

图6-2 羊草种子在不同钠盐中的发芽率与盐浓度的回归曲线

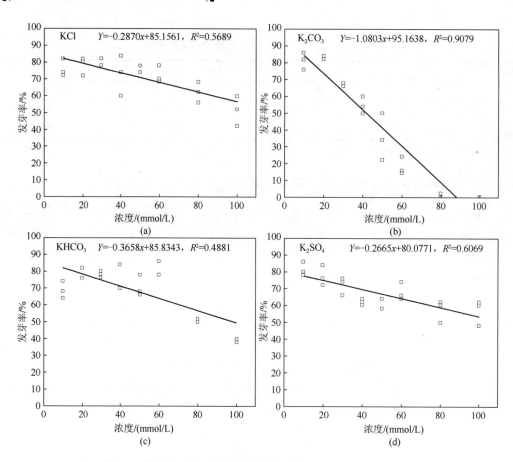

图 6-3　羊草种子在不同钾盐中的发芽率与盐浓度的回归曲线

　　三因素方差分析结果表明，阴离子、盐分浓度以及二者的互作极显著地影响羊草种子的发芽率，而阳离子之间，即 K^+ 和 Na^+ 的影响差异不显著，但均以在 K^+ 条件下发芽率高。阳离子×阴离子×浓度三者互作对羊草种子的发芽率也没有显著的影响（表 6-2）。

表 6-2　不同盐分离子种类、浓度及其互作对羊草种子发芽率影响的三因子方差分析

变异来源	df	SS	MS	F	p
阳离子	1	146.69	146.69	3.88	0.051
阴离子	3	24136.20	8045.40	212.97	0.000
浓度	8	54449.00	6806.13	180.16	0.000
阳离子×阴离子	3	79.32	26.44	0.70	0.554
阳离子×浓度	8	337.82	42.23	1.12	0.355
阴离子×浓度	24	25593.96	1066.42	28.23	0.000
阳离子×阴离子×浓度	24	944.85	39.37	1.042	0.418

三、小结与讨论

种子萌发对盐碱胁迫敏感是众多物种的共性（Ashraf and Foolad，2005；Li et al.，2011），高盐能够降低种子吸收水分的速率，并且当盐离子累积到一定程度时就会产生离子毒害。虽然不同物种对盐碱耐受能力不同，但大多数牧草种子在 250～350 mmol/L NaCl 溶液中就会显著被抑制（Lombardi et al.，1998）。白沙蒿（*Artemisia sphaerocephala*）种子在 NaCl 浓度 200 mmol/L 时没有萌发（Yang et al.，2010）。本节表明，羊草种子发芽率随着 NaCl 和 Na_2CO_3 的浓度升高而下降，在 NaCl 的浓度≥200 mmol/L 和 Na_2CO_3 的浓度≥100 mmol/L 时，发芽率均低于 5%，且只有胚根和胚芽露出而未继续伸长。但 NaCl 和 Na_2CO_3 胁迫解除后，羊草种子萌发恢复率随着原盐浓度的增加而显著升高，表明羊草种子是盐碱敏感型，对超高盐环境没有耐性，但大部分羊草种子在盐碱生境中能够保持活力，胁迫解除后能够迅速萌发，这是其适应盐碱生境的一个重要策略。高盐使得羊草种子进入强迫性休眠状态来阻止其萌发，随着雨季的到来，土壤表面盐分得到稀释，在外界环境，如温度、水分等条件适宜的情况下才开始萌发，这是羊草种子适应松嫩退化生态环境的一种特性。

本节表明，四种钠盐对羊草种子萌发的抑制作用从高到低依次为：$CO_3^{2-} > HCO_3^- > Cl^- > SO_4^{2-}$。$CO_3^{2-}$ 和 HCO_3^- 对种子萌发的抑制作用也已经在较多的物种，如苜蓿（*Medicago ruthenica*）（Guan et al.，2009）、向日葵（*Helianthus annuus*）（Zhou and Xiao，2010）、灰绿藜（*Chenopodium glaucum*）（Duan et al.，2004）和羊草（*Aneurolepidium chinense*）（Shi and Wang，2005）中开展，但多数研究认为高 pH 是主要影响因子之一。而 pH 对羊草种子萌发的作用，我们将在本章第五节进行系统的研究。

第二节　盐分与温度互作对羊草种子萌发的影响

土壤盐渍化是影响世界农业生产最主要的非生物胁迫之一（Zhu，2001；Wei et al.，2003）。盐分对种子发芽率、幼根和幼芽的长度、干鲜重等都有一定的影响（Hamdy et al.，1993；Khalid et al.，2001），如高盐胁迫能够完全抑制种子的萌发，而低水平条件诱导种子的休眠（Khan and Ungar，1997；Gulzar and Khan，2001；Khalid et al.，2001）。一般来说，盐生草种子发芽率最高出现在没有盐胁迫的条件下，而随着盐浓度的增加而降低。但不同物种耐盐性存在很大差异，大多数牧草种子在 250～350 mmol/L NaCl 中就会显著被抑制（Lombardi et al.，1998），而互花米草（*Spartina alterniflora*）在 1027 mmol/L NaCl 中发芽率可达到 8%（Mooring et al.，1971），梭梭（*Haloxylon ammodendron*）种子在 1400 mmol/L NaCl 中仍有少数萌发（Huang et al.，2003）。

温度在决定种子萌发中起双重作用，即直接影响种子的萌发或通过间接调节种子休眠影响萌发（Bouwmeester and Karssen，1992；Probert，2000；Brändel，2004）。Baskin 和 Baskin（1998）认为，打破休眠的种子首先在高温下发芽；随着休眠程度的减轻，需要的最低温度下降，从而达到萌发的最大温度范围，即最大程度上解除了休眠。变温能够促进多种植物种子的萌发，而恒温则不利于其萌发（Khan and Ungar，2001；Brändel，2004）。羊草种子萌发也具有相似的规律（马红媛等，2005）。在 25～26℃的恒温下以脱脂棉、纱布为苗床发芽，羊草种子发芽率仅为 1.8%（祝廷成，2004）。而 10℃/20℃和 10℃/25℃的变温条件下，羊草种子发芽率分别为 37.8%和 43.3%，均高于恒温处理（易津和张秀英，1995）。可见，与恒温相比，变温可以刺激羊草种子萌发，显著提高发芽率。种子萌发和幼苗生长阶段是一个植物种群能否在盐渍环境下定植的关键时期（Perez et al.，1998；Khan and Gulzar，2003），盐-温互作在田间条件下对萌发时间具有重要的生态指示性（Al-Khateeb，2006）。因此，研究不同温度、盐分及其互作对种子萌发和幼苗生长的影响具有重要的生物学和生态学意义。

目前，有关羊草幼苗在盐胁迫下生理响应方面的研究较多（石德成等，2002；颜宏等，2005），但对羊草种子萌发期耐盐性研究较少，尤其是盐分与温度互作对羊草种子萌发和幼苗生长的研究还未见报道。东北松嫩平原典型的盐碱化土壤有害盐分主要以 Na^+、HCO_3^-、CO_3^{2-}、Cl^-为主，含量分别为 1541.5 mg/kg、5014.2 mg/kg、432.0 mg/kg 和 727.8 mg/kg，本节系统地探讨了 NaCl、温度及其互作对羊草种子发芽率和幼苗生长的影响，旨在明确羊草种子萌发和幼苗生长在不同温度下耐盐阈值，从而为羊草植被恢复技术的研发提供理论参考。

一、材料和方法

（一）供试材料

供试羊草种子（千粒重约为 2.5 g）于 2004 年 7 月末采自中国科学院大安碱地生态试验站的羊草自然分布群落中。采集后的种子在室温下晾干，装入透气布袋中，放入 4℃冰箱内保存、备用。实验前先用 0.1%HgCl₂ 溶液对种子进行表面消毒 10 min，再用蒸馏水冲洗若干次后播种。

（二）实验方法

萌发实验进行的时间为 2006 年 7～8 月。将 NaCl 配成浓度为 0、50 mmol/L、100 mmol/L、150 mmol/L、200 mmol/L、300 mmol/L、400 mmol/L 和 500 mmol/L 的溶液。将上述消毒种子放在铺有单层滤纸的 9 cm 玻璃培养皿内，每种处理 3 次重复，每个重复 50 粒羊草种子。每个培养皿内加入 10 mL 上述盐溶液，对照中加 10 mL 蒸馏水，用封口膜封口，以防止溶液蒸发。发芽温度为 16℃/28℃、5℃/35℃ 和 5℃/28℃，高温 12 h 光照［光强 54 µmol/（m²·s）］，低温 12 h 黑暗。播种 18 d 之后，测量萌发种子的根长和苗长，计算根冠比（根长/苗长）。将未萌发的羊草种子取出，放在铺有新滤纸的培养皿内，用 10 mL 蒸馏水浸泡 24 h 后吸出多余蒸馏水，再统一添加 10 mL 蒸馏水，然后在原来的温度条件下继续萌发。实验结束时计算发芽恢复率（新萌发的种子数/转移到非胁迫条件下的未萌发种子总数×100%），记录根长和苗长，计算根冠比。

二、结果与分析

（一）盐分和温度对羊草种子萌发特性的影响

1. 盐分对羊草种子发芽率的影响

从图6-4和图6-5可以看出，三种变温条件下羊草种子的发芽率均随NaCl浓度的升高而下降；相同浓度NaCl处理的种子发芽率均在5℃/28℃变温条件下最高，16℃/28℃变温条件下其次，5℃/35℃变温条件下最低。在16℃/28℃变温条件下，对照组的发芽率为63.2%，50 mmol/L NaCl处理的为52.2%，其他NaCl浓度下发芽率均低于50%，而当NaCl浓度为300 mmol/L时，发芽率仅为1.5%，超过400 mmol/L时没有羊草种子萌发。5℃/28℃变温条件下，对照组的发芽率达到91.3%，50～100 mmol/L NaCl处理的发芽率达到70%～80%；而当浓度超过300 mmol/L时，发芽率与16℃/28℃变温处理的结果相似。在5℃/35℃变温条件下，对照组的发芽率为61.3%，NaCl浓度为50～500 mmol/L时，发芽率均低于25.0%，且当浓度超过150 mmol/L时，发芽率均为0。双因素方差分析的结果表明，温度、盐度以及二者互作显著影响羊草种子的发芽率（表6-3）。

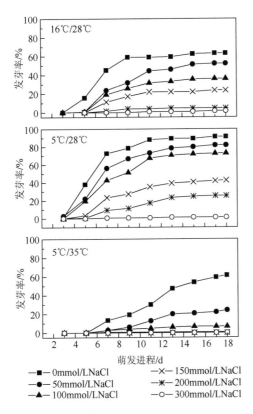

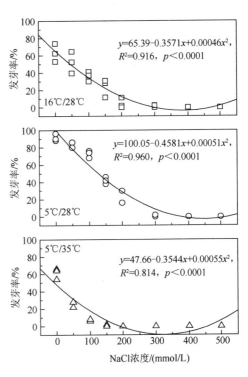

图6-4　不同温度和盐分下羊草种子萌发进程

图6-5　羊草种子发芽率与盐浓度关系
（马红媛等，2008a）

2. 盐分和温度对幼苗生长的影响

从图 6-6 可以看出，三种不同温度下，羊草幼苗的根长和苗长均随 NaCl 浓度的增加而降低；相同 NaCl 浓度下表现为 16℃/28℃>5℃/28℃>5℃/35℃，表明盐分、温度以及二者互作对羊草幼苗的生长也存在一定的影响。NaCl 浓度≤150 mmol/L 时，三种温度下根冠比的变化均不明显，而≥200 mmol/L 时（5℃/35℃除外）呈上升趋势，说明低浓度 NaCl 对羊草的根长和苗长的抑制程度相当，高浓度 NaCl 对苗长的抑制更明显。方差分析结果表明，温度、盐度及其互作对羊草根长和苗长的影响也均达到极显著水平（表 6-3）。

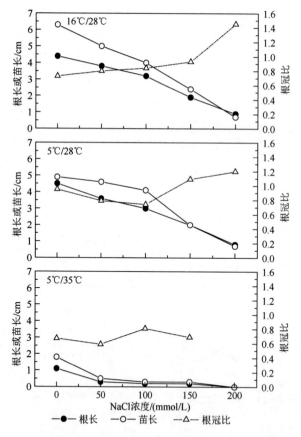

图 6-6　盐分和温度对羊草幼苗生长的影响（马红媛等，2008a）

当 NaCl 浓度超过 200 mmol/L 时根长和苗长图中没有表示

表 6-3　盐分、温度及其互作对羊草种子发芽率和幼苗生长的影响

变异来源	发芽率	根　长	苗　长
盐分	256.1	319.6	262.6
温度	178.9	402.5	272.1
盐分×温度	20.7	48.8	36.9

资料来源：马红媛等，2008a；

注：表中数据为双因素分析的 F 值，显著水平均为 $p<0.01$。

（二）盐胁迫解除后羊草种子发芽率和幼苗生长

1. 盐胁迫解除后对羊草种子发芽率影响

盐胁迫解除后，羊草种子的发芽率在不同变温条件下也存在较大的差异（图 6-7）。双因素方差分析结果表明，温度和原盐浓度对羊草种子的发芽率具有极显著的影响（表 6-4）。在 16℃/28℃ 条件下，随着原 NaCl 浓度的增加，羊草种子发芽率呈显著上升趋势；原 NaCl 浓度 500 mmol/L 时的发芽率最高，达到 55.3%，与对照相比提高了 45.9%（$p<0.05$）。在 5℃/28℃ 条件下，0～150 mmol/L NaCl 范围内，随原盐浓度的增加，发芽率呈显著上升趋势，原 150 mmol/L NaCl 处理下的种子发芽率达到最大值为 71.5%，而在 150～500 mmol/L 下处理的羊草种子发芽率在 58.0%～65.3%，经多重比较，没有显著差异。在 5℃/35℃ 条件下，羊草种子发芽率随着原胁迫盐浓度的上升呈现先上升后下降的趋势，50 mmol/L 时最高为 49.1%，分别比对照和 500 mmol/L 处理高 18.1% 和 40.1%。

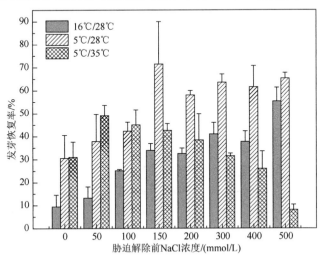

图 6-7　胁迫解除前 NaCl 浓度和温度对羊草种子发芽率的影响（马红媛等，2008a）

2. 盐胁迫解除后对羊草幼苗生长的影响

从图 6-8 和表 6-4 可以看出，原盐浓度、温度及其互作对羊草根长和苗长均存在显

著影响。在 16℃/28℃ 和 5℃/28℃ 下，根长和苗长随着 NaCl 浓度的升高均表现为先上升，后保持相对稳定的趋势。原 NaCl 浓度在 0～50 mmol/L 时，16℃/28℃ 下羊草幼苗的根长和苗长均低于 5℃/28℃，100～500 mmol/L 时则均高于 5℃/28℃ 的处理。5℃/35℃ 条件下，随着原胁迫 NaCl 浓度的升高，羊草幼苗根长和苗长均表现为先上升后下降趋势，100 mmol/L 时，羊草幼苗的根长（1.7 cm）和苗长（3.0 cm）最大，分别为对照的 130.8% 和 136.4%；500 mmol/L 处理分别为对照的 15.4% 和 36.4%。三种温度下根冠比则基本上表现为下降趋势。双因素方差分析结果表明，温度、盐胁迫解除前的浓度以及二者互作也显著影响羊草种子的根长和苗长（表 6-4）。

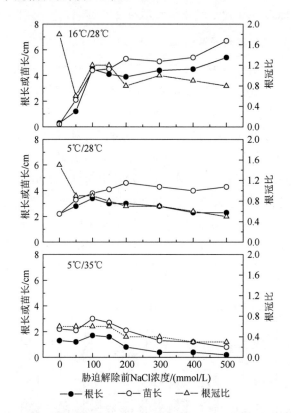

图 6-8　胁迫解除前 NaCl 浓度和温度对羊草幼苗生长的影响（马红媛等，2008a）

表 6-4　原盐浓度、温度及其互作对羊草种子发芽率和幼苗生长的影响

变异来源	发芽率	根　长	苗　长
盐分	3.9	7.2	72.7
温度	24.1	83.8	14.0
盐分×温度	4.2	8.1	10.5

资料来源：马红媛等，2008a；

注：表中数据为双因素分析的 F 值，显著水平均为 $p<0.01$。

三、小结与讨论

盐胁迫对植物种子萌发有以下几种可能：①阻止种子萌发，但不使种子丧失活力；②延迟但不阻止种子萌发（Khan and Ungar，2001）；③当盐浓度高到一定程度或持续一定时间还有可能造成种子永久性失去活力（渠晓霞和黄振英，2005）。不同的盐生植物在萌发时期的耐盐性不同，本研究中，羊草种子的发芽率随 NaCl 浓度的增加而下降；当解除胁迫后，随着 NaCl 浓度的增加，羊草种子发芽率出现增加趋势，表明一定浓度下，盐分延迟了种子萌发，但大部分种子没有失去活力。NaCl 对发芽抑制作用可能是以下原因造成的：增加了溶液的渗透势，从而抑制羊草种子萌发；离子毒害可能会造成少数种子的永久性失活；盐分造成了部分羊草种子强迫性休眠，因为盐胁迫解除后，在适宜的温度条件下仍然有较高的发芽率；盐分对胚的直接影响造成的。本研究结果表明，当 NaCl 浓度超过 50 mmol/L 时就显著抑制了羊草种子的发芽，这与周婵和杨允菲（2004）的 50~600 mmol/L NaCl 对羊草种子的萌发均有促进作用的结论不同。本实验认为，如果 NaCl 对羊草种子的发芽具有促进作用，这一阈值应当在低于 50 mmol/L 的范围内。NaCl 抑制羊草种子萌发的具体原因以及阈值还需要进一步深入研究。

温度是决定种子萌发的主要条件之一，对种子的休眠、休眠的减轻或加深至幼苗的形成的整个过程均起着重要的作用（Benech-Arnold et al.，2000）。本研究表明，温度显著影响羊草种子的发芽率，是羊草种子休眠和萌发的最关键因素之一。5℃/28℃下羊草种子发芽率显著高于 5℃/35℃ 和 16℃/28℃。温度对种子休眠和萌发的影响，可能原因包括温度影响种子的膜透性、膜结合蛋白的活力、水解酶的活性以及种子内物质的代谢（Bewley and Black，1994）、促进 GA_3 和细胞分裂素的合成、降解或转化 ABA 等抑制激素（徐是雄等，1987）等，但在羊草中还缺乏有关机理的研究。

盐分与温度互作对植物种子萌发的抑制作用因物种不同而异（El-Keblawy and Al-Rawai，2004；Khan and Ungar，2001；Khan and Gulzar，2003），主要包括以下四种类型：①抑制作用在高温下更严重，如野慈菇（Sagittaria latifolia）（Delesalle and Blum，1994）；②在低温下更严重，如盐生草属植物（Halopyrum mucronatum）（Khan and Ungar，2001）；③在高温和低温下抑制均非常严重，如鼠尾粟属植物（Sporobolus ioclados）（Khan and Gulzar，2003）；④种子萌发的耐盐性与温度无关，如节藜（Arthrocnemum indicum）（Khan and Gul，1998）。本研究中，温度和盐分互作对羊草种子的发芽率具有极显著的影响（$p<0.001$），说明其萌发对盐分的响应依赖于温度的变化，抑制作用表现为 16℃/28℃>5℃/28℃，5℃/35℃>5℃/28℃，表明羊草种子可能属于第一种类型，即抑制作用在高温下更严重。根据种子萌发的耐盐度标准可以看出，羊草种子的耐盐适宜范围（发芽率为对照的 75%）、半致死浓度（发芽率为对照的 50%）、极限浓度（发芽率为对照的 10%）以及致死浓度（种子萌发完全被抑制）均以 5℃/28℃最高，其次是 16℃/28℃，在 5℃/35℃下耐盐性最差（表 6-5）。

表 6-5　不同温度下羊草种子耐盐度

温度/℃	耐盐度/(mmol/L)			
	耐盐适宜范围	半致死浓度	极限浓度	完全致死浓度
16/28	<45	45	214	295
5/28	58	127	291	375
5/35	<45	<50	132	184

不同物种的种子在解除盐胁迫处理后发芽恢复率不同（Keiffer and Ungar，1995），这种差异是由种子萌发所需的温度梯度不同引起的。Gulzar 和 Khan（2001）研究表明，獐毛属植物（*Aeluropus lagopoides*）经 500 mmol/L NaCl 处理 20 d，在解除胁迫后，20℃/30℃变温条件下，发芽恢复率约达到 85%，而在 10℃/20℃下仅有 29%。在本节中，羊草种子在经过 500 mmol/L 处理 18 d 后，发芽恢复率在 5℃/28℃下最高达到 65.3%，其次是 16℃/28℃为 55.3%，在 5℃/35℃最低为 8.0%（图 6-8）。Huang 等（2003）研究表明，盐处理 9 d 后，将梭梭（*Haloxylon ammodendron*）种子转移到蒸馏水中，盐分越高（800~1400 mmol/L），发芽恢复率越高（40%），低盐 50~600 mmol/L 仅提高 20%。高盐使得羊草种子进入强迫性休眠状态来阻止其萌发，随着雨季的到来，土壤表面盐分含量降低，外界环境，如温度、水分等条件适宜的情况下才开始萌发，这是羊草种子适应盐碱等生态环境的一种特性。

盐对植物生长的抑制主要表现在渗透胁迫（引起水分的缺乏）、离子毒害和离子吸收的不平衡（Caines and Shennan，1999；Ramoliya et al.，2004）。本研究表明，NaCl 胁迫均显著抑制了羊草的根长和苗长的生长，且对苗长的抑制大于根长，这与 Ramoliya 和 Pandey（2003）的研究结论一致。随着 NaCl 浓度的增加，羊草幼苗的根冠比呈上升趋势，表明盐对地下部分的抑制较小，而对地上部分生长影响较大，这可能是羊草适应盐碱环境的一个主要原因。根冠比是在环境因素作用下，经过植物体内许多基因变化过程和自我适应自我调节后最终表现出的综合指标。温度也显著影响羊草幼苗的生长，表现为温度过高和过低均不利于其生长。在相同的低温（5℃/28℃和 5℃/35℃）条件下，表现为 5℃/28℃下较为适宜；在相同的高温（5℃/28℃和 16℃/28℃）条件下，则表现为 16℃/28℃生长最佳，温度过高或过低均抑制了其生长。

本节表明，羊草种子萌发期的耐盐能力差，当 NaCl 浓度超过 50 mmol/L 时发芽被显著抑制。如何避开或降低羊草种子萌发和幼苗期的盐碱危害，是解决羊草生存和繁衍的关键问题之一。目前有以下三种途径：①通过育苗移栽代替传统直播的移栽恢复技术；②培育耐盐碱新品种；③选择播种时间提高羊草种子萌发期的耐盐性。可以选择在雨季后播种，此时地表盐分经雨水淋洗含量减少，有利于提高盐碱条件下羊草种子发芽率。目前有关研究报道较少，在生产实践中能够应用的则更少。因此，今后需进一步开展这一领域的研究，从而为盐碱化羊草草地的人工恢复提供技术支撑。

第三节　盐碱土发芽床与播种方式

贮藏环境条件和发芽方法是影响种子萌发的不可忽视的因素。贮藏条件，尤其是温度和湿度，影响到种子的休眠和活力（Leinonen，1998；Vertucci and Roos，1993；文彬等，2002），控制种子休眠解除的速率（Leopold et al.，1988；Gosling and Rigg，1990），而且能够影响二次休眠的诱导（Powell et al.，1984）。发芽床提供种子萌发所需要的水分，而播种方法也是影响种子从发芽床获得水分或养分等的重要因子。

以往的研究表明，羊草种子发芽率的高低不仅与种子休眠程度有关，还与收获贮藏年限（易津，1994）、发芽温度（易津和张秀英，1995）、发芽床种类（易津，1994；易津和张秀英，1995；谷安琳等，2005）、种子活性（齐冬梅等，2004）、激素种类与含量水平（易津，1994）、盐碱胁迫状况（李海燕等，2004；周婵和杨允菲，2004）、气候条件、土壤类型以及基因型差异有关（钱吉等，1997）。但是有关贮藏环境条件（如温度，水分，贮藏介质）和发芽方法（如发芽床种类×播种方法）的研究报道不多，有深入研究的必要。

为此，本书借鉴自然生境下羊草种子成熟脱落后通常回归于立地土壤表面或者被自然浅埋于表层土壤内部，经过一定时间解除休眠后，在适当的温湿度条件下又重新开始萌发，进入新一轮生活周期，完成从种子到种子的生命过程特点，通过设计 4 种贮藏环境条件（4℃低温干贮，自然室温干贮，盐碱土低温湿贮和非盐碱土低温湿贮），3 种发芽床（盐碱土，非盐碱土和滤纸）和 2 种播种（表面播种与内部播种）方法，研究了不同贮藏环境和 6 种发芽方法（3 种发芽床×2 种播种方法）下羊草种子的萌发特性，旨在为提高羊草种子发芽率提供新的研究方法，为盐碱地羊草植被恢复与重建提供理论依据。

一、材料和方法

（一）实验材料

1. 种子材料

供试羊草种子（千粒重约为 2.5 g）于 2004 年 7 月末采自中国科学院大安碱地生态试验站的羊草自然分布群落中。采集后的种子在室温下晾干，装入透气布袋中，放入 4℃ 冰箱内保存、备用。实验前先用 0.1% $HgCl_2$ 溶液对种子进行表面消毒 10 min，再用蒸馏水冲洗若干次后播种。

2. 土壤材料

供试重度盐碱土取自同一试验站区，非盐碱土取自吉林省镇赉县境内的嫩江河床，两者均为 0~20 cm 的混合土样。

（二）实验材料

1. 土壤化学成分的测定

将上述盐碱土与非盐碱土在室温下晾干，根据常规方法测定土壤的 pH、电导率（EC）、K^+、Na^+、Ca^{2+}、Mg^{2+}、HCO_3^-、Cl^-、CO_3^{2-}、SO_4^{2-}、全 N、全 P、全 K 以及有机质含量，具体参考 Yang 等（2011）。

2. 种子贮藏环境条件的设定

2004 年 7 月采集之后将种子装在布袋中，放在自然室温下（温度 25±5℃，相对湿度 30±10%；以下简称"室温干贮"），2004 年 10 月将一部分种子放入 4℃冰箱内（4±1℃ 相对湿度为 40±2%；以下简称"低温干贮"），其他继续保持原来室温条件，至 2005 年的 4 月初进行实验，研究低温干贮和室温干贮对种子水分变化与发芽率的影响。同时取上述室温干贮的种子（各 10 g）分别与盐碱土和非盐碱土（各 350 g）混合均匀，再加入自来水使其土壤达到饱和湿润状态后，装入 200 mL 烧杯中，用塑料袋封口保湿，并在封口处扎 5 个小孔以保持烧杯内部与外界的气体交换，防止种子活力降低；然后放入 4℃冰箱内分别贮藏（以下简称"盐碱土低温湿贮"和"非盐碱土低温湿贮"）5 个月。2005 年 9 月进行发芽实验，研究不同土壤湿润低温贮藏环境对羊草种子发芽率的影响。

3. 种子千粒重和含水量的测定

随机取"室温干贮"和"低温干贮"的种子各 50 粒为 1 组，用 0.0001 g 电子天平称量，8 次重复，计算两种贮藏环境条件下的羊草种子的千粒重。种子含水量的测定采用烘干法，即取上述种子各 0.5 g 为 1 组，5 次重复，在 105℃烘箱内烘干 2 h，然后在 80℃下烘干 12 h，计算不同贮藏条件下的种子含水量。

4. 发芽床的选择与播种方法

选择 3 种介质（盐碱土，非盐碱土，滤纸）作为种子发芽床，以滤纸床为对照，2 种播种方法（表面播种、土内或纸间播种），通过 3 种发芽床×2 种播种方法，共有以下 6 种组合发芽方法：①"纸上发芽法"，是指在有盖的 9 cm 玻璃培养皿内铺上双层滤纸，再将处理的种子播种在滤纸表面上的纸面发芽法；②"纸间发芽法"，是指在有盖的 9 cm 玻璃培养皿内铺上双层滤纸，将处理的种子播种在滤纸表面上后，再铺一层滤纸盖住种子的纸内发芽法；③"非盐碱土表发芽法"，是将种子播在非盐碱土表面，不进行覆土的土表发芽法；④"非盐碱土内发芽法"，是将种子用镊子播种在非盐碱土表面下 2 mm

深处，然后进行覆土的土内发芽法；⑤"盐碱土表发芽法"，是将种子播在重度盐碱土表面，不进行覆土的土表发芽法；⑥"盐碱土内发芽法"是将种子用镊子播种在盐碱土表面下 2 mm 深处，然后进行覆土的土内发芽法。本实验所用的羊草种子为上述的自然室温下贮藏的种子。

5. 种子发芽条件

采用纸上发芽法，将"室温干贮"和"低温干贮"的种子放在 HPG-280B 光照培养箱内 5℃/28℃变温（5℃、16 h 黑暗，28℃、8 h 光照）条件下发芽培养，发芽时间为 21 d。"盐碱土低温湿贮"和"非盐碱土低温湿贮"在 4℃下湿润的非盐碱土和盐碱土中贮藏 5 个月的种子的发芽条件为 16℃/28℃（16℃、12 h 黑暗，28℃、12 h 光照），发芽时间为 14 d。以上实验均采用纸上发芽法，每个处理 3 次重复，每个重复 50 粒饱满的种子。

不同发芽床的种子萌发实验在 HPG-280 II 人工气候箱内 16℃/28℃变温条件下进行。16℃、16 h 黑暗，28℃、8 h 光照，每个处理 3 次重复，每个重复 50 粒饱满的种子，纸上和纸间发芽床以浸透滤纸而不见明水为标准，而非盐碱土和盐碱土发芽床则以使得培养皿内的土壤达到饱和而没有形成水层为标准，发芽时间为 14 d。

6. 统计分析

测定项目包括发芽率、平均发芽时间、萌发指数。

$$发芽率（GP）= \frac{n}{N} \times 100$$

式中，n 为萌发的种子粒数；N 为供试种子数。

$$平均发芽时间（MGT）= \sum (Gt \times Dt) / \sum Gt$$

式中，Gt 为逐日萌发数；Dt 为萌发天数。

$$萌发指数（GI）= \sum (Gt / Dt)$$

式中，Gt 为在不同时间的发芽数；Dt 相应于 Gt 的萌发天数。

利用 SPSS 19.0 对数据进行统计分析，将发芽率转化成反正弦（arcsin）的形式之后进行 ANOVA 分析。采用 Duncan 方法多重比较，最小显著差法（LSD）在 0.05 概率水平，确定各个平均值之间的差异显著性。利用 Origin 7.5 软件绘图。

二、结果与分析

（一）供试土壤的化学性质

供试的两种土壤的理化性质见表 6-6。盐碱土的 pH 为 10.24，为重度苏打盐碱土，

Na⁺含量约是非盐碱土的 9 倍，CO_3^{2-} 含量高达 432.0 mg/kg，而在非盐碱土中没有检测到 CO_3^{2-} 的存在。TN 和 OM 的含量则低于非盐碱土。

表 6-6　供试土壤的基本理化性质

	pH	EC/（ms/cm）	含量/（mg/kg）								含量/（g/kg）			
			K^+	Na^+	Ca^{2+}	Mg^{2+}	HCO_3^-	Cl^-	CO_3^{2-}	SO_4^{2-}	TN	TP	TK	OM
A	10.24	0.81	52.35	1541.5	632.0	213.3	5014.2	727.8	432.0	54.1	2.0	0.4	19.6	19.8
B	7.49	0.31	6.90	171.8	150.2	47.2	768.6	106.5	0	57.2	3.7	0.4	15.7	78.6

资料来源：马红媛和梁正伟，2007a；
注：A 表示盐碱土；B 表示非盐碱土；EC 表示电导率；TN、TP、TK 和 OM 分别表示总氮、总磷、总钾和有机质。

（二）不同贮藏条件对羊草种子含水量和发芽率的影响

室温干贮的羊草种子的千粒重为 2.29±0.03 g，而在低温干贮的为 2.58±0.02 g，二者存在着极显著的差异（$p<0.001$，表 6-7）。室温干贮条件下的种子含水量为 4.94%，而低温干贮下则为 7.89%，存在极显著差异（$p<0.001$）。

从图 6-9 可以看出，低温干贮对最终发芽率没有影响。但是，在发芽前 10 d 时间内，4℃低温干贮的种子发芽迅速，二者的发芽率的差值随发芽天数的增加而增大，在第 10 天达到差异最大，为 18.7%，之后两者的差值逐渐缩小。同时，低温干贮显著缩短了羊草种子平均发芽时间（MGT），极显著地提高了其萌发指数（GI），即提高了发芽的整齐度（表 6-7）。

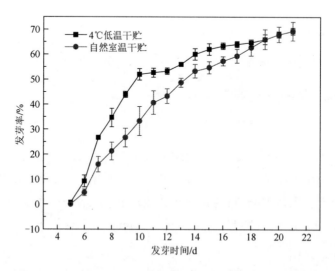

图 6-9　不同贮存环境下羊草种子的累积发芽率（马红媛和梁正伟，2007b）

表 6-7 两种不同贮存条件对发芽指标的影响

处理	千粒重/g	21 d 发芽率/%	10 d 发芽率/%	发芽指数	平均发芽天数/d
室温干贮	2.29±0.03	69.3±1.2	33.3±5.8	3.43±0.36	11.5±0.5
低温干贮	2.58±0.02**	69.3±3.2[ns]	52.0±2.3**	4.03±0.04**	9.8±0.7*

注：*和**分别表示在 0.05 和 0.01 水平存在显著差异；ns 表示不存在显著差异。

从图 6-10 可以看出，湿润非盐碱土中贮藏的羊草种子第 14 天的发芽率比空气中贮藏的干种子（对照）高 18.4%，达到了显著水平（$p<0.05$）。而相同条件下盐碱土中贮藏的种子发芽率则显著低于对照。这说明羊草种子在湿润非盐碱土中低温贮藏有利于打破羊草种子的休眠，而盐碱土中贮藏不利于打破休眠。

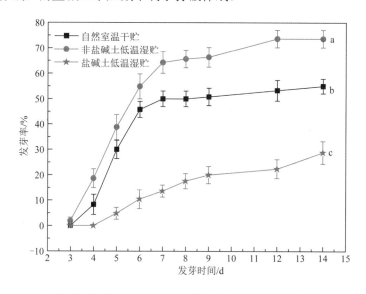

图 6-10 不同贮存环境下羊草种子的发芽率（马红媛和梁正伟，2007b）

图中数据为平均值±SE，小写字母表示不同处理之间最终发芽率在 0.05 水平上的显著性差异

（三）不同发芽方法对羊草种子萌发的影响

从图 6-11 可以看出，发芽方法对羊草种子的萌发具有很大的影响。纸上和纸间两种播种方法均在第 5 天开始萌发，第 7 天纸上发芽率为 26.0%，纸间为 29.2%，且在整个萌发过程中，纸上发芽法的发芽率略低于纸间播种方法。非盐碱土表发芽法第 5 天发芽率已经达到 57.5%，第 7 天发芽率为 81.3%，而土内发芽法仅为 7.3%，但随着发芽时间的增加，两者的发芽率差值呈减小趋势。盐碱土表发芽法的发芽率也明显高于土内发芽法，但两者发芽率的差异随发芽时间的增加呈扩大趋势。以上 6 种发芽方法的发芽率大小顺序依次为：非盐碱土表>纸间>纸上>非盐碱土内>盐碱土表>盐碱土内。

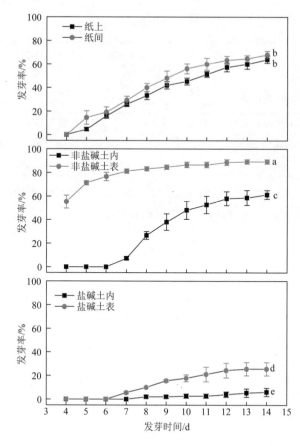

图 6-11　6 种不同的发芽方法对羊草种子发芽率的影响（马红媛和梁正伟，2007b）

图中数据为平均值±SE，小写字母表示不同处理之间最终发芽率在 0.05 水平上的显著性差异

三、小结与讨论

本研究首次证明了低温干贮对羊草种子发芽率没有显著影响，但可以提高其发芽速率和整齐度。李雪华等（2007）研究发现，常温干藏和室外冷藏（干种子，4 个月）对画眉草的发芽率没有显著的影响。低温湿润的非盐碱土中贮藏的羊草种子发芽率高，而在相同条件下的盐碱土中贮藏的种子发芽率则受到了严重的抑制，这可能是由于种子长时间受盐碱胁迫，对种子造成了直接的离子毒害，抑制了萌发。可见贮藏的温度和介质以及介质的水分状况直接影响种子的发芽率。研究中低温条件下湿润的非盐碱土表面羊草种子发芽率最高，我们认为是低温、水分和非盐碱土等条件的交互作用的结果。水分状况可以与温度、光照、底物的质地相互作用来控制种子的萌发（Baskin and Baskin，1998）。汪晓峰等（2001）也认为种子含水量和贮藏温度是影响种子在贮藏期间保持生活力和活力的关键因素；除此之外，本研究表明湿润盐碱土浸种会造成部分羊草种子永久性的萌发抑制。高盐浸种造成种子永久性萌发抑制的研究在很多物种中得到了证实，如

驼蹄瓣属植物（*Zygophyllum simplex*）种子（Khan and Ungar，1997）和海韭菜（*Triglochin maritime*）的种子（Khan and Ungar，2001）等。

　　发芽方法是影响种子发芽的重要因子，发芽床的主要作用是为种子萌发提供所需的湿度条件，发芽床的湿度状况决定了氧气供给量的多少（Baskin and Baskin，1998），而播种的方法也决定了种子萌发的水分、光照等微环境。从本书的实验结果看，羊草种子萌发对不同质地发芽床具有不同的响应，播种的方法对种子的萌发也具有重要的影响，表现为：非盐碱土表>纸间>纸上>非盐碱土内>盐碱土表>盐碱土内。研究表明，发芽床的盐碱状况也显著影响着种子的萌发。羊草种子在非盐碱土表发芽率最高。这可能是因为非盐碱土中含有促进种子萌发的物质。种子在非盐碱土内的发芽率低于非盐碱土表的发芽率，可能是因为前者存在土壤的机械阻碍或者氧气状况不及后者。

　　盐碱土发芽床的发芽率低的原因可能主要有以下几个方面：盐碱土 pH 高达 10.24，Na^+、HCO_3^-、CO_3^{2-} 等有害离子也是非盐碱土的若干倍，重度盐碱环境造成了土壤渗透势的降低，从而造成了种子对水分吸收的减少（Poljakoff-Mayber et al.，1994）；其次是离子毒害作用改变了种子中酶的活性（Gomes-Felho and Sodck，1988；Guerrier，1988）、破坏了植物生长调节剂的平衡（Khan and Rizvi，1994；Ungar，1997；Muhammad et al.，2001）。NaCl 或 Na_2CO_3 等模拟盐碱胁迫处理羊草种子，结果表明当浓度达到一定值时，盐碱胁迫对种子的萌发产生抑制作用（马红媛和梁正伟，2007a，2007b；马红媛等，2008a）。而盐碱土表面发芽床中，种子与盐碱土的接触面积小，受盐碱胁迫的程度较小，因此其发芽率显著高于盐碱土中。但这两种发芽床的萌发率很低（<30%），均不适宜于羊草种子的萌发。

　　纸上和纸间发芽法对羊草种子的萌发差异不显著，但纸间发芽率略大于纸上发芽率，这主要是因为纸间发芽床能够为种子萌发保持一定的水分。另外，纸上发芽法的发芽率介于非盐碱土表面和盐碱土表面之间，可能是因为纸床既没有像非盐碱土中的促进萌发的物质，也不存在像盐碱土中的抑制种子萌发的有害离子。

　　成熟的羊草种子通过风或其他形式散落到地面，或者进入土壤中形成种子库。对羊草草地种子库的研究表明，松嫩羊草草地放牧种子库为 6586 粒/m^2×0.12 m，且 80%以上的集中在表层到 3 cm 深处（祝廷成，2004）。而目前松嫩草原土壤盐碱化现象非常普遍，因此研究羊草种子在盐碱环境下贮藏条件，以及种子在盐碱土表面和盐碱土中的萌发状况，能够对我国松嫩盐碱化草原土壤的改良以及羊草植被的恢复和生态重建提供理论指导。

第四节　不同 pH 的盐碱土及土壤浸提液对羊草种子萌发的影响

　　土地盐碱化是人类面临的世界性生态环境问题之一。我国松嫩平原的苏打盐碱地是世界三大盐碱土地分布区域之一，面积为 3.73×10^6 hm^2，其中 pH>9.5 的重度盐碱地具有代表性和典型性。随着草地盐碱化的日益加重，盐碱化草地的恢复与重建已成为科研和生产的主要任务之一。种子萌发和幼苗生长阶段对盐碱环境的适应能力的大小是决定植物能否生存的关键。研究表明，pH 是影响种子萌发和幼苗生长的重要因子（Shi et al.，2002；Bie et al.，2004）。有的物种能够在较大 pH 范围内萌发（Rivard and Woodard，1989；Perez-Fernandez et al.，2006；Suthar et al.，2009），有的只能在特定的 pH 条件下才能够萌发。如毛泡桐（*Paulownia tomentosa*）种子在 pH1.5～3.5 不能够萌发，而在 pH7.0 条件下发芽率达 98%（Turner et al.，1988）；小麦（*Triticurn aestivum*）种子萌发的最适 pH 是 6.5（李清芳等，2003）；金盏银盘（*Bidens biternatum*）种子萌发的最适 pH 则为 7.0（Ahlawat and Dagar，1980）。而不同 pH 土壤及其浸提液对羊草种子萌发及幼苗生长的影响报道很少。

本节旨在通过研究不同 pH 土壤以及不同浓度的盐碱土和非盐碱土浸提液对羊草种子的萌发和幼苗生长的影响，探索羊草种子萌发和幼苗正常生长的 pH 阈值，以提高羊草种子在盐碱地中的发芽率，为盐碱地羊草的快速恢复与重建提供理论支持。

一、材料和方法

（一）供试材料

供试羊草种子（千粒重约 2.5 g）于 2004 年 7 月末采自中国科学院大安碱地生态试验站。实验前先用 0.1% HgCl₂ 溶液对种子进行表面灭菌 10min，再用蒸馏水冲洗若干次，备用。

实验所用河床土采自吉林省镇赉县境内的嫩江河床，盐碱土采自中国科学院大安碱地生态试验站，实验用的土壤理化性质如表 6-6 所示。

（二）实验方法

1. 不同 pH 的配土

将非盐碱土和重度苏打盐碱土分别过 20 目筛，然后按照 0∶10、1∶9、2∶8、3∶7、4∶6、5∶5、6∶4、7∶3、8∶2、9∶1 和 10∶0 的重量比分别配成 pH 为 10.24、9.86、9.53、9.14、8.96、8.78、8.62、8.41、8.19、7.95 和 7.49 的 11 种不同 pH 梯度的土壤。将上述土壤分别装入 9 cm 培养皿内，每个培养皿内 70 g 土壤，每种处理 4 次重复。每个培养皿播 30 粒饱满的羊草种子，用蒸馏水浸透之后盖上培养皿盖。在 HPG-280Ⅱ人工气候箱（哈尔滨市东联电子科技开发有限公司）内进行萌发实验，发芽条件为 16℃/28℃ 变温，12 h 黑暗/12 h 光照，光照强度为 54 μmol/（m²·s）。发芽 6 d 后去掉培养皿盖，继续培养。及时补充蒸发掉的水分保持土壤湿润，每天调查发芽率。在播种后第 50 天记录株高。

2. 重度苏打盐碱土调酸处理

将 67 mL、131 mL、189 mL、256 mL、342 mL、460 mL 和 622 mL 的硫酸溶液（1mol/L）

分别喷洒到 1000 g 重度苏打盐碱土（pH 为 10.24）上，充分调匀，分别得到 pH 为 7.0、7.5、8.0、8.5、9.0、9.5 和 10.0 的土壤，以未调酸的重度苏打盐碱土作为对照。将种子均匀播种在土壤表面，其他发芽条件和培养方法等同上，每天调查发芽率，播种后第 16 天记录株高。

3. 土壤浸提液的提取与发芽实验

将风干的非盐碱土和重度苏打盐碱土样品过 20 目筛，按 1∶1、1∶5、1∶7、1∶10 的土水比混匀，经 5000 r/min 离心 20 min，分别取其上清液得到浸提液。用 pH210 酸度计（北京哈纳科技有限公司）测定浸提液的 pH，用 IQ150 原位 pH 计（北京渠道科学器材有限公司）测定电导率（EC）值。发芽时，在洁净的玻璃培养皿内铺上双层滤纸，每皿放入 50 粒饱满种子，加入 4 mL 土壤浸提液使得培养皿内保持湿润，以蒸馏水处理的作为对照（CK），每个处理 3 次重复。将各个处理放在 HPG-280Ⅱ人工气候箱内（哈尔滨市东联电子科技开发有限公司），萌发条件为 16℃/28℃变温，低温 12 h 黑暗，高温 12 h 光照，光照强度为 54 μmol/（m²·s），发芽时间为 21 d。

二、结果与分析

（一）不同 pH 的配土对种子萌发及幼苗生长的影响

从图 6-12 可以看出，羊草种子发芽率随着配土 pH 的升高而呈下降趋势，在 pH 为 10.24 的土壤中，发芽率几乎为 0，二者呈极显著的负相关（$r=-0.900$, $p<0.0001$）。在 pH 为 7.49~9.14 时，羊草幼苗株高在 10 cm 以上，有下降趋势。但在当 pH 为 9.53 时，羊草幼苗株高不足 3 cm，表明在高 pH 的配土中，羊草的生长也受到显著的抑制（图 6-13）。

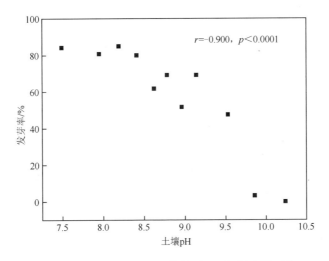

图 6-12　羊草种子发芽率与配土 pH 的关系（马红媛和梁正伟，2007a）

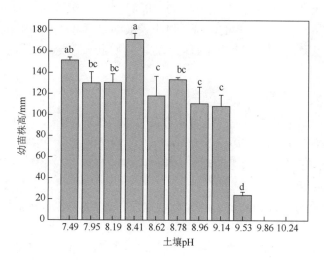

图 6-13　羊草幼苗株高与配土 pH 的关系（马红媛和梁正伟，2007a）

对羊草的发芽率和株高进行 Hierarchical 聚类分析，从距离阈值 $d_{ij}=5$ 处断开，可明显地分为两个组群，pH7.49～9.14 归为一类，pH9.53～10.24 为一类（图 6-14）。前者的发芽率为 50%～85%，株高为 108～172 mm，其中，pH7.49～8.41 的发芽率均在 80% 以上，株高为 130～172 mm。第二类种子的发芽率在 0～47.3%，且株高均低于 25 mm，pH9.53 土壤中的幼苗在播种后 50 d 左右部分死亡，而 pH 9.86 以上的幼苗则全部死亡。结果表明，羊草种子在 pH≤9.14 的土壤中进行直播，幼苗能够正常生长。其中，pH 在 7.49～8.41 发芽率和幼苗生长最好；而 pH≥9.53 则严重影响了幼苗的萌发和生长，这一结果也可以从图 6-15 中也可以直观地看出。

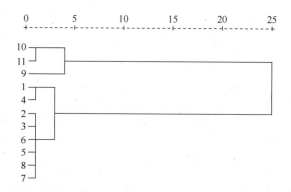

图 6-14　不同配土中羊草的发芽率和株高的聚类分析（马红媛和梁正伟，2007a）

数字 1～11 分别表示 pH7.49、7.95、8.19、8.41、8.62、8.78、8.96、9.14、9.53、9.86 和 10.24 的配土

| pH 10.24 | 9.86 | 9.53 | 9.14 | 8.96 | 8.78 | 8.62 | 8.41 | 8.19 | 7.95 | 7.49 |

图 6-15　不同配土中羊草的发芽和幼苗生长情况（马红媛和梁正伟，2007a）

（二）重度苏打盐碱土调酸后对种子萌发和幼苗生长的影响

重度苏打盐碱土调酸后羊草种子的发芽率以及幼苗的高度如图 6-16 和图 6-17 所示。从图 6-16 可以看出，羊草种子的发芽率与重度盐碱土调酸之后的 pH 呈二次函数关系，调酸之后（pH7.0～10.0）的土壤，均极显著地提高了羊草种子的发芽率（$p<0.01$）。其中 pH8.0 的发芽率最高，为 79.2%，比非盐碱土（pH7.49）31.7% 高 47.5%。

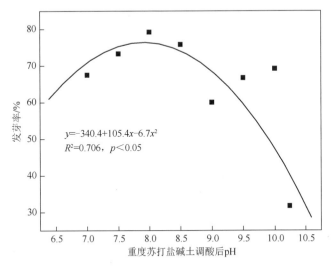

$y=-340.4+105.4x-6.7x^2$
$R^2=0.706$，$p<0.05$

图 6-16　羊草种子发芽率与调酸后土壤的 pH 关系（马红媛和梁正伟，2007a）

图 6-17 表明，调酸后的土壤同时促进了幼苗的生长。其中 pH8.0～8.5 的株高最高，而低于和高于这一阈值范围时，幼苗的生长则受到抑制，表明盐碱土调酸之后不是 pH 越低幼苗生长得越好。

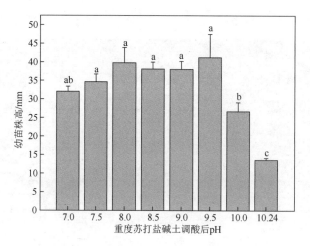

图 6-17　盐碱土调酸后不同 pH 对羊草幼苗株高的影响（马红媛和梁正伟，2007a）

（三）土壤浸提液对种子萌发的影响

非盐碱土浸提液处理的羊草种子的萌发进程如图 6-18 所示，当 pH 为 7.96（土水比为 1∶1）时，种子的发芽率最高，而 pH6.08 发芽率最低。经 ANOVA 分析表明，pH7.96 处理的种子平均发芽率为（GP）95.3%±0.7%，显著高于对照（p=0.027），但发芽指数（GI）和平均发芽时间（MGT）均与对照不存在显著的差异（表 6-8）。从盐碱土浸提液处理的羊草种子的萌发进程看，盐碱土浸提液 pH 为 10.14 时，种子的 GP 最低（图 6-19）。但经 ANOVA 分析，四种浓度的浸提液处理的种子 GP、GI 和 MGT 与对照之间差异不显著（表 6-9）。这表明非盐碱土浸提液对羊草种子萌发具有一定的促进作用，而盐碱土浸提液虽然具有较高的 pH，但对种子的萌发影响不大。

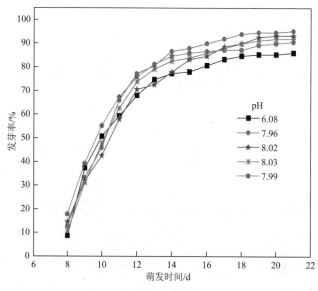

图 6-18　非盐碱土浸提液处理的羊草种子的萌发进程（马红媛和梁正伟，2007a）

表 6-8　非盐碱土浸提液对种子发芽指标的影响

土水比	pH	EC/(ms/cm)	GP/%	GI	MGT/d
CK	6.08	0.01	86.0±5.3a	4.16±0.03a	10.9±0.1ab
1∶1	7.96	1.20	95.3±0.7b	4.55±0.03a	11.0±0.1ab
1∶4	8.02	0.47	93.3±1.3ab	4.37±0.01a	11.4±0.1b
1∶7	8.03	0.34	92.0±2.0ab	4.38±0.02a	11.0±0.4ab
1∶10	7.99	0.29	90.7±1.8ab	4.51±0.01a	10.5±0.0a

资料来源：马红媛和梁正伟，2007a；

注：GP、GI、MGT 数据为平均值±SE（n=3）；其中 EC 表示电导率，GP 表示发芽率，GI 表示发芽指数，MGT 表示平均发芽时间。同一列中的相同的字母表示在 0.05 水平上没有差异，下同；土水比按照质量与体积计算，下同。

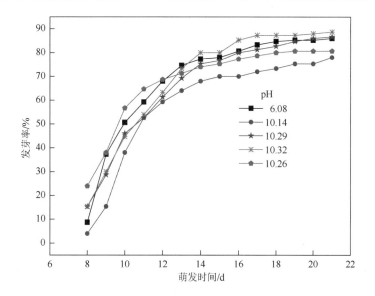

图 6-19　盐碱土浸提液处理的羊草种子的萌发进程（马红媛和梁正伟，2007a）

表 6-9　盐碱土浸提液对种子发芽指标的影响

土水比	pH	EC/(ms/cm)	GP/%	GI	MGT/d
CK	6.08	0.01	86.0±5.3a	4.16±0.29a	10.9±0.1ab
1∶1	10.14	5.14	78.0±1.2a	3.56±0.05a	11.5±0.2b
1∶4	10.29	2.05	86.7±4.4a	4.08±0.23a	11.3±0.4 b
1∶7	10.32	1.40	88.7±7.4a	4.20±0.49a	11.2±0.4 ab
1∶10	10.26	1.13	80.7±4.8a	4.14±0.21a	10.2±0.3a

资料来源：马红媛和梁正伟，2007a；

注：GP、GI、MGT 数据为平均值±SE（n=3），同一列中相同的字母表示在 0.05 水平上没有差异。

三、小结与讨论

本节表明，pH 与发芽率之间存在显著负相关，高 pH 抑制了种子的萌发，当 pH≥9.53

时，随着 pH 的增加，幼苗大部或全部枯萎。因此，生产上适合羊草直播的 pH 上限应小于 9.14。前人对高 pH 抑制种子萌发的原因研究结果表明，高 pH 通过抑制种子贮藏化合物代谢相关的蛋白水解酶活性来影响种子的萌发（Mayer and Poljakoff-Mayber，1982）；OH^- 也可能会干扰某些关键阴离子的吸收（Fitter and Hay，1987），并影响膜势能（Henig-Sever et al.，1996）。另外，高盐环境抑制羊草种子的萌发也是其长期对盐碱环境的一种适应，避免脆弱的幼苗受恶劣环境的影响。

盐对植物生长的抑制主要表现在：渗透胁迫（引起水分的缺乏）、离子毒害和离子吸收的不平衡（余叔文和汤章城，2001；Ramoliya et al.，2004），但在苏打盐碱胁迫下，植物除了受到上述的抑制之外，由于 CO_3^{2-} 和 HCO_3^- 的水解作用，还产生了高 pH 胁迫（Jin et al.，2006）。Bie 等（2004）也认为，$NaHCO_3$ 对莴苣的生长抑制比 Na_2SO_4 更严重，因为前者受到 HCO_3^- 的毒害和高 pH 影响。种子中贮藏的物质为种子萌发和幼苗的生长提供了必需的能量和养料（陈建敏和孙德兰，2005），本节中高 pH 土壤中羊草种子萌发和幼苗的生长受到显著的抑制，其机理还需要通过对萌发过程中的种子内的营养物质代谢进行深入研究。

本节通过硫酸调节重度盐碱土的 pH，使羊草种子平均发芽率从对照的 31.4%提高到 79.2%。这说明调酸处理显著提高了羊草种子在盐碱土中的发芽率，且以 pH8.0～8.5 为宜。调酸处理土壤能够提高羊草种子发芽率的原因可能是硫酸与盐碱土中的 HCO_3^- 和 CO_3^{2-} 发生反应，释放 CO_2 的同时，生成硫酸盐，减轻了土壤的碱性毒害。有研究表明，高等植物的根对 SO_4^{2-} 的吸收很慢（Marschner，1986），产生的危害也远低于 HCO_3^- 等（Bie et al.，2004）。

另外，土壤浸提液对羊草种子萌发的影响远远低于土壤本身。例如，盐碱土浸提液（pH10.13～10.32）处理的羊草种子发芽率为 78.0%～88.7%，与对照（pH6.08）86.0%之间均不存在显著的差异。而在盐碱土（pH10.24）的土培实验中，羊草种子的发芽率为 0。产生这些结果的原因可能与羊草种子发芽时的水分条件以及盐碱土本身的质地，如孔隙度、容重等条件的影响有关，但具体的原因还需要进一步的深入研究。

本节利用重度苏打盐碱土和非盐碱土配土的方法以及用稀硫酸调节重度苏打盐碱土的方法，通过统计分析得出羊草种子萌发的最适 pH 范围均为 8.0～8.5，并且目前对 pH 影响种子萌发的结论多是由模拟实验和相关分析的方法得来，这些方法是否能够真正模拟野外实际生境的土壤特点还不完全确定。土壤 pH 是反应土壤盐碱程度的一个指标，pH 本身能否主动影响种子的萌发和幼苗的生长？具有高 pH 特征的苏打盐碱土对羊草种子萌发和幼苗生长的抑制的主要影响机制是什么？今后需要对这些问题进行深入探讨，明确苏打盐碱土影响种子萌发和幼苗生长的机制，因此我们开展了本章第五节的研究内容。

第五节 高 pH 对羊草种子萌发的影响

地球表面约 7% 的陆地受盐碱影响,其中钠盐影响的土壤分布较为广泛(Flowers et al.,1997；Panta et al.,2014)。土壤盐渍化是世界土壤退化问题逐年增加的一个重要因素,世界 60% 的盐碱土是碱性的(Tanji,1990)。碱土主要分布在干旱和半干旱地区的中东、南美以及欧洲的地中海、亚洲、非洲和澳大利亚地区。碱土的主要特征是具有高的 pH(Yu et al.,2010)和电导率差异大(Chi and Wang,2010；Szabó and Tóth,2011；Valkó et al.,2014)。生长在这类土壤中的植物不仅受到钠离子的毒害作用,还受到由 CO_3^{2-} 和 HCO_3^- 水解而产生的高 pH 的影响,高 pH 对植物生长的影响已经在较多的物种中展开研究(Tobe et al.,2004；Shi and Wang,2005；Guan et al.,2009；Piovan et al.,2014)。

种子萌发是植物生活史中最重要的阶段(Kitajima and Fenner,2000),受诸多环境因素的影响(Chachalis and Reddy,2000；Huang et al.,2003；Koger et al.,2004；Chauhan et al.,2006)。一种植物能够在盐碱环境下生长的首要因素是种子萌发阶段能够适应该生境；否则该种植物很难建植(Tobe et al.,2004),因为植物在盐、碱和高 pH 等胁迫条件下,植物种子的萌发是个很大的问题(Kopittke and Menzies,2005；Shi and Wang,2005；Menzies et al.,2009；Li et al.,2010)。

因地理位置、成土母质、气候和植被等条件不同,土壤的 pH 存在着很大的差异,土壤 pH 对种子萌发的影响得到了广泛的关注(Baskin and Baskin,2014)。种子萌发对 pH 的响应被广泛用来评价物种能否适应酸性和碱性土壤的依据(Chachalis and Reddy,2000；Koger et al.,2004；Norsworthy and Oliveira,2005；Stokes et al.,2011)。种子萌发的 pH 阈值不同物种之间差异很大,有些物种能够在很广的 pH 范围内萌发(Koger et al.,2004；Pérez-Fernández et al.,2006；Nakamura and Hossain,2009),而有的物种仅在特定的 pH 下萌发(Henig-Sever et al.,1996；Stokes et al.,2011；Ebrahimi and Eslami,2012)。

目前为止,土壤 pH 对种子萌发的影响研究主要限于缓冲溶液的模拟研究,在缓冲溶液中加入适量的 NaOH 或 HCl,将 pH 调节到预定的梯度,模拟土壤 pH,但是很少有直接利用酸性或者碱性土壤开展研究的。例如,有的 pH 7~8 的缓冲溶液的配置一般用 2~25 mmol/L 4-羟乙基哌嗪乙磺酸(HEPES)(Koger et al.,2004；Stokes et al.,2011；Ebrahimi and Eslami,2012),或者 50 mmol/L KH_2PO_4(Norsworthy and Oliveira,2005),或者邻苯二甲酸氢钾(KHP)(Chejara et al.,2008；Chauhan et al.,2006)。而配置 pH 9~11 的缓冲溶液则一般用 2~25 mmol/L 三羟甲基甲胺(Tris)(Chauhan et al.,2006；Stokes et al.,2011；Ebrahimi and Eslami,2012)或者 50 mmol/L KCO_3–$B_8K_2O_{13}$–KOH $B_8K_2O_{13}$(Norsworthy and Oliveira,2005)。此外,一些研究直接在水中滴入 NaOH 溶液至预期的 pH 梯度(Nakamura and Hossain,2009；Mandić et al.,2012)。很明显,虽然所有的缓冲溶液都能够达到一定的 pH 梯度,但是这些不同 pH 缓冲溶液化学组成存在很大的差

异。化学组成本身可能会对种子萌发存在着潜在的影响，然而这一点在很多研究中被忽视。

自然条件下，盐碱土的高 pH 主要是由土壤中 Na_2CO_3 或者 $NaHCO_3$ 的积累，水解产生的大量的 OH^- 所致（Guerrero-Alves et al.，2002；Rengasamy，2010；Chi et al.，2012）。盐碱含有大量的可溶性的阴离子和阳离子（Tobe et al.，2002，2004），主要包括 Na^+、HCO_3^-、CO_3^{2-}、Cl^- 和 SO_4^{2-}（Tavakkoli et al.，2011），而这些成分与目前所用的不同缓冲溶液的成分不同。

目前，有关直接利用自然盐碱土探讨种子萌发与土壤 pH 的关系的报道较少。一般来说，实验室的研究结果跟野外实际条件下还是有很大差异的（Harris，1981）。为了解盐碱地系统中种群的生态过程的驱动或者限制因子，有必要探讨不同影响因子对种子萌发的影响机理。因此，急需将实验室利用不同缓冲液模拟不同盐碱程度得到的结论与田间实际土壤下的结果进行验证。

本节中，我们选择羊草种子为研究对象，开展了以下三个实验：①利用不同缓冲溶液，用 HCl 或 NaOH 调节 pH，探讨室内缓冲液模拟实验对羊草种子萌发的影响；②利用重度苏打盐碱土，以非盐碱土作为对照，进行一系列处理，得到不同固体和液体萌发介质；③探讨不同浓度的中性和碱性盐对羊草种子萌发的影响。目的是解决以下三个问题：①缓冲溶液是否会影响种子的萌发，能否正确反应实际盐碱土对种子萌发的影响？②羊草种子萌发如何对盐碱土固体和液体萌发介质响应，主要的影响因子是 pH 还是 EC？③盐碱土壤中哪种阴离子（Cl^-、CO_3^{2-}、HCO_3^- 和 SO_4^{2-}）对种子萌发起关键作用？

一、材料和方法

（一）实验材料

1. 种子材料

实验用的羊草种子于 2009 年 7 月末采自位于松嫩平原西部的中国科学院大安碱地生态试验站。室温下自然晾干后装入纸袋，放入 4℃冰箱保存备用。实验开展时间为 2010 年 4 月份，首先将种子在 0.1%的 $HgCl_2$ 表面消毒 10min，用蒸馏水冲洗 3 遍，备用。

2. 土壤材料

供试的重度苏打盐碱土采自中国科学院大安碱地生态试验站的盐碱光斑上，取样深度为 0~20 cm。非盐碱土取自吉林省镇赉县镜内的河床的 0~20 cm 的表层土壤。盐碱土和非盐碱土风干之后，用手将大块的盐碱土捏碎，过 2 mm 的筛子。K^+、Na^+、Ca^{2+}、Mg^{2+}、HCO_3^-、Cl^-、CO_3^{2-} 和 SO_4^{2-} 及交换性钠离子测定方法参考 Chi 和 Wang（2010）。

（二）实验方法

1. 两种不同 pH 的缓冲溶液对种子萌发的影响

Tris-HCl 缓冲溶液。为了研究 Tris 缓冲溶液对种子萌发的副作用，我们选择了两种浓度的 Tris 缓冲溶液（50 mmol/L 和 100 mmol/L），用 1 mmol/L 的 HCl 调节 pH 到 7.0、7.5、8.0、8.5、9.0、9.5、10 和 10.35。将 10 mL 的不同浓度和不同 pH 的缓冲溶液分别加入铺有定性滤纸的直径为 9 cm 的培养皿内，以加入 10 mL 蒸馏水（pH 7.05）的处理作为对照，每个浓度 4 次重复，每个培养皿中播种 50 粒羊草种子。用封口膜将培养皿封口，尽量减少水分蒸发。种子萌发温度为 28℃/16℃变温，12 h/12 h 光照和黑暗，光照强度为 54 μmol/（m²·s），萌发时间为 21 d。

H₂O-NaOH 缓冲溶液。将蒸馏水用 1 mmol/L 的 NaOH 分别调节 pH 到 8.05、8.32、9.22、10.02、10.54、10.82、11.18、11.61 和 12.01。每个培养皿内加入 10 mL H₂O-NaOH 缓冲溶液，每个 pH 梯度 4 次重复，每个重复 50 粒羊草种子。其他萌发条件与上述相同。

2. 盐碱土和盐碱土浸提液对羊草种子萌发的影响

分别将非盐碱土（NAS）和盐碱土（AS）与蒸馏水按照 1∶2.5（重量/体积）比混合，充分搅拌 15 min，室温下静置 24 h，然后放在离心机内，5000 r/min 离心 5 min。将离心后的非盐碱土和盐碱土的液相上清液定义为 NASE 和 ASE，固相土壤定义为 NASD 和 ASD。将液相的上清液在减压蒸馏器中浓缩 10 倍，分别得到浓缩的非盐碱土和盐碱土浸提液，分别定义为 CNASE 和 CASE。以上 8 种萌发介质的 pH 和电导率（EC）分别用数显 pH 计和电导率仪进行测定。其中固体萌发介质的 pH 和 EC 分别在 1∶5 土水比中测定，而液相萌发介质直接测定。

固相萌发介质中羊草种子的萌发方法：在每个培养皿内，分别装入 70 g 的原状非盐碱土（NAS）和盐碱土（AS），以及离心后的固相非盐碱土（NASD）和盐碱土（ASD），每种处理 4 次重复。每个培养皿内播种羊草种子 50 粒，播种深度为 2mm，每隔一天浇水一次，保持土壤表面湿润。液相萌发介质的萌发方法：分别将 10 mL 液相萌发介质即 NASE、ASE、CNASE 和 CASE 加入铺有双层滤纸的直径 9 cm 的培养皿内，每个培养皿内羊草种子为 50 粒，每种处理 4 次重复。封口膜封口，当蒸发过多的时候适当加入相应的液相萌发介质，保持滤纸湿润。萌发的条件为变温 28℃/5℃，12 h/12 h 光照/黑暗，光强为 54 μmol/（m²·s），萌发时间为 21 d（Ma et al.，2015a）。

3. 不同浓度的中性盐和碱性盐对羊草种子萌发的影响

为了探讨土壤中抑制种子萌发的关键离子及明确 pH 的作用，研究了 10 mmol/L、20 mmol/L、30 mmol/L、40 mmol/L、50 mmol/L、60 mmol/L、80 mmol/L 和 100 mmol/L 的 NaCl、Na₂CO₃、NaHCO₃ 和 Na₂SO₄ 对羊草种子萌发的影响。将 50 粒羊草种子播种在有双层滤纸的直径 9 cm 的培养皿内，将 6 mL 不同浓度的盐分分别加入培养皿内，每种处理 3 次重复。萌发温度为 28℃/5℃变温，萌发时间为 21 d。不同浓度的 NaCl、NaHCO₃、Na₂CO₃ 和 Na₂SO₄ 的渗透式计算公式为

$$P = -iCRT$$

式中，i 为溶液的离子常数；C 为溶液的摩尔浓度；R 为大气常数；T 为开氏温度。

4. 统计分析

利用 SPSS21.0 软件进行数据统计。将发芽率转化成反正弦的形式后进行 ANOVA 分析。采用 Duncan 方法进行多重比较，最小显著差法（LSD）在 0.05 或 0.01 概率水平上确定各平均值之间的差异显著性。利用 Origin7.5 软件绘图。

二、结果与分析

（一）不同 pH 缓冲溶液下羊草种子的萌发特性

50 mmol/L Tris-HCl 缓冲溶液使羊草种子发芽率随着 pH 的升高呈显著下降趋势（$F=36.60$，df =7，$p<0.001$），但是 100 mmol/L Tris-HCl 缓冲溶液在任何 pH 下羊草种子均没有萌发。与对照相比，所有 pH 下的 Tris-HCl 缓冲溶液的发芽率均显著降低（$F=36.60$，df =7，$p<0.001$）（图 6-20）。在 H_2O-NaOH 溶液中，任何 pH 梯度下种子的发芽率均与对照没有显著的差异（$F=1.021$，df =8，$p=0.488$）。

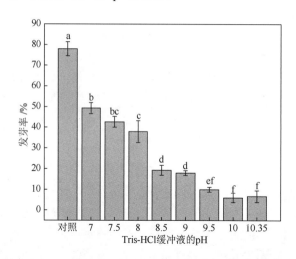

图 6-20　不同 pH 的缓冲溶液（50 mmol/L Tris-HCl）对羊草种子发芽率的影响（Ma et al.，2015a）

不同的小写字母表示不同 pH 之间羊草种子发芽率存在显著差异。数据为平均值±SE，$n=4$。
对照表示种子在蒸馏水下的发芽率，pH 10.35 的 Tris 溶液为没有经过 HCl 调节的缓冲溶液

（二）不同 pH 土壤和土壤浸提液中羊草种子的萌发特性

盐碱土（AS）中的 Na^+ 和 HCO_3^- 浓度分别比非盐碱土（NAS）高 8.97 倍和 6.52 倍；CO_3^{2-} 浓度为 432.0 mg/kg，而在非盐碱土中没有检测到（表 6-10）。尽管所有 4 种盐碱土萌发介质都具有很高的 pH（10.04～10.61），但仍然存在显著差异（$F=23.261$，df =3，$p<0.001$），pH 按照以下顺序逐渐下降：ASD > ASE > AS > CASE。相似地，4 种非盐碱土萌发介质之间的 pH 也存在着显著的差异（$F=21.526$，df =3，$p<0.001$）。对于液相萌发介质来说，盐碱土浸提液（ASE）的 EC 和 pH 分别为 2.13 ms/cm 和 10.27，而浓缩的

表 6-10 非盐碱土和重度盐碱土 1:5 浸提液的离子浓度

	含量(mg/kg)								含量/%
	K^+	Na^+	Ca^{2+}	Mg^{2+}	HCO_3^-	Cl^-	CO_3^{2-}	SO_4^{2-}	ESP
AS	52.4±8.0**	1541.5±260.6**	632.0±92.5**	213.3±51.1*	5014.2±243.7**	727.8±54.8**	432.0±49.8**	54.1±7.5ns	27.9±7.5**
NAS	6.9±0.8	171.8±22.3	150.2±28.0	47.2±5.8	768.6±76.8	106.5±12.1	0±0	57.2±7.3	3.4±0.6

资料来源: Ma et al., 2015a;

注: ESP 表示交换性 Na 含量, *或者**分别表示在 0.05 或 0.01 水平上存在着显著差异。

表 6-11 不同处理的萌发介质的 pH 和 EC

	固相(土壤)萌发介质				液相(浸提液)萌发介质			
	NAS	NASD	AS	ASD	NASE	CNASE	ASE	CASE
pH	7.30±0.02d	7.84±0.23c	10.61±0.20a	10.24±0.03ab	7.43±0.04cd	7.75±0.25cd	10.27±0.15ab	10.04±0.08b
EC/(ms/cm)	0.92±0.03f	0.23±0.02h	1.40±0.06e	0.76±0.03g	1.56±0.03d	8.61±0.09b	2.13±0.04c	12.04±0.08a

资料来源: Ma et al., 2015a;

注: 同一行中不同的小写字母表示在 0.05 水平上存在着显著的差异。NAS 和 AS 分别表示非盐碱土和盐碱土; NASD 和 ASD 分别表示非盐碱土和盐碱土浸提液(土水比为 1:5)和盐碱土浸提液(土水比为 1:5)离心后的沉淀部分; NASE 和 ASE 分别为非盐碱土和盐碱土盐碱土浸提液离心后的上清液部分; CNASE 和 CASE 则分别表示非盐碱土浸提液和盐碱土浸提液浓缩 10 倍后的液体。

盐碱土浸提液（CASE）的 EC 和 pH 分别为 12.04 ms/cm 和 10.24，虽然 pH 仅差 0.03 个单位，发芽率则分别为 64.7%和 2.7%，存在极显著的差异（$p < 0.01$，表 6-11），然而尽管 ASD 和 NASD 之间或者 ASE 与 NASE 之间的 pH 相差 3 个单位，但其对羊草种子的萌发没有显著性差异（$p > 0.05$）。羊草种子在 8 种不同萌发介质上的发芽率见图 6-21。

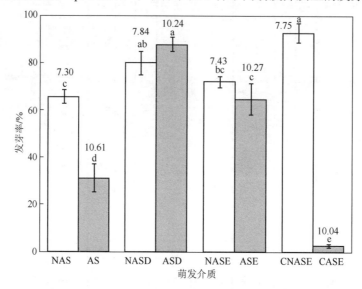

图 6-21　羊草种子在 8 种不同萌发介质上的发芽率（Ma et al.，2015a）

NAS 和 AS 分别表示非盐碱土和盐碱土；NASD 和 ASD 分别表示非盐碱土浸提液（土水比为 1：5）和盐碱土浸提液（土水比为 1：5）离心后的沉淀部分；NASE 和 ASE 分别为非盐碱土和盐碱土浸提液离心后的上清液部分；CNASE 和 CASE 则分别表示非盐碱土和盐碱土浸提液浓缩 10 倍后的液体

（三）不同 pH 的盐分对羊草种子萌发的影响

浓度为 10～100 mmol/L NaCl、Na_2SO_4、Na_2CO_3 和 $NaHCO_3$ 的 pH 范围分别为 7.48～8.88、7.72～8.87、10.92～11.12 和 8.65～8.95。10～100 mmol/L NaCl 和 $NaHCO_3$ 的渗透势范围值为-0.05～-0.50 MPa，而 Na_2CO_3 和 Na_2SO_4 为-0.07～-0.74 MPa。盐分种类（$F = 110.059$，df = 3，$p < 0.001$）和盐分浓度（$F = 76.520$，df = 7，$p < 0.001$）以及盐分种类和浓度互作（$F = 11.483$，df = 21，$p < 0.01$）均显著影响羊草种子的发芽率。阴离子对羊草种子萌发的抑制作用表现为 $CO_3^{2-} > HCO_3^- > Cl^- > SO_4^{2-}$。随着盐分浓度的增加，四种盐分下羊草种子的发芽率均呈下降趋势（图 6-2）。

三、小结与讨论

土壤 pH 作为一个重要的环境因子，对种子萌发的影响已经在杂草（Koger et al.，2004；Nakamura and Hossain，2009；Ebrahimi and Eslami，2012）、牧草（Li et al.，2010；Gao et al.，2011；Basto et al.，2013）以及乔木（Redmann and Abougudendia，1979）等植物中开展研究。种子对不同 pH 的缓冲溶液的响应往往被用来评价植物适应不同酸碱

度土壤的标准。结果表明，种子萌发受实验用的缓冲溶液的类型以及浓度的影响显著。因此，模拟盐碱环境的 pH 缓冲溶液对种子的萌发的影响不能够成为判断该物种是否适应盐碱地生境的可靠依据。作为本节的一个重点，我们发现盐碱土的高 pH 本身对种子萌发没有抑制作用；苏打盐碱土中的高 CO_3^{2-} 和 HCO_3^- 浓度是最关键的抑制因子。

本节表明了传统的模拟 pH 的缓冲溶液对羊草种子萌发存在着副作用，这与一些研究结论一致（Redmann and Abouguendia，1979；Roig et al.，1993）。有些缓冲溶液本身的性质，如稳定性和渗透势都能够对种子萌发产生副作用。Foley 和 Chao（2008）报道，相同 pH 下，乳浆大戟（*Euphorbia esula*）种子发芽率在柠檬酸缓冲溶液中显著低于在磷酸钾和磷酸钾-柠檬酸缓冲溶液。白灰毛豆（*Tephrosia candida*）种子的萌发在相同 pH 下的 K-醋酸酯中要高于 Na-醋酸酯缓冲溶液（Gupta and Basu，1988）。Basto 等（2013）比较了柠檬酸盐、磷酸盐、柠檬酸/磷酸混合盐、硼酸盐、邻苯二甲酸氢钾（KHP）、2-吗啉乙磺酸（MES）、4-羟乙基哌嗪乙磺酸和三羟甲基氨基甲烷等缓冲溶液对美丽金丝桃（*Hypericum pulchrum*），圆叶风铃草（*Campanula rotundifolia*）和飞鸽蓝盆花（*Scabiosa columbaria*）等植物种子萌发的影响，结果表明有三个物种种子萌发完全被柠檬酸，磷酸，柠檬酸/磷酸和硼酸缓冲溶液抑制。Redmann 和 Abouguendia（1979）比较了 8 种酸性（pH 2.2）和 8 种碱性（pH 9.0）缓冲溶液对美国黑松（*Pinus contorta*）和白云杉（*Picea glauca*）种子萌发的影响，结果表明，缓冲溶液的组成成分对种子萌发具有明显的毒性。因此，植物种子萌发对 pH 缓冲溶液的响应不能够直接用于判断该植物是否适应盐碱生境的标准。

客观评价高 pH 的盐碱化土壤对植物生长的潜在危害比较困难（Shi and Wang，2005）。目前多数研究是采用不同的缓冲溶液或者不同中性和碱性盐的比例来判断 pH 的影响（表 6-12）。尽管本研究中羊草种子发芽率随着缓冲溶液（50 mmol/L Tris-HCl）pH 的增加呈现规律性的降低，但在 100 mmol/L Tris-HCl 缓冲溶液中（pH 7～10.35），没有任何种子萌发，进一步表明了该缓冲溶液对种子萌发的抑制作用。与此结果不同，在 pH 8.05～12.01 的 H_2O-NaOH 溶液中，羊草种子的发芽率没有任何显著性差异。Tris-HCl 和 H_2O-NaOH 两种缓冲溶液系列 pH 梯度下，得到相反的研究结论，也进一步表明了模拟的缓冲溶液 pH 不能够正确反应实际的盐碱土情况。目前为止，还没有理想的缓冲溶液能够模拟出土壤环境 pH 的同时又不改变其主要的化学成分，从而客观评价盐碱土的 pH 或其他成分对种子萌发的影响。因此，利用不同缓冲溶液模拟盐碱生境 pH 得到的研究结论在野外实际中需谨慎应用。

Baskin 和 Baskin（1998，2014）建议研究 pH 对种子萌发的影响应该利用该物种自然生境下的土壤来进行。本节通过减压浓缩以及离心等方法，成功得到了高 pH 和一系列盐分浓度的盐碱土萌发介质，明确了苏打盐碱土的高 pH、盐分组成和盐分浓度对羊草种子发芽率的影响。这有利于正确理解种子萌发对盐碱土的响应机制。本节在重度苏打盐碱土浸提液（ASE，pH=10.27，EC=2.13 ms/cm，发芽率=64.7%）和浓缩后的浸提

表6-12 pH对种子萌发的部分相关研究

溶液	pH	物种拉丁名	结果	参考文献
2mmol/L KHP+1 mol/L HCl	4	*Caperonia palustris*	种子在 pH6～8 下萌发率高，超出此范围下降	Koger 等（2004）
2mmol/L MES+ 1 mol/L NaOH	5、6			
2mmol/L HEPES+1 mol/L NaOH	7、8			
2mmol/L Tris+1 mol/L NaOH	9、10			
NaCl：Na$_2$SO$_4$：NaHCO$_3$：Na$_2$CO$_3$		*Medicago sativa*	高 pH 抑制苜蓿种子萌发	Gao 等（2011）
2：1：0：0	7.0～7.3			
1：1：1：0	7.3～8.5			
12：9：8：1	8.8～9.0			
8：9：12：1	9.0～9.3			
12：1：8：9	9.5～9.8			
0：0：2：1	9.8～10.7			
NaCl：Na$_2$SO$_4$：NaHCO$_3$：Na$_2$CO$_3$		*Spartina alterniflora*	pH 及其与盐浓度互作影响种子萌发	Li 等（2010）
1：1：0：0	6.7			
1：2：1：0	7.9			
1：9：9：1	8.9			
1：1：1：1	9.8			
9：1：1：9	10.7			
KNO$_3$/NH$_4$NO$_3$+ HCl/NaOH	4.7～7.7	*Epilobium hirsutum*	pH 对种子萌发没有影响	Pérez-Fernández 等（2006）
50mmol/L C$_8$H$_5$KO$_4$ – HCl	3	*Cassia occidentalis*	在 pH6 发芽率最高，高于和低于 6 均下降	Norsworthy 和 Oliveira（2005）
50mmol/L C$_8$H$_5$KO$_4$	4			
50mmol/L C$_8$H$_5$KO$_4$+NaOH	5			
50mmol/L KH$_2$PO$_4$+NaOH	6			
50mmol/L KH$_2$PO$_4$+NaOH	7			
50mmol/L KH$_2$PO$_4$+NaOH	8			
50mmol/L 硼酸 – KCl+NaOH	9			
50mmol/L K$_2$CO$_3$ – B$_8$K$_2$O$_{13}$ – B$_8$K$_2$O$_{13}$ – KOH B$_8$K$_2$O$_{13}$	10			

续表

溶液	pH	物种拉丁名	结果	参考文献
25mmol/L KHP+HCl	4	*Melinis repens*	种子在pH6~8下萌发率高，超出此范围下降	Stokes 等（2011）
25mmol/L MES+NaOH	6			
25mmol/L HEPES+NaOH	8			
25mmol/L Tris+NaOH	10			
50mmol/L 1, 3-二［三（羟甲基）甲氨基］丙烷缓冲液	6~9	*Pinus halepensis*, *Cistus salviifolius*, *C. creticus*	所有物种种子均随着pH增加而下降	Henig-Sever 等（1996）
50mmol/L CAPS	10~11			
KHP + HCl/NaOH	4~5	*Hyparrhenia hirta*, *Lolium rigidum*	种子在pH6~8下萌发率高，超出此范围下降	Chejara 等（2008）；Chauhan 等（2006）
25mmol/L KHP + HCl/NaOH	7~9			
2mmol/L Tris+NaOH	10			
2mmol/L KHP+ HCl	4	*Ceratocarpus aenarius*	在 pH 7~9 范围内发芽率最高	Ebrahimi 和 Eslami（2012）
2mmol/L MES+NaOH	5, 6			
2mmol/L HEPES+NaOH	7, 8			
Tris+ NaOH	9, 10			
H$_2$O+HCl/NaOH	2~12	*Crassocephalum repidioides*	能够在各种 pH 下萌发但最佳的范围是 pH 4~10	Nakamura 和 Hossain（2009）
重度苏打盐碱土浸提液及浓缩液	7.3~10.61	*Leymus chinensis*	高 pH 没有影响羊草种子萌发	本书

液（CASE，pH=10.04，EC=12.07 ms/cm，发芽率=2.7%）中研究发现，高 EC 是盐碱土中抑制羊草种子萌发的关键因子。本研究成功分离了重度苏打盐碱土 pH 和 EC 两个因子对羊草种子萌发的作用，突破了人们对盐碱地高 pH 对种子萌发影响的传统认识，为该研究领域提供了重要的研究方法。

在盐碱土中，高 pH 往往与 $NaHCO_3$、Na_2CO_3 的积累和水解有关（Mashhady and Rowell，1978；Gupta and Abrol，1990；Guerrero-Alves et al.，2002；Chi et al.，2012）。世界主要盐碱土类型中主要是由于过多的 Na^+、Cl^-、SO_4^{2-}、CO_3^-、HCO_3^- 和 BO_3^- 等离子的积累。本节中，主要的盐分为 $NaHCO_3$ 和 Na_2CO_3，占土壤盐分的 80%以上。本节中 10～100 mmol/L Na_2CO_3 的 pH 均为 11 左右，但是发芽率从 10 mmol/L 浓度下的80.7%降至 60～100 mmol/L 下完全没有萌发，表明盐浓度是关键的影响因子。盐分可能通过降低渗透势抑制水分的吸收以及产生离子毒害等作用来影响种子的萌发（Khajeh-Hosseini et al.，2003；Sosa et al.，2005），相同渗透势下（$NaHCO_3$ 和 NaCl、Na_2CO_3 和 Na_2SO_4），$NaHCO_3$ 和 Na_2CO_3 分别比 NaCl 和 Na_2SO_4 的抑制作用要大，其影响机制还需要深入研究。

第六节　苏打盐碱胁迫下羊草幼苗的生长特性与适应机制

土地盐碱化是影响世界农业生产最主要的非生物胁迫之一，已成为阻碍作物高产的一个主要因素（Yang et al.，1995；Zhu，2001；Wei et al.，2003）。松嫩平原是我国盐碱化程度最严重和对农业影响最大的地区之一（刘兴土，2001）。由于苏打盐碱土中 Na_2CO_3 和 $NaHCO_3$ 的水解作用，植物在这些土壤中的生长不仅受 Na^+ 的毒害作用，同时也受高 pH 胁迫的影响。某些植物之所以能够在这种极端不良环境胁迫下得以生存和繁衍，主要是因为它们在胁迫来临时能够及时启动内部防御体系主动适应环境的变化。同样，对于不同种类的盐碱胁迫来说，植物间可能存在类似或不同的适应机制，进而维持自身的正常生长和发育。这种生理适应机制比较复杂，包括渗透保护剂或者晚期胚胎富集蛋白的合成（Moons et al.，1995），Na^+ 的排出和区室化（Matoh et al.，1987），离子平衡调节（Durand and Lacan，1994）以及众多耐盐碱基因的表达和互作（Zhu，2001）等。

羊草具有耐寒、耐旱和耐盐碱的生态特性（李建东和郑慧莹，1997；马红媛等，2005）。以往有关盐碱胁迫对羊草幼苗生长影响的研究，多数是采用 Na_2CO_3、NaCl、$NaHCO_3$ 和 Na_2SO_4 中的某一种或多种盐配成不同浓度和pH的盐碱溶液对羊草种子和幼苗进行胁迫处理（石德成等，2002；周婵和杨允菲，2004；颜宏等，2005），而模拟自然条件下土壤的物理和化学性质的研究较少，而这一模拟更接近自然状态，具有实际意义。因此，本节利用人工模拟自然条件下不同 pH 梯度的土壤，研究了不同苏打盐碱胁迫（以下简称盐碱胁迫）下羊草生长和主要离子含量变化对盐碱胁迫的响应，旨在揭示羊草适应不同盐碱胁迫的机理，为盐碱地的生物改良工程提供理论依据。

一、材料和方法

（一）实验材料

供试羊草种子于 2004 年 7 月末采自中国科学院大安碱地生态试验站。供试苏打盐碱土（pH10.24）取自同一试验站区，为 0～20 cm 土层混合样；非盐碱土（pH7.49）取自吉林省镇赉县境内的嫩江河床。上述两种土壤基本理化性质与前文（马红媛和梁正伟，2007a）相同。

（二）实验方法

1. 不同 pH 土壤的制备及羊草移栽试验

将上述苏打盐碱土和非盐碱土分别过 20 目筛，然后按照 0∶10、2∶8、5∶5 和 7∶3 的质量比分别配成 pH 为 7.49（非盐碱土，对照）、8.19、8.62 和 9.14 的 4 种不同 pH 梯度的土壤。将长势一致的 3 叶龄的羊草实生苗，分别移入装满上述 4 种 pH 土壤的育苗钵中（直径 7 cm×高 7 cm）。每钵移栽 1 株，每种处理 20 次重复。移栽约 1 个月后，每 5 天调查一次每钵内母株幼苗的株高、分蘖数、叶片数等。实验地点为中国科学院东北地理与农业生态研究所长春园区的智能化玻璃温室，时间为 2005 年 7 月 5 日～10 月 3 日。

2. 植物样品离子含量的测定

幼苗的地上部和地下部 K^+、Na^+、Ca^{2+} 按下述方法进行测定。称 0.25 g 粉碎的植物干样放在三角瓶中，每瓶加入 5 mL 浓硝酸和 2 mL 高氯酸进行沙浴消解，至溶液澄清，冷却后加入 10% 的硝酸 2 mL，然后用双蒸馏水定容至 50 mL，用原子吸收光谱仪（GBC-906AA）测定，每种处理 3 次重复。

二、结果与分析

（一）不同盐碱胁迫对羊草生长和单株重量的影响

不同盐碱胁迫对羊草幼苗叶片数、分蘖数和株高相对生长速率的影响如图 6-22 所示。其中株高的相对生长速率是指在两次调查时间内，羊草的株高增量与原株高（第一次的记录值）的比值。在生长初期，pH 8.19～9.14 的盐碱土均促进了羊草叶片数量的增加（图 6-22，Ⅰ），但从 9 月 17 日（移栽约 70 d）之后，pH 8.19～9.14 的盐碱土中幼苗的叶片数增加缓慢，而 pH 7.49 羊草叶片数仍呈现上升的趋势，10 月 3 日达到 11.7 片/株，比其他三种 pH 处理多 0.9～1.4 片/株。适度的盐碱胁迫在生长前期促进了植株的分蘖，但生长后期非盐碱土中分蘖逐渐升高，在 9 月 1 日开始高于盐碱胁迫下的幼苗分蘖数，至 10 月 3 日 pH 7.49 和 pH 8.19 中的羊草分蘖数分别为 4.2 个/株和 4.3 个/株，而 pH 8.62 和 pH 9.14 则分别为 3.1 个/株和 3.6 个/株（图 6-22，Ⅱ）。此外，对照的株高相对生长速率在 8 月 17 日之前呈上升趋势，之后呈下降趋势，而盐碱胁迫下的均呈下降趋势（图 6-22，Ⅲ）。pH 8.19 土壤中的幼苗在 8 月 5 日～8 月 12 日内的株高相对生长速率最高为 40.1%，8 月 27 日之后生长率小于 10%，直至羊草叶片出现枯黄，最后停止增高。

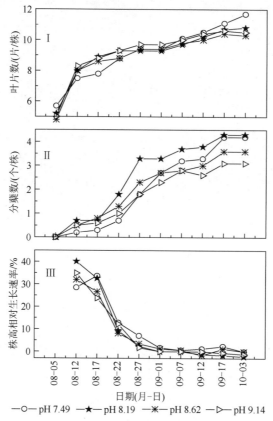

—○— pH 7.49   —★— pH 8.19   —✻— pH 8.62   —▷— pH 9.14

图 6-22 不同盐碱胁迫下移栽羊草的生长指标动态变化（马红媛等，2008b）

从图 6-23 可以看出，随着土壤 pH 的升高，羊草的地上部和地下部重量均逐渐降低。pH 7.49 中的羊草地上部和地下部的干重和鲜重均显著高于 pH 8.62～9.14 的处理，但与轻度盐碱（pH8.19）的相比，除了地下部鲜重之外均不存在显著性的差异（$p>0.05$）。

（二）不同盐碱胁迫对羊草体内离子含量的影响

图 6-24 为不同盐碱胁迫下羊草地上部和地下部的离子含量。随着土壤 pH 的增加，羊草地上部和地下部 Na^+ 增加，K^+ 减少，地上部 Ca^{2+} 下降，而地下部 Ca^{2+} 则呈先上升后下降趋势。地上部 Na^+、K^+、Ca^{2+} 均显著高于地下部。在 pH 7.49 的非盐碱胁迫下，羊草地上部和地下部的 Na^+ 含量较低，分别为 1.62 mg/g 干重和 1.05 mg/g 干重。当土壤 pH 达 8.19 时，地上部和地下部 Na^+ 均迅速增大，且地上部显著高于地下部。在非盐碱环境中地上部 K^+ 含量均较高，达到 18.41 mg/g 干重，极显著高于地下部（4.75 mg/g 干重）。在 pH 7.49～8.19 范围内，羊草幼苗地上部和地下部的 K^+ 含量变化不显著，在 pH 8.19～8.62 地上部 K^+ 含量显著下降，pH 8.62～9.14 时 K^+ 含量下降幅度较小。非盐碱胁迫下，羊草地上部和地下部 Ca^{2+} 含量分为 4.40 mg/g 干重和 3.29 mg/g 干重，pH 7.49～8.19 时，

地上部 Ca^{2+} 降低了 0.14 mg/g 干重，而地下部则增加了 0.37 mg/g 干重（$p<0.05$）。pH 9.14 时，羊草地上部和地下部 Ca^{2+} 含量分别比非胁迫下降低了 16.9%和 25.8%。

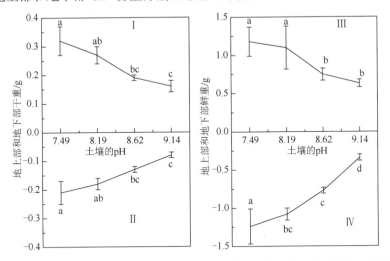

图 6-23　不同盐碱土壤移栽的羊草地下部和地上部的单株重量（马红媛等，2008b）

相同字母表示在 0.05 水平差异不显著（下同），纵坐标负数代表地下部

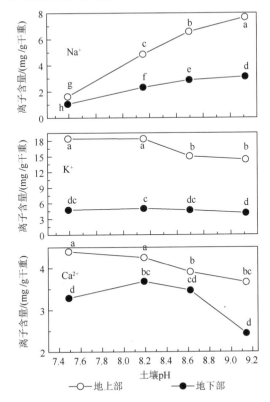

图 6-24　不同盐碱胁迫对羊草地上部和地下部的离子含量的影响（马红媛等，2008b）

从图 6-25 可以看出，4 种 pH 梯度下，羊草地上部 K^+/Na^+ 比值均高于地下部，而 Ca^{2+}/Na^+ 比值低于地下部。在 pH 7.49 非盐碱胁迫下，羊草地上部和地下部 K^+/Na^+ 比值均较高，地上部（11.3）极显著高于地下部（4.5）。pH 7.49～8.19 时，K^+/Na^+ 比值下降迅速，之后随着 pH 的升高呈缓慢下降趋势，且地上部和地下部 K^+/Na^+ 比值减小，在 pH 9.14 时，分别为 1.87 和 1.33，均大于 1，说明羊草在盐碱胁迫下也能保持相对较高的 K^+ 水平，因此具有较强的盐碱适应能力。Ca^{2+}/Na^+ 比值随着 pH 增加也呈显著下降趋势，与 K^+/Na^+ 比值不同的是地下部的 Ca^{2+}/Na^+ 比值高于地上部。

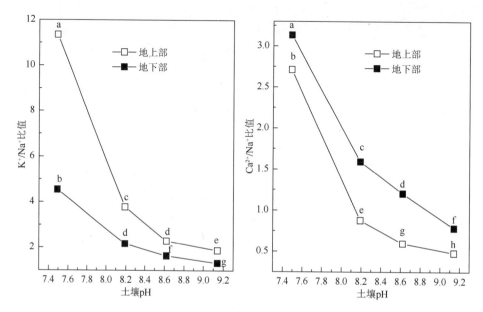

图 6-25　不同 pH 条件下羊草地上部和地下部 K^+/Na^+ 和 Ca^{2+}/Na^+ 比值（马红媛等，2008b）

三、小结与讨论

盐碱胁迫是最为普遍的环境胁迫之一，对植物或作物产量都有不同程度的危害。因此，有关植物适应盐碱胁迫机理的研究始终受到众多学者的关注。一般来说，盐碱胁迫对种子发芽率、幼根和幼芽的长度、干鲜重等都有一定的抑制作用（Khalid et al.，2001）。重度盐碱胁迫可以完全抑制种子的萌发，而低水平条件诱导种子的休眠（Khan and Gulzar，2003）。高盐胁迫在细胞水平和植株个体水平上破坏了水势的动态平衡和离子分布，离子和水势动态平衡的剧烈变化导致了分子破坏、生长抑制甚至死亡（Zhu，2001）。以往的报道（马红媛和梁正伟，2007b）表明，羊草种子萌发的最适 pH 范围为 8.0～8.5，当 pH≥9.53 时，羊草种子的发芽率低于 50%，即使正常发芽的种子最终也仅有部分实生苗个体能够成活；当 pH>9.86 时，幼苗在萌发后 50 d 左右全部枯死。本实验发现，轻度盐碱胁迫能够促进移栽羊草幼苗的生长和分蘖数量的增加。在 pH 7.49～10.24 时，羊草地上部和地下部干鲜重随 pH 增加呈不同程度的下降趋势。研究表明，一定的盐碱胁迫能够促进移栽羊草的分蘖和叶片生长，可能是由于高 pH 抑制了羊草幼苗的顶端生长优势，从而促进了分蘖芽的发育，这与黄立华等（2006）对长穗冰草的研究结果相似，表明具有一定叶龄的移栽羊草较直播实生苗具有更强的盐碱适应能力。

植物具有 K^+、Na^+ 吸收选择性（Mahmood，1998；刘春卿等，2005），K^+/Na^+ 和 Ca^{2+}/Na^+ 比值大小是评价不同植物耐盐性的重要标准（Ashraf，2004；白文波和李品芳，2005；Ma et al.，2011）。高盐胁迫能破坏植物中的离子稳态，从而使细胞质中 Na^+ 大量积累产生离子毒害。其机理目前认为是高浓度的 Na^+ 置换质膜和细胞内膜系统所结合的 Ca^{2+}，膜结合的离子中 Ca^{2+}/Na^+ 减小，膜结构破坏及功能改变，增加了质膜的透性，致使细胞内 K^+ 外渗。本研究表明，羊草体内地上部和地下部 Na^+ 含量随盐碱胁迫的增强而显著增加，K^+ 和 Ca^{2+} 含量相对减少，K^+/Na^+ 和 Ca^{2+}/Na^+ 比值下降，地上部 K^+/Na^+ 比值均高于地下部，且在 pH≤9.14 的盐碱胁迫下 K^+/Na^+ 比值均高于 1。但地上部 Ca^{2+}/Na^+ 比值低于地下部。羊草地下部 Na^+ 含量显著低于地上部，且当 pH>8.19 时，羊草地下部的 Na^+ 含量增加幅度也小于地上部。因此可以推测，羊草根系能够在 Na^+ 含量较高的土壤环境下保持较低的 Na^+ 浓度，而使根系维持相对正常的生长状态，可能是羊草耐盐碱的重要生理适应机制。其原理一方面可能是根系拒绝吸收较多的 Na^+；另一方面可能是地上部吸收了较多的 Na^+，羊草根系将吸收的大量 Na^+ 主要向顶端运输，用于维持根系的正常生理活动，这一点有必要进一步研究与探讨。正常细胞质中 K^+/Na^+ 比值在 1 左右（高永生等，2003），在 pH 7.49～9.14 时，羊草地上和地下部的 K^+/Na^+ 均大于 1（图 6-25）。羊草在高 pH 胁迫下能够维持较高的 K^+/Na^+ 和 Ca^{2+}/Na^+ 比值，且地上部能够维持较高的 K^+ 水平，也是羊草耐盐碱的重要原因之一。

松嫩平原苏打盐碱土中除了含有大量的 Na^+ 之外，CO_3^{2-} 和 HCO_3^- 的含量也非常高，对植物的生长危害高于以 SO_4^{2-}、Cl^- 等为主的中性盐胁迫（石德成等，2002；颜宏等，2005）。Bie 等（2004）认为，$NaHCO_3$ 对莴苣的生长抑制比 Na_2SO_4 更严重，因为前者受到 HCO_3^- 的毒害和高 pH 影响，如果细胞胞浆的 pH 升高，就会严重影响细胞胞浆酶的活性，特别是与能量代谢有关的酶（Katsuhara et al.，1997）。本章第四节研究表明了 pH 对羊草种子萌发没有影响，但其对幼苗生长的研究尚未开展。因此，今后应针对松嫩平原特有的土壤环境和有害离子成分，研究羊草对苏打盐碱胁迫的适应机制尤为重要，其可为该区优质羊草植被的快速恢复提供科学依据。

第七章　提高羊草种子发芽率方法研究

羊草人工种植的历史较短，野生性状基本没有得到人工改良，普遍存在成穗率低、结实率低和发芽率低的现象（马鹤林等，1984；陈孝泉等，1989；易津，1994；夏丽华和郭继勋，2000）。天然草场羊草种子在室内常规发芽率仅为10%左右（武保国和权宁玉，1992）。羊草种子休眠期长达4年以上，是赖草属中种子发芽率低、休眠较重的牧草（易津，1994；易津等，1997）。目前学者普遍认为羊草种子发芽率低的主要原因是其存在着较深的休眠和较长的休眠期而不易被打破（易津等，1997；齐冬梅等，2004）。因此，如何简单有效地打破羊草种子休眠，显著提高其发芽率，是扩大羊草人工播种面积所面临的关键技术难题。多年来，一些学者对羊草种子休眠机理及提高种子发芽方法等进行了多方面的探讨和研究，并取得了很大进展。

本章作者在对前人研究基础上，根据羊草种子休眠和萌发特性的系统研究，对提高羊草种子发芽率的方法进行了探讨。本章筛选了打破羊草种子休眠、提高其发芽率的方法，即浸种-变温组合处理、酸蚀-变温组合处理以及发芽床与贮藏方法的选择，旨在得到能够大幅度提高羊草种子发芽率的有效方法，为羊草草地的人工恢复提供技术支撑。

第一节　提高羊草种子发芽率的研究进展

针对羊草种子的休眠机理，许多学者将研究的重点放在加速抑制物质的吸收和转化、降低抑制物活性、促进酶的活性等方面，并提出了一些打破种子休眠、提高发芽率的方法。具体方法主要包括变温或低温处理、不同发芽床处理、磁场处理、聚乙二醇（PEG）和稀土浸种处理、外源激素处理等，概括起来可归纳为物理、化学和外源激素处理（马红媛等，2005）。

一、变温或低温处理

种子萌发是一个生理生化变化的过程，是在一系列酶的参与下进行的，而酶的催化与温度有密切的关系。恒温不利于羊草种子的发芽，在25~26℃的恒温下以脱脂棉、纱布为苗床发芽，不加任何处理的发芽率仅为1.8%（祝廷成，2004）。25℃恒温下，用沙培法测得贮存两年的种子发芽率为17.8%，高于10℃、15℃、20℃和35℃的任一恒温处理（易津和张秀英，1995）。与恒温对照相比，变温可以刺激羊草种子萌发，显著提高发芽率。易津和张秀英（1995）在10℃/20℃和10℃/25℃的变温条件下，测得羊草种子发芽率分别为37.8%和43.3%，均高于恒温处理。根据国际种子检验规程（ISTA），低温处理也能打破许多种子的休眠。低温处理能够促进GA_3和细胞分裂素（CK）等激素的合成，降解或转化ABA等抑制激素（徐是雄等，1987）。易津（1994）用5~10℃

的低温流水浸泡羊草种子 90 d，然后用土培法在 20℃条件下进行发芽实验，使贮存 1 年的羊草种子发芽率提高到 88.5%（对照为 35%）。而贮存 6 年的种子处理 90 d 后发芽率只有 30%，却远远低于对照组（73%），谷安琳等（2005）用低温处理羊草种子，发现 5℃、−4℃和−18℃三种低温处理的种子发芽率显著高于 25℃处理的种子，−18℃处理的效果最好。目前不同研究中对羊草种子低温处理的时间尺度相差较大，从几天、几十天到几个月不等，相对比较理想的处理温度与时间还没有统一的见解，对变温或低温处理打破休眠的机理仍不十分清楚。

二、不同发芽床处理

发芽床是影响种子发芽的另一个重要的因子，其主要作用是为种子萌发提供所需的湿度条件。发芽床的湿度状况决定了氧气供给量的多少。不同发芽床对种子的萌发各有利弊。羊草种子萌发对不同质地发芽床具有不同的反应。易津（1994）的发芽实验表明，三种不同发芽床中羊草发芽率从高到低依次为土培>沙培>纸培。在 20℃恒温条件下，贮藏 1~6 年种子的土培法发芽率由 36%提高到了 73%，沙培法发芽率由 7%提高到 45%，而纸培法发芽率却只有 1%~5%。他建议以土培法作为室内测定羊草种子发芽率的标准方法。谷安琳等（2005）的实验也得到了土培发芽床优于纸培发芽床的结论。另外，有研究表明，在纸质发芽床中，羊草纸上发芽率>纸间发芽率（易津和张秀英，1995），但也有相反的结论（马红媛和梁正伟，2007b）。不同土壤质地对羊草种子发芽率的影响也不同，黑钙土中发芽率最高（42.8%），黏土次之（27.9%），砂土最低（20.2%）（赵传孝等，1986）。不同质地的发芽床影响羊草种子发芽率机制目前还未见令人满意的解释，需要加以进一步验证与分析。

三、磁场处理

生物磁现象引起了国内外的广泛注意和研究，磁生物学在农业上有很大的应用，运用磁场处理植物种子是生物育种的辅助手段之一。经大量实验研究发现，在播种前用磁场处理种子，能激发与种子萌发有关的酶的活力，提高呼吸速率，显著提高大多数作物种子的发芽势和发芽率（包金花和云兴福，2010；张玲慧等，2013）。李雁和夏丽华（1999）用 100~300 mT 的磁场处理羊草种子 10 min，发芽率和发芽速率略有提高，但效果最好的 300 mT 处理种子的发芽率比对照仅提高 5%左右。就目前有限的实验结果而言，磁场处理对提高羊草种子发芽率的贡献不大。

四、聚乙二醇（PEG）处理

PEG 是近几十年来兴起的一项种子处理技术。其主要功能是减慢萌发初期水分进出种子的速率，有利于减轻种子吸涨过程中膜系统的损伤和促进受损膜系统的修复。低浓度的 PEG（2%~5%）处理显著提高了羊草种子的发芽率（蔺吉祥等，2014），但我们的研究表明，5%的 PEG 处理降低了羊草种子的发芽率，但没有达到显著水平，随着 PEG

浓度的增加，羊草种子的发芽率呈显著下降趋势（马红媛等，2012b）。刘杰等（2002）用 30%的 PEG-6000 处理羊草种子 24 h，20℃/30℃变温（黑暗）条件下，种子发芽率达到 56.5%（对照为 11.2%），活力指数提高了近 10 倍。不同的实验结果可能是由于实验方法的不同引起的，PEG 浸种一段时间后在蒸馏水中萌发会显著提高羊草种子的发芽率，而整个萌发期间羊草种子在 PEG 溶液内，相当于干旱胁迫处理，会降低羊草种子的发芽率。在羊草种子萌发期间，经 PEG 处理的羊草种子，呼吸速率初始低于对照，之后迅速增加；超氧阴离子自由基（O_2^-）浓度明显降低，超氧化物歧化酶（SOD）和过氧化物酶（POD）的活性均显著增加；脂质过氧化产物丙二醛（MDA）的积累量明显低于对照（刘杰等，2002）。因此，如果用 PEG 作为诱发技术提高羊草种子的发芽率，应该选择适宜的 PEG 浓度浸种适当的时间，然后在蒸馏水或者其他非水分胁迫的条件下萌发。

五、稀土浸种处理

大量研究证明，稀土浸种对植物种子萌发呈现低浓度促进、高浓度抑制的变化趋势，存在一个最适宜生长的浓度（邱琳和周青，2008）。秦仲春等（2001）发现，稀土浸过的牧草种子发芽早、发芽齐、生长快、不染病。包青海等（1999）的实验表明，当稀土浓度为 600 μg/mL 时，羊草种子发芽率最高，为 71.3%（对照为 52.3%）；低于 600 μg/mL 时，羊草种子的发芽率随稀土浓度的增加而提高，当稀土浓度高于 600 μg/mL 时，发芽率又逐渐降低，浓度达到 800 μg/mL 时，发芽率降低到 52.1%。这说明低浓度的稀土元素可以促进羊草种子的萌发，高浓度则对发芽产生抑制作用。目前有关稀土浸种提高羊草种子发芽率的机理还不清楚。

六、外源激素处理

植物激素或生长调节剂在农作物上得到越来越广泛的应用。GA_3 和 ABA 分别是促进和抑制植物生长的两种植物激素，它们是分别通过促进或抑制细胞分裂来实现调控的，促进物与抑制物的平衡提高了种子的发芽力（Rehman and Park，2000）。低温处理能够提高活体内 GA_3 的含量，而低温处理的作用可以被外源 GA_3 所代替（Seiler，1998；Rehman and Park，2000）。Duan 等（2004）研究发现，GA_3 和 6-卞氨基腺嘌呤（6-BA）能够影响种子的生理和代谢活动，促进种子提早萌发。王萍等（1998）用 1.5×10^{-5} GA_3 和 5×10^{-6}CK 共同处理羊草种子的发芽率最高，为 7%，略高于对照（1%），可见激素处理效果不好。浓度为 2 mg/L 的 6-BA 处理贮存 1 年的羊草种子发芽率最高，为 48%，显著高于对照（10%）和其他各浓度处理的发芽率（易津，1994）。另外，乙烯也能促进种子的萌发，它和其他激素（GA_3、CK 等）共同作用调控种子的休眠和萌发，但羊草未见有关方面的报道。从以上的结果来看，激素处理在一定程度上能够部分解除羊草种子休眠，但效果不佳，缺乏实践意义。以上研究可能与实验所用的萌发温度有关，上述研究多采用恒温，而我们的研究表明，未打破休眠的羊草种子在恒温下发芽率低，变温是大幅度提高其发芽率的必要条件。

七、结论与展望

综上所述，羊草种子休眠期长、发芽率低，已成为羊草人工种植中的一个突出问题，虽然多年来的研究取得了一定进展，但在生产上如何提高羊草种子发芽率的问题一直没有得到根本解决。究其原因，主要是羊草种子的休眠特性与机理还没有完全研究清楚，主要存在以下问题：①羊草种子的发芽研究多集中在打破休眠的方法研究上，对休眠与发芽的机理研究很少，深度不够；②由于没有一个标准的发芽方法，即使是类似的实验，发芽率却相差很大，数据之间缺乏可比性；③零散研究发表的成果较多，系统性研究发表的成果很少；④虽然发现变温对解除休眠有效，但研究得不够深入细致，没有确定最佳变温组合。针对以上问题，应重点加强羊草种子休眠机理的系统研究，不仅从抑制物的角度研究，还应重视种子结构与休眠的关系的研究。要注重各种处理对种子本身的结构、透水透气性、激素种类与含量、胚乳能量转化与酶的合成、抑制物的解除过程研究，进一步研究开发提高羊草种子发芽率的方法，注重各种技术的田间推广应用研究。

第二节 浸种-变温组合

一、材料和方法

（一）实验材料

供试羊草种子于 2004 年采自中国科学院大安碱地生态试验站，采集后在室温下风干，放入 4℃冰箱内保存，实验前用 0.1%的 $HgCl_2$ 消毒 10 min，用蒸馏水冲洗若干次，备用。

（二）实验方法

1. 低温浸种

将羊草种子装入纱布袋中，放入盛有蒸馏水的烧杯中并浸没于水中，用封口膜将杯口封住，防止水分蒸发，放入 5℃的冰箱中，分别浸种 4 d、10 d、14 d 和 19 d。然后在 16℃/28℃变温条件下发芽，低温下黑暗，高温下光照。每天调查发芽率，并适当添加蒸馏水，保持培养皿内滤纸湿润而不见明水层，萌发时间为 21 d。

2. 高温浸种

将羊草种子放入 35℃水中，浸种 3 h、6 h、12 h、24 h、48 h 和 72 h，然后将种子放在铺有单层滤纸的 9 cm 培养皿内，加入 5mL 蒸馏水。萌发条件和方法同上。

3. 数据的统计与分析

发芽率、平均发芽时间、萌发指数计算公式参照第六章第三节中的内容，T_{50} 是指发芽率达到 50%需要的时间，根据发芽率与萌发时间的回归关系计算得到。在实验结束之后，利用 SPSS 19.0 软件对发芽率、发芽势等指标进行分析，并进行多重比较，利用 Origin7.5 进行画图。

二、结果与分析

（一）低温浸种对羊草种子萌发特性的影响

低温浸种不同时间对羊草种子发芽率的影响见表 7-1 和图 7-1。低温浸种处理显著提高了羊草种子的发芽率（$p<0.0001$）和发芽速率，且以处理 10 d 的种子发芽率和发芽速率最高。随着浸种时间的增加，羊草种子的发芽率呈先上升后下降趋势，但均显著高于对照（56.7%）。低温浸种处理的种子发芽势与对照也存在显著的差异，对照为 28.7%，而处理种子的发芽势为 42.7%（浸种 19 d）～67.3%（浸种 10 d）。低温浸种处理的羊草种子的半数发芽时间（T_{50}）为 4.7～6.6 d，MGT 为 6.1～7.4 d，均显著低于对照种子（分别为 14.2 d 和 8.1 d）（$p<0.001$）（表 7-1）。

表 7-1　低温浸种不同时间的羊草种子发芽指标

浸种天数/d	TG/%	GE/%	GI	MGT/d	T_{50}/d
0	56.7±1.33 c	28.7±2.40 d	4.3±0.11 c	8.1±0.17 a	14.24±1.16 a
4	76.0±2.31 b	51.3±2.40 b	6.8±0.32 b	6.4±0.15 c	4.71±1.40 b
10	88.7±1.76 a	67.3±1.76 a	8.3±0.05 a	6.1±0.27 c	4.76±0.05 b
14	84.7±4.67 ab	60.7±3.53 a	9.1±0.33 a	6.2±0.13 c	5.31±0.22 b
19	80.0±2.00 b	42.7±2.91 c	6.2±0.18 b	7.4±0.11 b	6.56±0.18 b

注：表中数据为平均值±SE（$n=3$）。同一列中相同字母表示在 0.05 水平差异不显著。

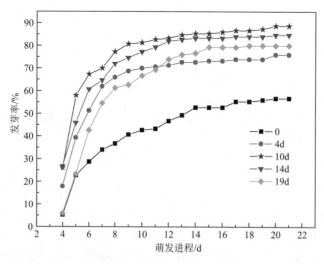

图 7-1　低温浸种不同时间的羊草种子萌发进程（Ma et al.，2010a）

（二）高温浸种对羊草种子萌发特性的影响

种子的吸水规律和浸提液电导率（EC）的变化如图 7-2 所示。羊草种子的吸水可以分为三个过程：第一个时期为快速吸水期（0～12 h），吸水量达到种子原来重量的 36.2%；第二个时期是 12～24 h，在这段时间内，种子吸水增加了 13.9%，为缓慢吸水期；第三个时期是 24 h 之后为吸水滞缓期，种子的吸水量基本保持不变。在浸种 12 h 时，可溶性的物质渗出量（EC）达到最大，然后保持不变，经过相关分析，EC 与种子发芽率存在着极显著的正相关（$r=0.5569$，$p<0.01$）。

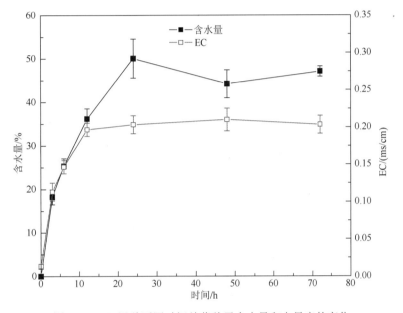

图 7-2　35℃浸种不同时间羊草种子含水量和电导率的变化

35℃高温浸种 12 h 和 24 h 的种子发芽率均显著高于对照，浸种时间超过 24 h 之后，发芽率呈下降趋势（表 7-2）。浸种 12 h 的种子具有最高的发芽指数（4.76）和发芽势（20%）以及最快的发芽速率（9.8 d），而发芽率与浸种 24 h 的种子没有显著差异。

表 7-2　35℃浸种不同时间对羊草种子主要发芽指标的影响

浸种时间/h	发芽率/%	发芽势/%	发芽指数	平均发芽时间/d
0	69.3±3.71	4.7±0.21	3.43±0.36	11.5±0.31
3	69.0±5.03	4.7±0.15	3.15±0.26	11.3±0.76
6	71.3±3.33	6.7±0.28	3.22±0.49	11.8±0.29
12	83.3±2.67	20.0±0.31	4.76±0.55	9.8±0.42
24	84.0±2.31	11.3±0.32	3.99±0.56	10.4±0.68
48	80.7±0.67	1.3±0.06	3.54±0.10	12.7±0.28
72	78.7±2.67	5.3±0.26	3.86±0.46	11.7±0.57

注：发芽势以发芽第 6 天的发芽率计算，其余为发芽第 21 天调查结果。

三、小结与讨论

在农业生产中，部分物种的种子由于本身休眠特性等原因，发芽的均质性和快速性受到限制，而浸种成为提高特定环境下的种子萌发率的简单而有效的方法被广泛利用。实践表明，利用浸种方法不仅显著提高了种子发芽率和整齐度，同时也提高幼苗的活力。从理论上来说，浸种会促进萌发前的代谢过程。种子膨胀的同时，吸收氧、放出二氧化碳，消耗贮存的养料。另外，水是导致种子萌发的生化过程的一个介质。例如，软化种皮，促进酶的活性，促进 IAA 和 GA_3 等激素的增加。

本研究表明，低温 5℃浸种 10 d 和高温 35℃浸种 12~24 h 能够显著提高羊草种子的发芽率，缩短了萌发时间。低温处理能够促进 GA_3 和细胞分裂素（CK）等激素的合成，降解或转化 ABA 等抑制激素（徐是雄等，1987）。目前，低温处理成为提高羊草种子发芽率的有效方法之一。易津（1994）用 5~10℃低温流水处理种子 90 d，使得发芽率达到 88.5%；范天恩等（2005）将羊草种子在 5~6℃预冷处理 7 d 后，用 0.2% KNO_3润湿发芽床，发芽率达到 50%。可见浸种的时间不同种子发芽率有很大差异。本节表明，低温浸种 10 d 的羊草种子发芽率最高且发芽速率最快。高温浸种 12~24 h 效果好于其他处理，其促进羊草种子萌发的原因可能是：一定的浸种时间软化了羊草种子的稃和果皮以及种皮，从而降低了其抑制作用；但如果浸种时间过长，可能会导致种子膜系统被破坏（图 7-2），从而影响其萌发，但这些推论还需要以后实验证明。

第三节　去稃-变温组合

一、材料与方法

（一）实验材料

供试羊草种子（千粒重约 2.5 g）于 2004 年 7 月末采自中国科学院大安碱地生态试验站。实验前先用 0.1%$HgCl_2$溶液对种子表面灭菌 10 min，再用蒸馏水冲洗若干次。

（二）实验方法

1. 手工去稃及种子萌发方法

用消毒的镊子和解剖刀，小心去掉羊草种子的稃，尽量不要破坏种胚（在发芽过程中发现有被破坏的胚则从实验中去除）。种子萌发采用纸培法，将消毒种子放在铺有单层滤纸的 9 cm 玻璃培养皿内，每种处理 3 次重复，每个重复 50 粒羊草种子，发芽条件为 5℃/28℃、16℃/28℃、5℃/35℃变温，12 h 黑暗/12 h 光照，光照强度为 54 μmol/（$m^2 \cdot s$），萌发 21 d 测定种子的发芽率。

2. 不同浓度硫酸配置、扫描电镜和萌发方法

将浓硫酸（分析纯，98%）稀释到 0（蒸馏水，对照）、40%、60%、70%、80%、98%，室温下放置 15 min，将装有羊草种子的网袋放入稀释的硫酸溶液中，浸泡 10 min，取出后立即用流水冲洗干净，然后用去离子水冲洗若干次，室温下晾干。测定酸蚀处理后种子质量和电导率的变化。

取各种浓度硫酸处理的羊草种子 5 粒放入装有 4%戊二醛（pH=7.2）的小瓶内，抽真空 3 h，待材料完全沉到固定液底部，放入 4℃冰箱内冷藏，固定 24 h 以上，用扫描电镜观察。扫描电镜观察前，将上述固定的种子，用磷酸缓冲液（pH=7.2）冲洗 3～5次，然后依次用 30%、50%、70%、90%、100%、100%乙醇梯度脱水，干燥后用双面胶粘于样片品台上，用 RMC-Eiko Corp 镀金仪镀金，并在 S-570 扫描电镜下观察拍照。

将不同浓度硫酸处理的羊草种子放在铺有单层滤纸的 9 cm 的培养皿内，每个处理3 次重复，每次重复 50 粒羊草种子，然后加入 5 mL 蒸馏水每天测定发芽率，及时补充水分。萌发条件为 16℃/28℃，16℃黑暗，28℃光照，光周期为 12 h。发芽时间 2006 年11 月 19 日～12 月 3 日。

二、结果与分析

（一）手工去稃-变温对羊草种子发芽率的影响

从图 7-3 中可以看出，任何一种变温处理的效果都显著高于恒温处理，可见恒温不利于羊草种子的萌发，变温是促进羊草种子萌发的必要条件，但变温幅度不同，其效果不同，表现为温差越大，最终发芽率越高的趋势。在不去稃的实验中，种子萌发初期，

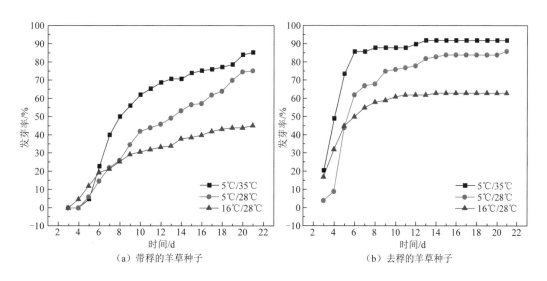

图 7-3 带稃和去稃羊草种子在三种变温条件下的萌发进程

16℃/28℃变温条件下发芽率最高。发芽第 6 天左右是一个重要的转折点，将各个变温下的发芽变化情况分为两个阶段。之后其他两种变温下发芽率开始迅速上升，最终表现为变温幅度越大，发芽率也越高。不去稃的种子培养 21 d 时的发芽率分别为 5℃/35℃下 85.3%，5℃/28℃为 75.3%，16℃/28℃条件下为 45.3%。相同变温条件下，去稃种子发芽率明显高于相应的不去稃的种子，而且发芽集中，平均发芽时间短（表 7-3）。

表 7-3　变温和稃皮对羊草种子发芽的影响

变温处理	去稃状况	平均发芽时间/d	发芽率/%	发芽指数	发芽势/%
5℃/35℃	去稃	4.90	93.9	10.50	85.7
	不去稃	9.55	85.3	5.24	22.7
5℃/28℃	去稃	6.75	86.0	7.34	62.0
	不去稃	11.46	75.3	3.91	14.7
16℃/28℃	去稃	5.07	63.0	7.21	50.0
	不去稃	8.62	55.0	4.67	19.3

（二）酸蚀-变温对羊草种子发芽率的影响

1. 硫酸处理对羊草种子质量的影响

从图 7-4 可以看出，在硫酸浓度为 0～60% 时，随着硫酸浓度的增加，种子质量呈极显著下降趋势，对照的质量为 95.4 mg/50 粒，40% 和 60% 处理的分别为 72.2 mg/50 粒和 56.8 mg/50 粒。当浓度超过 60% 时，种子质量基本保持在 50～56 mg/50 粒，且处理之间没有显著的差异。从外观上看，经过 40% 硫酸处理的羊草种子的稃被损伤，但没有被腐蚀掉，而浓度 60%～98% 处理的种子的稃已经完全被腐蚀掉（图 7-5）。

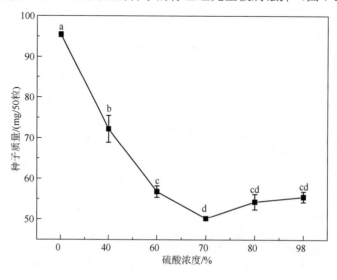

图 7-4　不同浓度硫酸处理对种子质量的影响（Ma et al.，2010b）

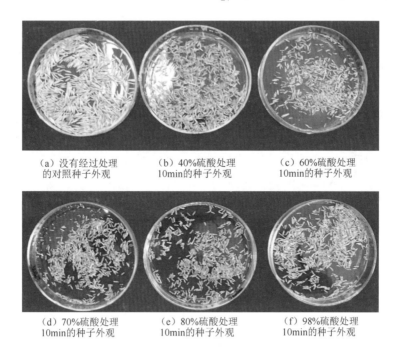

（a）没有经过处理
的对照种子外观

（b）40%硫酸处理
10min的种子外观

（c）60%硫酸处理
10min的种子外观

（d）70%硫酸处理
10min的种子外观

（e）80%硫酸处理
10min的种子外观

（f）98%硫酸处理
10min的种子外观

图 7-5 不同浓度硫酸处理的羊草种子外观变化

2. 硫酸处理对羊草种子结构的影响

从图 7-6 可以看出，不同浓度的硫酸对羊草种子腐蚀程度不同。与对照 [图 7-6（a）] 相比，40%的硫酸处理 10 min 羊草种子的稃表层的角质层被腐蚀起皱，同时表面的颖孔盖被腐蚀打开 [图 7-6（b）]，增加了透水透气性。98%的硫酸处理 10 min 整个外稃被腐蚀掉，使得果皮层露出，且果皮层表面的角质层也被腐蚀起皱 [图 7-6（c）]，而 50%的硫酸处理 10 min 整个果皮层和种皮完全被烧毁，胚乳露出 [图 7-6（d）]。

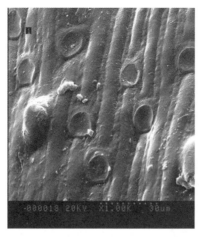

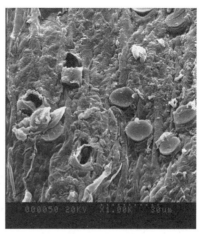

（a）没有经过处理的对照种子外稃

（b）40%硫酸处理10min的种子外稃

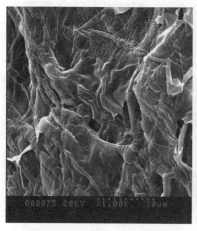 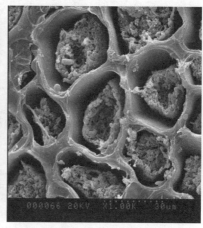

（c）98%硫酸处理10min的种子果种皮露出　　　（d）50%硫酸处理10min的种子胚乳露出

图 7-6　不同浓度硫酸处理后羊草稃、果皮和种皮超微结构变化（Ma et al.，2010b）

3. 不同浓度硫酸处理的羊草种子的膜透性变化

由图 7-7 可见，不同浓度硫酸处理的羊草种子的电导率与对照之间均不存在显著的差异（$p>0.05$），以上结果可以说明羊草种子的稃没有影响种子的透水性；另外还表明，40%～98%硫酸处理 10 min，均未对羊草种子的膜透性造成损伤，从而进一步证明了用 60%硫酸处理提高种子发芽率的可行性。

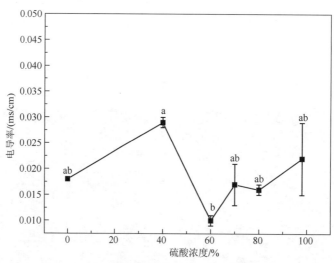

图 7-7　不同浓度硫酸处理的羊草种子对电导率的影响

4. 不同浓度硫酸处理羊草种子的发芽率

不同浓度的硫酸处理均显著提高了羊草种子的发芽率（$p<0.05$）。硫酸浓度在 0～60%时，羊草种子的发芽率随着硫酸浓度的增加显著增高，而 60%～98%浓度的硫酸处

理的种子发芽率为77.8%～83.3%，差异不显著（$p>0.05$）（图7-8）。硫酸处理不仅提高了羊草种子的发芽率，而且提高了发芽势，缩短了萌发时间。对照的发芽势（第6天的发芽率）为10.7%，40%硫酸处理的发芽势也达到了52.7%，60%～98%硫酸处理的发芽势为70.7%～80.0%。对照在第4天才开始有种子萌发，发芽率为3.3%，而此时硫酸处理（80%）种子发芽率已经达到71.3%。上述结果表明，用60%硫酸处理羊草种子10 min，即可将羊草种子的稃腐蚀掉，从而解除了稃的机械抑制，能够大幅度提高羊草种子的发芽率，提高发芽的整齐度。

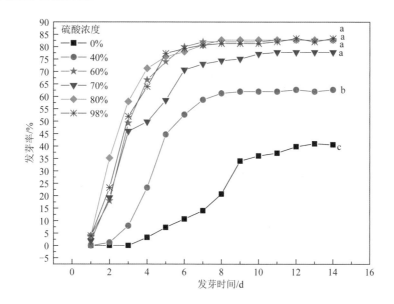

图7-8　不同浓度的硫酸处理对羊草种子发芽率的影响（Ma et al., 2010b）

三、小结与讨论

通过前几章的研究表明，稃是羊草种子休眠的关键因素之一，如何有效解除稃的机械抑制成为快速提高羊草种子发芽率的重要途径。人工去稃处理能够有效打破羊草种子休眠，但费时费力，仅适合于室内实验，不适宜大面积的田间播种实验。目前，打破种子稃/果皮/种皮休眠的方法包括刻痕处理、热水、干热、火烧、酸蚀、其他化学物质处理以及冷层积或暖层积等方法，其中最常用的方法是酸蚀处理。硫酸处理后种子很容易被烧毁，如果浓度过高还可能对实验人员造成危害，因此，酸的浓度、温度和浸种的时间非常重要。

酸蚀处理提高种子发芽率在多个物种中得到有效应用，但物种不同，酸蚀处理的最佳浓度和时间存在很大差异。Salehi 和 Khosh-Khui（2005）利用50%的硫酸浸种20～25 min，狗牙根（*Cynodon dactylon*）种子发芽率和平均每天发芽率最高，而紫羊茅（*Festuca rubra*）则是25%硫酸处理10 min 效果最好；Bhattarai 等（2008）则认为未稀释的浓硫酸处理水牛草（*Cenchrus ciliaris*）种子 4 min，发芽率达到最高为 94%；徐莉清和舒常庆（2007）用 98%硫酸处理盐肤木（*Rhus chinensis* Mill.）种子 105 min，发芽率比对照提高 56%。本节表明，配制 60%的硫酸后在室温下冷却 5 min，然后处理羊草种子 10 min，能够将稃完全烧去而不伤害羊草种子的胚，使得发芽率能够达到 80%以上。如果硫酸浓度过高、处理时间过长，胚可能会受到损伤；另外，60%硫酸配好之后，如果在室温下冷却时间过长，硫酸稀释液温度过低则腐蚀性降低，达不到理想的效果。

第四节　外源激素处理

激素是植物体内的微量信号分子，其浓度以及不同组织对激素的敏感性控制了植物的整个发育进程（布坎南等，2003）。Duan 等（2004）研究发现，外源 GA_3 和 6-BA 能够促进狭叶松果菊（*Echinacea angustifolia*）种子提前萌发，影响种子的生理和代谢活动；Ehiaganare 和 Onyibe（2007）用 IAA 处理四楗木（*Tetracarpidium conophorun*）种子，使其发芽率达到 90%，比对照提高了 70%。ABA 是种子休眠的维持和解除过程中主要的激素（Le Page-Degivry et al.，1996；Kermode，2005），可以显著抑制白花丹叶烟草（*Nicotiana plumbaginifolia*）（Grappin，2000）等种子的萌发。外源激素法已经成为阐明种子休眠和萌发的激素调控机理（Duan et al.，2004；Chono et al.，2006）、调节幼苗生长（Shani et al.，2006）等方面研究的重要手段，在多个物种中得到广泛应用。

以往认为，羊草种子休眠程度高、发芽率低的主要原因是稃和胚乳中存在大量抑制激素 ABA，而促进激素 GA_3、IAA 等含量低，促抑激素的比值小，属于生理休眠（易津，1994；易津等，1997）。因此，人们试图通过外源激素处理羊草种子来提高其发芽率。例如，易津（1994）用 2 μg/g 6-BA 处理贮存 1 年的羊草种子的最高发芽率达 48%，比对照提高了 38%。但王萍等（1998）用 GA_3 和细胞分裂素（CK）混合处理羊草种子的发芽率最高仅有 7%（对照为 1%）。从目前有限的研究报道上看，有关激素与羊草种子休眠的关系研究不够深入，尤其是外源激素对羊草幼苗生长的影响研究更少。为此，本研究利用不同浓度的外源激素 GA_3、IAA、6-BA 和 ABA 处理羊草种子，系统地研究了羊草种子萌发及幼苗生长对外源激素的响应，旨在为阐明羊草种子休眠机理与激素调控的关系提供参考数据，为提高羊草种子发芽率提供技术指导。

一、材料和方法

（一）实验材料

供试羊草种子于 2004 年 7 月末采自中国科学院大安碱地生态试验站内。种子在室温下晾干后装入透气布袋中，放入 4℃冰箱内保存、备用。实验前先用 0.1% HgCl$_2$ 溶液对种子进行表面杀菌 10 min，再用蒸馏水冲洗若干次。

（二）实验方法

1. 不同浓度的外源激素配制及种子萌发方法

将 GA$_3$ 和 IAA 用少量的乙醇分别溶解后，用蒸馏水配成浓度 0（对照）、100 μg/g、200 μg/g、300 μg/g、400 μg/g、500 μg/g 和 600 μg/g 的激素溶液。将消毒的种子放在铺有单层滤纸的 9 cm 玻璃培养皿内，每种处理 3 次重复，每个重复 50 粒饱满的羊草种子。发芽实验采用滤纸培养皿发芽法，每个培养皿内加入 10 mL 上述激素溶液（对照为蒸馏水）。发芽温度 16℃/28℃，12 h/12 h 黑暗和光照，光照强度为 54 μmol/（m^2·s），实验时间为 27 d。将 6-BA 和 ABA 分别用少量的 1 mol/L 的 HCl 和无水乙醇溶解后，用蒸馏水配成浓度为 0、25 μg/g、50 μg/g、75 μg/g 和 100 μg/g 的溶液，各取 25 mL 分别放入不同的三角瓶内，然后将羊草种子（约 0.5 g）放入三角瓶中，使种子完全浸入溶液内部，置于 4℃冰箱内浸泡处理 24 h 后取出，用蒸馏水洗净，利用上述方法进行萌发实验。每天记录种子发芽率，在实验结束时测量幼苗的根长、苗长，并计算根冠比（根长/苗长）。

2. 统计分析

利用 SPSS10.0 软件进行数据统计，并将发芽率转化成反正弦的形式后进行 ANOVA 分析。采用 Duncan 方法进行多重比较，最小显著差法（LSD）在 0.05 或 0.01 概率水平上确定各平均值之间的差异显著性。利用 Origin7.5 软件绘图。

二、结果与分析

（一）GA$_3$ 对羊草种子萌发与幼苗生长的影响

从图 7-9 可以看出，萌发初期（3～10 d）GA$_3$ 对羊草种子萌发没有表现出促进作用；12～27 d 表现为低浓度促进高浓度抑制；100～300 μg/g GA$_3$ 处理的羊草种子发芽率均高于对照，以 300 μg/g 处理的发芽率最高，为 83.4%，比对照高 18.8%（图 7-9）。当 GA$_3$ 浓度超过 400 μg/g 时，羊草种子发芽率受到明显抑制，600 μg/g 处理的发芽率仅为 20.0%。此外，GA$_3$ 显著促进了幼苗的伸长、抑制了根长和根冠比（图 7-10）。其中，100 μg/g 和 200 μg/g GA$_3$ 促进作用最明显，苗长分别为 16.4 cm 和 14.6 cm，是对照的 2.2 倍和 1.9 倍。当浓度超过 300 μg/g 时，苗长仍显著高于对照（$p<0.05$）。在 0～600 μg/g 浓度范围内，GA$_3$ 浓度与根长呈极显著的负相关（$r=-0.917$，$p<0.001$）。100 μg/g GA$_3$ 处理的根长为 4.3 cm，比对照缩短了约 40%。600 μg/g 处理完全抑制了幼根的生长（0 cm）。由于 GA$_3$ 抑制了幼根的生长，促进了幼苗的生长，因此，随着浓度的增加，根冠比减小，两者呈极显著负相关（$r=-0.788$，$p<0.001$）。

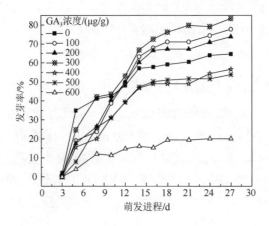

图7-9 不同浓度 GA₃ 对羊草种子发芽率的影响（马红媛等，2008c）

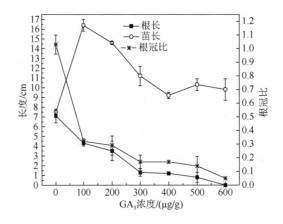

图7-10 不同浓度 GA₃ 对羊草幼苗生长的影响（马红媛等，2008c）

（二）IAA 对羊草种子萌发与幼苗生长的影响

从图7-11可以看出，萌发初期（3～16 d）IAA 对羊草种子萌发均表现为抑制作用；18～27 d 表现为低浓度略有促进，高浓度则显著抑制。100～300 μg/g IAA 处理的羊草种子最终发芽率均高于对照10%左右，超过 400 μg/g IAA 处理的羊草种子发芽率受到显著抑制，500 μg/g 和 600 μg/g 的发芽率仅为29.7%和6.3%，比对照分别降低了37.6%和61.0%。IAA 对羊草种子播种后的初始萌发时间影响很大，对照为3 d，100～300 μg/g IAA 处理的种子均为5 d；400 μg/g、500 μg/g 和 600 μg/g 的分别为12 d、14 d 和21 d。从图7-12可以看出，IAA 浓度越高，对幼苗生长的抑制作用越大。相关分析表明，IAA 的浓度与根长、苗长和根冠比的相关系数分别为-0.948，-0.817 和-0.951，均表现为极显著负相关（$p<0.001$）。

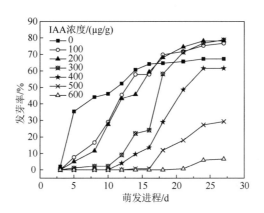

图 7-11　不同浓度 IAA 对羊草种子萌发芽率的影响（马红媛等，2008c）

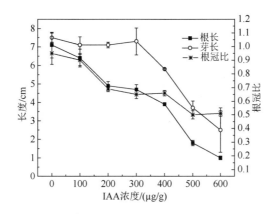

图 7-12　不同浓度 IAA 处理的羊草幼苗生长的影响（马红媛等，2008c）

（三）6-BA 对羊草种子萌发和幼苗生长的影响

从图 7-13 可以看出，萌发初期（4～12 d）6-BA 对羊草种子萌发均表现为抑制作用，14～24 d 表现为低浓度促进高浓度抑制。例如，25 μg/g 6-BA 时，最终发芽率为 58.0%，比对照高 5.7%；50 μg/g 和 75 μg/g 虽然发芽率低于对照，但没有达到显著差异。此外，6-BA 显著抑制了羊草幼苗的生长（图 7-14）。100 μg/g 处理的羊草种子的苗长最短，比对照降低了 31.7%。与苗长相比，6-BA 对根长的抑制作用更为明显，根长最低只有 0.6 cm，是对照（5.6 cm）的 10.7%，且 6-BA 与根冠比之间也呈极显著的负相关（$r=-0.795$，$p<0.001$）。

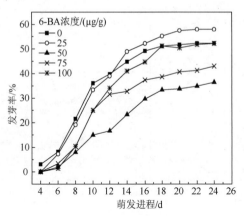

图 7-13　不同浓度 6-BA 处理的羊草种子萌发
进程（马红媛等，2008c）

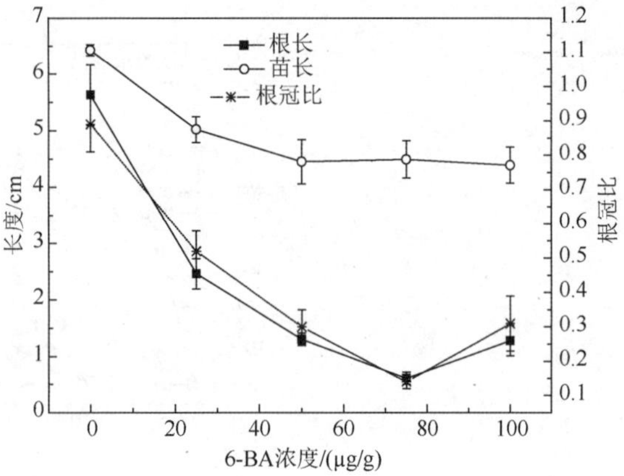

图 7-14　不同浓度 6-BA 对羊草幼苗生长的影响
（马红媛等，2008c）

（四）ABA 处理对羊草种子萌发和幼苗生长的影响

从图 7-15 可以看出，25～100 μg/g ABA 处理的羊草种子发芽率均高于对照，但所有的处理之间均不存在显著性差异。图 7-16 为不同浓度 ABA 对羊草幼苗根长、苗长及根冠比的影响，ANOVA 分析结果表明，不同浓度 ABA 处理之间的苗长、根长以及根冠比均不存在显著的影响（$p>0.05$）。以上结果表明，25～100 μg/g 的外源 ABA 对羊草种子萌发和幼苗生长均不存在显著影响。

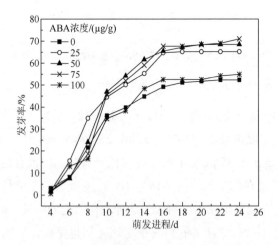

图 7-15　不同浓度 ABA 处理的羊草种子萌发进程（马红媛等，2008c）

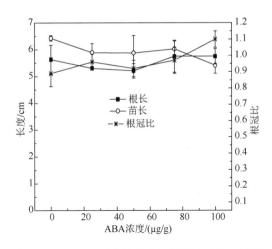

图 7-16　不同浓度 ABA 对羊草幼苗生长的影响（马红媛等，2008c）

三、小结与讨论

本节研究表明，生长促进激素 GA_3、IAA 和 6-BA 对羊草种子最终发芽率的影响均表现为低浓度促进、高浓度抑制的趋势。$100\sim300$ μg/g 的 GA_3 或 IAA 和 25 μg/g 6-BA 均对羊草种子的最终发芽率表现为促进作用，而当 GA_3 和 IAA 浓度大于 400 μg/g 或 6-BA 浓度大于 50 μg/g 时对羊草种子的最终发芽率均表现为不同程度的抑制。外源激素对种子休眠与萌发的影响因物种的不同而存在很大的差异（表 7-4），GA_3 等促进激素能够显著提高某些物种种子的发芽率，如紫雏菊（Duan et al.，2004），而 GA_{4+7} 则抑制了咖啡种子的萌发（Silva et al.，2005）。而对羊草而言，100 μg/g GA_3 和 2 μg/g 6-BA 使羊草发芽率比对照（10%）提高了 38%～40%（易津，1994）。而本节中，300 μg/g GA_3 和 25 μg/g 6-BA 条件下羊草种子发芽率较高，分别为 83.4%（对照 64.6%）和 58.0%（对照 52.3%），相比均没有达到显著水平。产生这种差异的原因可能是由于供试种子本身休眠程度（如对照发芽率显著不同）、基因型以及发芽温度条件不同引起的。据报道，羊草种子内源激素 GA_3、IAA 和 ABA 的含量分别为 14.1 μg/g、6.3 μg/g 和 7.8 μg/g（易津等，1997）。因此，本研究试图通过研究羊草种子发芽率对外源 ABA 的响应来进一步验证内源 ABA 是导致羊草种子休眠的主要原因这一结论，但却没有观察到由于外源激素（25～100 μg/g）的过量加入羊草种子萌发受到抑制的预期结果发生，说明羊草种子深度休眠的原因是 ABA 的结论目前仍然缺乏足够的实验证据，其原因有待进一步深入探讨。例如，稃的机械抑制、外界环境因素等引起的强迫性休眠等也可能是羊草种子深度休眠的原因。因此，建议今后对羊草休眠机理的探讨不能只局限于对激素的研究，应从多种因素方面综合加以考察研究，从而全面清晰地阐明羊草的休眠和发芽的内在生理机制。

表 7-4　外源激素对不同物种种子萌发的影响比较

物种名称	外源激素	激素浓度/(μg/g)	发芽率比较	参考文献
羊草 *Leymus chinensis*	GA₃ 6-BA	2～500 2～500	所有浓度 GA₃ 发芽率均高于对照（10%），100 μg/g 最高（50%）；2 μg/g6-BA 发芽率（48%）显著高于对照（10%），而其他处理无显著影响	易津（1994）
小果咖啡 *Coffea Arabica*	GA₄₊₇	0.346～346	0.346～3.46μg/g 发芽率比对照降低 35%；34.6～346 μg/g 比对照降低 65%	Silva 等（2005）
紫锥菊 *Echinacea angustifolia*	GA₃ 6-BA	0.1～0.5 0.1～0.5	所有浓度 GA₃ 和 BA 均显著提高了种子的发芽率，且以 0.3 μg/g 最佳，发芽率分别比对照高 68% 和 64%	Duan 等（2004）
香椿 *Toona sinensis*	GA₃ 6-BA IAA	100～2000 25～100 10～200	GA₃ 表现为低浓度促进、高浓度抑制，1500 μg/g 时发芽率最高为 80%；6-BA 和 IAA 均表现为促进，发芽最高的浓度分别为 50 μg/g 和 100 μg/g	康冰等（2001）
羊草 *Leymus chinensis*	GA₃ IAA 6-BA ABA	100～600 100～600 25～100 25～100	100～300 μg/g 的 GA₃ 和 IAA 促进发芽，>400 μg/g 时抑制；仅有 25 μg/g 的 6-BA 促进种子萌发，其他浓度均抑制；25～100 μg/g ABA 发芽率均高于对照	本书研究成果

资料来源：马红媛等，2008c。

本节中，除了 GA₃ 对羊草的苗长具有显著的促进作用之外［图 7-17（a）］，IAA［图 7-17（b）］和 6-BA 对苗长均有不同程度的抑制作用。我们后续的研究表明，GA₃ 处理种子还能促进羊草植株后续的生长，具有跨代效应（Ma et al.，2018c），尤其是对根具有极显著的抑制作用，如 500～600 μg/g 的 GA₃ 几乎完全抑制了羊草的根长。3 种促进激素对羊草的根长和根冠比均表现为抑制作用，且对根长的抑制显著高于苗长。25～100 μg/g 的 ABA 对羊草苗长、根长和根冠比等指标均没有显著的影响，表明外源 ABA 对羊草幼苗的生长不存在显著的抑制或促进作用。

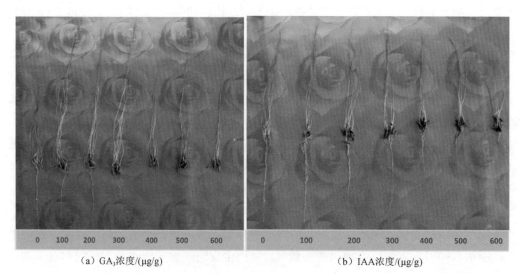

（a）GA₃浓度/(μg/g)　　　　　　　　（b）IAA浓度/(μg/g)

图 7-17　不同浓度的 GA₃ 和 IAA 对羊草种子幼苗生长的影响

第五节 成熟时间与去胚乳处理

一、材料和方法

（一）实验材料

以中国科学院大安碱地生态试验站为平台，于 2007 年 5 月 29 日（开花前）至 7 月 18 日期间，约每隔 5 d 时间取羊草穗 50 个，室温下保存至 2008 年 1 月。根据羊草种子的发育状况，选择 2007 年 6 月 13 日～7 月 18 日采集的种子进行萌发实验。

（二）实验方法

将 2007 年 6 月 13 日～7 月 18 日采集的羊草种子用 0.1% $HgCl_2$ 消毒后，进行去稃、去稃后去掉一半胚乳（去稃半粒）处理，以没有经过处理的为对照。每种处理 3 次重复，每次重复 30 粒羊草种子，分别在 16℃/28℃，12 h/12 h 光周期，高温下光照，低温下黑暗培养，萌发时间为 20 d。

二、结果与分析

从图 7-18 可以看出，6 月 13～18 日采集的羊草种子发芽率均为对照最高，其次是去稃半粒，而以去稃种子发芽率最低；6 月 23 日采集的羊草种子在萌发初期以去稃半粒为最高，在萌发第 10 天达到最大发芽率 56.7%，而此时，对照和去稃处理发芽率分别为 18.9% 和 5.6%，但随着时间的延长，在萌发第 17 天，对照的发芽率开始高于去稃半粒处理，实验结束时，对照发芽率高于去稃半粒 12.2%。随着种子成熟度的不断增加，在 6 月 28 日～7 月 18 日的去稃半粒种子的发芽率为 91.1%～96.7%，6 月 28 日、7 月 3 日和 7 月 18 日采集种子的发芽率分别在萌发第 8 天、第 5 天和第 3 天达到最大发芽率，分别为 91.1%、96.7% 和 96.7%。带稃种子（对照）发芽率以 7 月 18 日采集的为最高（70.0%），与 6 月 18 日（63.3%）和 6 月 23 日（68.9%）以及 7 月 3 日（54.4%）均不存在显著性的差异（$p>0.05$）。去稃种子发芽率随着种子成熟度的增加，从 6 月 13 日～7 月 18 日呈显著上升趋势，6 月 18 日之前去稃种子发芽率低于 4.4%，到 7 月 18 日发芽率达到 63.3%，极显著高于任何时期采集的种子（去稃处理）的发芽率（$p<0.01$）。去稃半粒种子发芽率与去稃种子具有相似的趋势，随着成熟度的增加，呈上升趋势，但 6 月 28 日及之后采集种子发芽率之间不存在显著性差异。

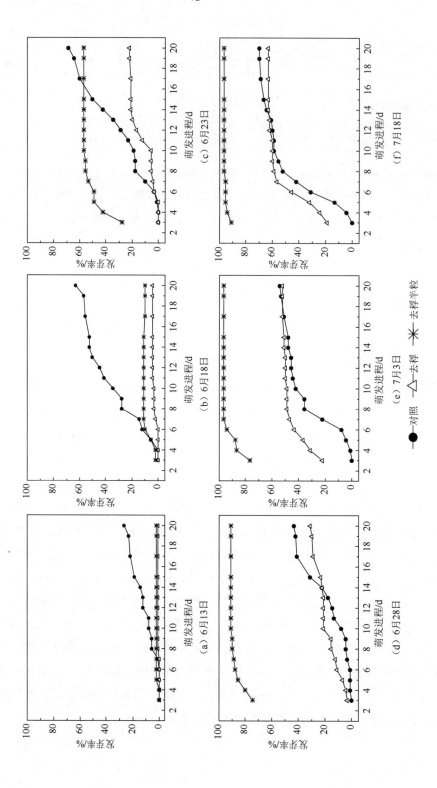

图 7-18 不同采摘时期的羊草种子经过不同处理后的萌发进程（Ma et al.，2010c）

不同采集日期的种子经过去稃和去稃半粒处理之后，不仅发芽率存在着很大的差异，羊草幼苗的根长、苗长和根冠比也不同（表 7-5）。根长和苗长最长出现在 6 月 28 日和 7 月 3 日采集的羊草种子中，显著高于其他采集时期，三种处理之间最高值出现在去稃处理中，其次为去稃半粒，而带稃种子的根苗长度最短，根冠比也最小。

表 7-5　不同采集日期的种子发芽率及幼苗生长指标

处理	发芽率/%	根长/cm	苗长/cm	根冠比
6 月 13 日带稃	0 f	—	—	—
6 月 18 日带稃	22.2±2.2ef	0.13±0.02g	0.57±0.18efg	0.17±0.02ef
6 月 23 日带稃	17.8±7.8cd	0.12±0.01g	0.66±0.11ef	0.20±0.03ef
6 月 28 日带稃	35.6±2.2de	0.13±0.01g	0.58±0.09efg	0.20±0.02ef
7 月 03 日带稃	41.1±12.4ef	0.15±0.09g	0.87±0.04e	0.16±0.05ef
7 月 18 日带稃	42.2±5.9b	0.64±0.15f	1.37±0.21cd	0.45±0.05cde
6 月 13 日去稃	4.4±4.4def	0.30±0.00g	0.95±0.15de	0.32±0.05def
6 月 18 日去稃	4.4±1.1a	0.10±0.03g	0.18±0.16g	0.65±0.35ab
6 月 23 日去稃	87.8±4.8a	1.31±0.07bc	2.39±0.02b	0.55±0.03abc
6 月 28 日去稃	97.8±1.1bcd	1.65±0.03a	3.34±0.11a	0.50±0.01abc
7 月 03 日去稃	94.4±1.1a	1.57±0.14a	2.96±0.06a	0.54±0.03abc
7 月 18 日去稃	98.9±1.1a	1.34±0.02b	2.41±0.12b	0.56±0.03abc
6 月 13 日去稃半粒	24.4±14.6bc	0.10±0.03g	0.21±0.08fg	0.34±0.06def
6 月 18 日去稃半粒	51.1±11.6a	0.33±0.03g	0.59±0.10efg	0.76±0.17a
6 月 23 日去稃半粒	97.8±2.2a	0.82±0.03ef	1.48±0.19c	0.58±0.09abc
6 月 28 日去稃半粒	98.9±1.1bc	1.10±0.13cd	2.30±0.23b	0.48±0.04abc
7 月 03 日去稃半粒	100.0±0.0a	1.01±0.04de	1.82±0.25c	0.59±0.09abc
7 月 18 日去稃半粒	100.0±0.0a	0.90±0.10de	1.79±0.10c	0.51±0.09abc

注：表中数据为平均值±SE；"—"表示数据不存在；同一列数据中不同的小写字母表示 0.05 水平上的差异显著性。

三、小结与讨论

本节表明，随着成熟度的增加，羊草种子的发芽率呈现先上升后保持稳定的规律。尤其在 6 月 13～23 日羊草种子的发芽率以带稃的最高，而在 6 月 28 日之后，稃和胚乳成为羊草种子萌发的关键因素，去稃半粒的羊草种子发芽率几乎均为 100%，即完全解除了休眠。因此选择在羊草开花后 4 周（开花时间为 5 月 29 日），即 6 月 28 日之后进行种子萌发实验，能够显著提高种子的发芽率，去稃半粒种子休眠完全解除。

种子的发育时期（开花后的天数，DAA）、温度以及对稃和胚乳的处理及其互作均对羊草种子的发芽率具有显著的影响（表 7-6）。在种子成熟过程中，种子结构、稃的硬度、内源激素含量以及胚的活性等影响种子萌发的因素都会发生一定程度的变化。本节中，早期种子发芽率不高的原因主要是此时种子胚尚未成熟。而各处理在开花 30 d 之后的种子发芽率没有显著的差异，特别是去稃半粒处理使得羊草种子的休眠彻底被打破，发芽率均在 95% 以上。而这一结果与 Liu 等（2004）的研究存在差异，羊草最大的发芽率出现在花后 11 d，在开花后 11～15 d 发芽率逐渐下降，而在开花后低于 9 d 和高于 16 d

的时间内，没有种子萌发。对花后 $11 \sim 16\ d$ 的羊草种子进行离体培养，结果表明其具有较高的发芽率，但在花后 $17 \sim 28\ d$ 其发芽率也逐渐下降（Liu et al.，2004）。

表7-6 羊草种子成熟度、温度以及对稃的处理及其互作对羊草种子发芽率的影响

变异来源	DAA	Temp	Treat	DAA×Temp	DAA×Treat	Temp×Treat	DAA×Temp×Treat
GP	153.7**	46.6**	278.0**	79.8**	12.8**	11.3**	10.8**
MGT	19.5**	30.1**	252.0**	4.7**	3.4**	5.6**	0.9ns

注：表中数据为 F 值；** $p < 0.01$，ns $p > 0.05$；GP 表示发芽率，MGT 表示平均发芽时间，DAA 表示花后天数，Temp 表示萌发温度，Treat 表示对稃的处理。

我们在野外观察结果显示，在土壤水分合适的条件下，羊草种子成熟后能够在夏季至秋季早期的任何时间内萌发。温度直接影响种子萌发或者通过影响种子休眠进而影响种子萌发（Bouwmeester and Karssen，1992；Brändel，2004）。Baskin 和 Baskin（1998）认为温度是引起种子休眠状态改变的主要环境因子。温度在调节不同物种子休眠和萌发中起着重要作用，如梭梭（*Haloxylon ammodendron*）（Huang et al.，2003），长叶茅膏菜（*Drosera anglica*）（Baskin et al.，2001），14 种湿地莎草科植物（Kettenring and Galatowitsch，2007），盐节木（*Halocnemum strobilaceum*）（Qu et al.，2008）以及羊草（*Leymus chinensis*）（Ma et al.，2010a）。变温在种子存在的自然界中更为常见，且更适宜羊草种子的萌发。

种皮或者果皮等种子的外被组织在种子发育过程中对胚的营养以及在后期对种胚的保护中起着多重作用（Mohamed-Yasseen et al.，1994；Weber et al.，1996），胚乳也可以通过机械或者化学作用对种子萌发起到抑制作用，种皮则通过水分或者氧气以及机械作用等对胚的生长起到抑制作用（Debeaujon et al.，2000）。许多植物种子的萌发受到种子本身结构的影响，如大赖草（*L. racemosus*）（Huang et al.，2004）和钝稃野大麦（*Hordeum spontaneum*）（Gutterman et al.，1996）。本章中的羊草种子主要由外稃、内稃、果皮、种皮、胚乳和胚构成，胚被外稃包被，内外稃与羊草种子的果皮紧密结合，难以剥离，在保护胚的同时，一定程度上也会对胚的生长产生抑制作用（Ma et al.，2008）。

本章中，开花后不同天数的羊草种子发芽率最高值出现在 5℃/28℃变温条件下，但会受到种子稃和胚乳的重要影响。对于去稃的羊草种子（DAA≥20），最高发芽率出现在 5℃/28℃和 5℃/35℃条件下，而对于去稃半粒种子而言，在 DAA≥25 前提下，所有三种温度下的发芽率几乎达 100%，休眠完全被打破，大幅度提高了羊草种子的发芽率。

第八章　羊草遗传多样性与种质资源的利用

羊草分布范围广、生境类型多样，在长期的适应和进化过程中，羊草种群之间在形态、生理、生态以及遗传特征方面均产生了趋异。羊草在种群和群落水平上的遗传变异已有大量研究（胡宝忠等，2001；汪恩华和刘杰，2002；刘惠芬等，2004；宫磊，2008；刘欣等，2015）。本章利用随机扩增多态性 DNA（random amplified polymorphic DNA，RAPD）技术，研究了个体水平上羊草的遗传多样性；同时利用变温和去释处理，筛选了提高羊草愈伤组织出愈率的有效方法，为羊草分子育种提供了技术支持；概述了目前羊草育种方面的研究进展，并提出未来羊草品种筛选和培育的研究方向。

第一节　羊草遗传多样性分析及种质资源筛选

环境梯度下植物分布格局，反映了地理、环境和生物过程间的时空互作关系（Laughlin et al.，2012；Yang et al.，2015；Smith et al.，2017）。不同个体、种群，甚至是个体内的植物在形态特征、生理生化以及遗传多样性等方面存在着变异性（De La Bandera and Traveset，2005；De Mendonca et al.，2014；Gremer et al.，2016）。同一植物长期生长在异质环境下，经过自然选择植物产生了广泛的种内遗传变异；同时，受种内遗传漂移、突变、迁移等因素的影响，不同地理位置的同一物种在形态和生理特性等方面也产生明显差异（王旭军等，2015；李林等，2016）。这些本土适应性来自环境梯度下植物的选择策略（Joshi et al.，2001；Wittmann et al.，2016）。羊草属异花授粉植物，种群间具有丰富的遗传多样性。为筛选优质的羊草种质资源，本节对筛选的 30 个单株羊草进行了培养和调查，利用 RAPD 技术分析这 30 个株系的遗传机构和遗传分化程度。

一、材料和方法

（一）实验材料

1. 种子材料

实验所用的羊草种子为 2004 年采自中国科学院大安碱地生态试验站野生羊草种子。2006 年 5 月 1 日将羊草种子经过低温 5℃浸种 10 d 后，放在 16℃/28℃，12 h/12 h 光照

/黑暗条件下萌发 28 d，移栽到装有黑土的塑料育苗钵（直径 5 cm×高 10 cm）中，放在温室内培养 2 个月，从 300 个羊草单株中挑选个体性状特征明显的，如直立型、叶片匍匐型等共 30 株，转移到塑料花盆中（直径 20 cm×高 20 cm），在智能化温室内进行培养，备用。

2. 化学试剂

试剂 Taq 酶、dNTPs、RNase 购自 MBI 公司；随机引物由上海捷瑞生物工程有限公司合成；琼脂糖购自英国 Oxoid 公司；其余试剂均为国产分析纯。

（二）实验方法

1. 羊草单株系的基本生长特性

用游标卡尺、刻度尺和量角器测定 30 盆羊草的株高、叶片宽度、叶角（倒二叶与茎间的夹角）并观察叶片颜色（黄绿或灰绿）等表型性状。

2. DNA 的提取及浓度测定

从新的完全展开的新叶中提取 DNA。取新鲜的羊草叶片 100 mg 左右，置于预冷的 50 mL 离心管中，加入一定量的液氮，立即用玻璃棒研磨成粉末状，之后迅速后加入 65℃ 预热的十六烷基三甲基溴化铵提取液 600 μL。提取液主要包含有 5%的 β-巯基乙醇和 2% 的聚乙烯吡咯烷酮，混匀后于 65℃条件下保温 10 min，期间摇匀 3 次。加入等体积的氯仿：异戊醇（24：1）并混匀，12 000 r/min 离心 5 min，取上相重复操作 1 次。加入 2/3 体积的异丙醇室温静置 10 min，12 000 r/min 离心 10 min，75%乙醇洗涤沉淀，用 50 μL 含有 RNase（终浓度 50 μg/mL）的 TE 缓冲液溶解沉淀。稀释 50 倍后于 260 nm 测其吸光度，计算浓度。之后在 20℃条件下保存备用，具体方法参考孔祥军等（2008a）。

3. 引物筛选及 PCR 扩增

从 30 个随机引物中筛选出 13 个扩增产物稳定、重复性好的引物，对所有 30 个植物的基因组进行扩增，随机引物的序列如表 8-1 所示。经预实验优化条件后确定反应体系：总体积 25 μL，其中 10×PCR 缓冲液 [100 mmol/L Tris-HCl，500 mmol/L KCl，0.8% 的乙基苯基聚乙二醇（P40）] 2.5 μL，MgCl$_2$（25 mmoL/L）2 μL，引物（10 μmol/L）0.2 μL，模板（80 ng）1 μL，Taq 酶（5U/μL）0.2 μL。扩增条件：94℃预变性 3 min；94℃变性 30 s，38℃退火 30 s，72℃延伸 60 s，40 个循环；72℃延伸 10 min。反应在 GenAmp PCR System 9700 上进行，扩增后的产物经 1.5%琼脂糖凝胶电泳检测，EB 染色后于 ChampGel1000（北京赛智创业有限公司）记录拍照，分子量标准为 200bp Marker（孔祥军等，2008a）。

表 8-1 随机引物筛选结果

引物	序列（5′→3′）	位点数	多态位点数	多态位点比率
S1	GGGAAGACGG	7	7	1.000
S2	ACACTCTGCC	9	9	1.000
S5	CTCACAGCAC	9	9	1.000
S7	GGGTCGGCTT	7	7	1.000
S8	GGATCGTCGG	9	8	0.889
S12	TGGGGCTGTC	7	5	0.714
S16	GTGAATGCGG	3	2	0.667
S17	CCAGGAGAAG	7	5	0.714
S19	CACCTGCTGA	8	6	0.750
S22	CGGACTATGT	11	10	0.909
S23	CCGCCCAAAC	8	8	1.000
S25	GTGATAAGCC	6	5	0.8333
S26	CTCACGTTGG	7	7	1.000
平均		7.385	6.618	0.883

资料来源：孔祥军等，2008a，2009。

4. 数据统计分析

多位点比率。在某一特定位点上，若扩增片段出现的频率小于 0.99，则此位点成为多态位点。多态位点比率即在所有检测位点中多态位点所占的比例。

Shannon 多样性指数的计算公示为

$$H_0 = -\Sigma X_i \ln(X_i/n)$$

式中，X_i 为位点 i 在某一群体中出现的频率，n 为该群体检测到的位点总数。

遗传相似系数和遗传距离用 Nei 公式计算：

$$F = 2Nxy / (Nx + Ny)$$

式中，F 代表遗传相似系数；Nx 和 Ny 分别表示样本 x 和 y 所扩增的条带数；Nxy 代表二者共有的条带数。

根据遗传相似度计算遗传距离：

$$D = 1 - F$$

非加权组平均法聚类分析采用 NTSYSpc2.1 软件（Rohlf，1993），构建 20 个羊草株系的系统树。

二、结果与分析

（一）羊草单株系的基本形态和生长特性

从表 8-2 可以看出，羊草个体之间生长存在很大的差异。颜色主要有灰绿和黄绿两种，叶片宽度也从 2 mm 到 5 mm 不等，叶角从 11°到 78°存在很大的变异，羊草的株高也在最低值 17 cm 到最高值 57 cm 之间变化。此外，从外观看，有的羊草匍匐于地表，有的叶片聚集成簇、直立，其株型之间也存在很大的差异。

表 8-2　羊草 L1～L30 形态学观察结果

编号	叶色	叶宽/mm	叶角/(°)	株高/cm
L1	黄绿色	4.0±0.7	26.6±5.7	49.8±7.1
L2	黄绿色	2.4±0.5	31.6±11.5	29.1±8.1
L3	灰绿色	5.0±0.7	23.3±2.8	49.1±6.81
L4	黄绿色	2.6±0.5	31.6±7.6	37.5±3.7
L5	黄绿色	5.2±0.4	25.0±8.6	43.2±6.3
L6	灰绿色	2.2±0.4	30.0±5.0	28.0±9.0
L7	黄绿色	4.4±0.5	43.3±12.5	41.2±8.7
L8	黄绿色	3.4±1.1	41.6±2.8	34.9±8.1
L9	黄绿色	4.4±0.5	28.3±14.4	44.1±3.4
L10	黄绿色	4.2±1.3	38.3±15.2	37.7±12.9
L11	黄绿色	3.6±0.8	28.3±10.4	29.7±11.2
L12	黄绿色	4.6±0.5	60.0±36.0	40.1±6.9
L13	黄绿色	4.6±0.8	76.6±15.2	57.1±1.4
L14	黄绿色	5.2±0.4	78.3±5.7	38.2±1.2
L15	黄绿色	5.8±0.8	53.3±5.7	47.3±6.8
L16	黄绿色	6.0±1.0	68.3±43.1	43.1±6.7
L17	黄绿色	3.0±0.2	23.3±5.7	32.3±3.8
L18	黄绿色	3.0±0.4	35.0±5.0	36.3±10.1
L19	黄绿色	2.8±0.4	58.3±16.0	36.2±3.1
L20	黄绿色	2.8±0.4	65.0±10.0	43.2±10.4
L21	黄绿色	3.0±0.6	26.6±5.7	39.3±6.8
L22	灰绿色	4.0±0.3	11.0±1.7	42.1±5.1
L23	黄绿色	4.8±0.4	17.3±2.5	37.1±4.1
L24	灰绿色	3.0±0.3	19.3±8.1	31.4±4.6
L25	黄绿色	3.6±0.9	11.6±2.8	40.5±6.4
L26	黄绿色	5.1±0.7	15.0±5.0	37.2±3.7
L27	黄绿色	3.3±0.4	13.3±1.5	33.8±5.6
L28	黄绿色	2.3±0.4	14.6±13.6	24.5±3.9
L29	灰绿色	3.9±0.5	42.6±10.0	20.3±3.7
L30	灰绿色	2.0±0.2	23.3±9.4	17.2±2.9

资料来源：孔祥军等，2008a。

（二）RAPD 扩增带的多态性

所选的 13 个引物共扩增出 98 条带，其中具有多态性的条带有 88 条，多态位点百分率为 89.79%，平均每个随机引物可获得 7 个多态位点，其分子量从 200～2500bp 不等（图 8-1）。

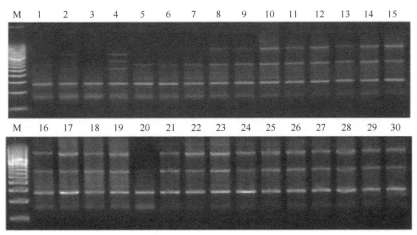

图 8-1　引物 S8 对单株总 DNA 的扩增结果（孔祥军等，2008a）

M 为 200bp 分子置标记；L30 表示模板为 L1～L30（编号与表 8-2 同）

（三）羊草个体间的遗传多样性

在 Shannon 多样性指数的基础上，用 13 个引物所检测到的 30 个株系表型频率计算各株系遗传多样性（表 8-3）。30 个羊草株系中，L25 的遗传多样性最高（0.222），其次为 L28（0.204），而 L4、L10 和 L21 的遗传多样性最低（分别为 0.045、0.065 和 0.050），明显低于其余株系。由 Nei 基因多样性指数估算的 30 个株系基因多样性结果列于表 8-3 中，其中 L27 最高（0.162），L21 最低（0.042）。

表 8-3　30 个羊草株系 RAPD 位点数和遗传多样性

株系	总位点数	多态位点数	多态位点比率/%	Shannon 指数	Nei 指数
L1	32	22	68.75	0.114	0.112
L2	42	32	76.19	0.120	0.115
L3	40	30	75.00	0.133	0.128
L4	55	45	81.82	0.045	0.107
L5	39	29	74.36	0.142	0.137
L6	39	29	74.36	0.115	0.106
L7	45	35	77.78	0.163	0.148
L8	51	41	80.39	0.144	0.139

续表

株系	总位点数	多态位点数	多态位点比率/%	Shannon 指数	Nei 指数
L9	46	36	78.26	0.127	0.114
L10	41	31	75.61	0.065	0.122
L11	42	32	76.19	0.115	0.110
L12	35	25	71.43	0.123	0.084
L13	43	33	76.74	0.173	0.111
L14	45	35	77.78	0.120	0.079
L15	42	32	76.19	0.127	0.119
L16	40	30	75.00	0.132	0.114
L17	39	29	74.36	0.131	0.123
L18	40	30	75.00	0.117	0.113
L19	43	33	76.74	0.128	0.135
L20	36	26	72.22	0.186	0.158
L21	51	41	80.39	0.050	0.042
L22	50	40	80.00	0.089	0.081
L23	46	36	78.26	0.115	0.075
L24	44	34	77.27	0.166	0.144
L25	53	43	81.13	0.222	0.143
L26	41	31	75.61	0.153	0.149
L27	46	36	78.26	0.172	0.162
L28	53	43	81.13	0.204	0.145
L29	41	31	75.61	0.117	0.108
L30	46	36	78.26	0.142	0.131

资料来源：孔祥军等，2008a。

（四）遗传变异与聚类分析

本节供试的 30 个羊草株系遗传相似性系数 F 变异范围较大，为 0.3950～0.9000，平均遗传相似性系数为 0.6645。相应地，遗传距离变化范围为 0.1000～0.6050，平均遗传距离为 0.3355。变异最大的为 L3 与 L27，变异最小的为 L12 与 L14。根据遗传相似性系数用非加权组平均法进行聚类分析（图 8-2）。30 个羊草株系遗传相似性系数为 0.65，从遗传距离为 0.351 处分开，大致可分为两个聚类群：L1、L3、L2、L5、L9、L15、L4、L6、L27、L30、L20 归为一个类群，其余株系归为一个类群。

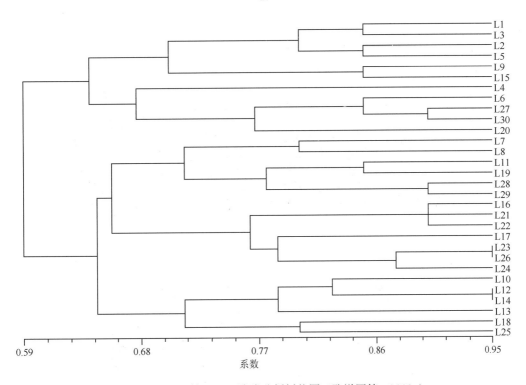

图 8-2　L1～L30 的 RAPD 聚类分析树状图（孔祥军等，2008a）

三、小结与讨论

一个物种种内的个体水平互有差异，通常表现出各种遗传变异，进而反映物种的进化潜力及对环境的适应性。由于羊草的自交不亲和性，靠异花授粉，无论在种间还是种内都表现出较高的遗传多样性，且大部分变异存在于种群内（祝廷成，2004；刘惠芬等，2004）。到目前为止，羊草遗传多样性在分子水平上研究较少。刘公社和李晓峰（2011）对羊草进行了扩增片段长度多态性（amplified fragment length polymorphism，AFLP）分析，结果表明羊草是一种形态变异较大而遗传变异较小的物种。即使是同一生态型的羊草如果其生境不同，也会产生不同的表型分化，也就是说羊草会由于其生长环境，如土壤、气候、施肥、水分等因素的改变而产生不同的生态型。汪恩华（2002）对9份羊草种质资源的12个形态指标（株高、叶色、叶长、叶宽、无性繁殖量、有性繁殖量、穗节长、穗长、小穗数、小花数、种子千粒重和结实率）与3个遗传多样性指标（多态位点百分数、特有带百分数和遗传距离）进行了相关性分析，结果表明，羊草种质的小穗数、种子千粒重、叶色、有性繁殖量和结实率5个形态学指标与特有带百分率及遗传距离之间等遗传多样性指标之间存在一定相关性。

通过长期的野外观察和室内培养实验，我们发现，从形态变异看，在相同生境下，羊草植株呈黄绿色、绿色和灰绿色等多种颜色（图 8-3），羊草花药也有紫色和黄色（图 8-4）两种颜色，叶片有下垂和直立两种形态（图 8-5）。任文伟（1999）发现生长在不同土壤类型中的羊草在形态结构上发生了一定程度的变异，他认为这些变异同羊草的生境有着密切的关系。如何更有效地利用羊草种内丰富的变异为种质牧草品种的培育提供材料，是今后研究的方向。

图 8-3　叶片颜色不同的羊草

图 8-4　花药颜色不同的羊草

（a）叶片伸展型　　　　　　　　　（b）叶片弯折型

图 8-5　叶片形态不同的羊草

多态位点比率、Shannon 多样性指数和 Nei 基因多样性指数是衡量种群遗传变异的主要指标。从上述 3 个指标来看，本研究中的 30 个羊草株系存在较丰富的遗传变异，多态位点百分率为 89.79%，高于钱吉等（1999）对不同种群羊草的 RAPD 分析（71.9%）和胡宝忠等（2001）对松嫩平原灰绿型和黄绿型羊草 7 个种群的分析（83.0%）。一个物种的进化潜力和抵御不良环境的能力取决于其遗传多样性的高低，较高的遗传多样性是羊草耐寒、耐旱、耐盐碱等的遗传基础（孔祥军等，2008a）。羊草遗传多样性的研究为以后深入开展羊草优良性状的基因标记、基因定位与克隆等工作奠定了基础，对遗传距离较大的植株进行杂交育种，可预期获得较大的杂种优势。今后需要加强对羊草种质资源遗传多样性的评价，并注重分子生物学新的研究技术和方法，筛选优良的种质材料，从而培育出高产、优质的羊草品种。

第二节　羊草愈伤组织的诱导

通过运用植物组织细胞培养技术实现植物育种是获得新品种的一条快捷途径，既可以通过花粉培养、未授粉子房以及胚株培养等诱导形成单倍体植物，也可以通过植物愈伤组织培养中普遍存在的染色体变异实现植物突变育种。随着生物技术的发展，运用基因工程手段对羊草进行品种改良越来越受到重视，而建立高频率的植株再生体系是羊草转化成功的重要基础和保证。由于羊草有性繁殖存在抽穗率低、结实率低和种子发芽率低的现象，因此开展无性繁殖是降低大面积种植羊草的成本、改良羊草品质、开展羊草体细胞无性系变异利用、突变体筛选以及转基因研究的重要手段（曲同宝和王丕武，2005）。利用羊草愈伤组织培养技术诱导产生突变体，或建立转基因的受体系统的研究，虽然已取得了一定的成果，但羊草的外植体离体再生频率还很低，阻碍了羊草基因工程研究工作的顺利开展（曲同宝等，2010）。

研究表明，以种子作为羊草愈伤组织诱导的外植体具有操作简便、污染率低、不受季节性限制的优点。但羊草种子存在休眠现象，根据我们前期的研究基础，羊草种子萌发需要变温条件，恒温下未经过打破休眠处理的羊草种子不能够萌发，且稃和胚乳对羊草种子胚的伸长具有显著的抑制作用（Ma et al.，2008，2010a，2010c）。因此，本节在前期对羊草种子、休眠和萌发特性以及提高发芽率技术的基础上，通过对羊草种子进行去稃、去胚乳等一系列处理，在变温下进行愈伤组织诱导，为开展羊草无性系利用、突变体筛选和转基因研究提供理论依据和技术支持。

一、材料和方法

（一）实验材料

实验用的外植体为 2004 年 7 月采自中国科学院大安碱地生态试验站的成熟羊草种子。实验用的 2,4-二氯苯氧乙酸购自 Sigma 公司；$HgCl_2$ 购自姜堰市环球试剂厂；琼脂粉购自 Biosharp 公司；其余生化试剂购自北京化工厂。

（二）实验方法

1. 培养基的配置

诱导培养基和继代培养基的配置。按照《植物生物技术》的方法配制 MS 培养基，121℃高压灭菌 25 min 后加入经过滤除菌（0.22 μmol/L）的 2,4-二氯苯氧乙酸使其最终浓度分别为 0.5 mg/L 和 2 mg/L，4℃保存过夜。其中诱导培养基为 2 mg/L 的 2,4-二氯苯氧乙酸培养基加 3.0%的蔗糖、0.8%的琼脂，pH 为 5.8～6.0；继代培养基为 0.5 mg/L 的 2,4-二氯苯氧乙酸培养基加 3.0%的蔗糖、0.8%的琼脂，pH 为 5.8～6.0。

2. 羊草种子去稃去胚乳处理对诱导率的影响

手工剥去羊草种子的内稃和外稃，用 0.1%的 $HgCl_2$ 溶液对种子进行表面杀菌 10 min，再用无菌水冲洗若干次，自然晾干。用灭菌的解剖刀在超净工作台中将上述去稃的一部分羊草种子的胚乳切掉 3/4（去稃 1/4 粒）、切掉 1/2（去稃半粒），以没有切除胚乳（去稃全粒）的去稃全粒种子为对照。将上述去稃全粒、去稃半粒、去稃 1/4 粒的羊草种子作为外植体接种于 MS+2 mg/L 2,4-二氯苯氧乙酸的培养基中。将去稃全粒种子和去稃半粒种子分别放入直径为 9 cm 的培养皿内，每个培养皿内接种 20 粒，每种处理 5 次重复。将上述培养皿放在 16℃/28℃变温条件下培养，12 h 黑暗/12 h 光照，光照强度为 54 μmol/(m²·s)，培养 35 d 统计愈伤组织诱导率。

3. 不同温度对诱导率的影响

羊草种子经 98%浓硫酸浸泡 5 min 去除种皮后用流水冲洗，选取成熟、饱满、去稃彻底且完整的种子进行 75%乙醇表面消毒 30s，再用 0.1%$HgCl_2$ 消毒 10 min，最后用无菌水冲洗 3 次，作为外植体。用无菌滤纸吸干种子表面的水分，接种于诱导培养基，每皿接种 20 粒，20 次重复，整个实验设 3 次重复，每次重复接种 400 个外植体。封口膜封口后分别置于 26℃恒温培养箱和 16℃/26℃变温培养箱中诱导愈伤组织，24 h 黑暗，21 d 后统计诱导率。愈伤组织继代采用 15 mol/(m²·s)光强，光照 12 h/12 h。

二、结果与分析

（一）胚乳对羊草种子诱导率的影响

从图 8-6 可以看出，在 16℃/28℃变温条件下诱导第 35 天，去稃全粒、去稃半粒、去稃 1/4 粒的三种处理的羊草种子的诱导率达到 84.0%～87.5%，三者不存在显著差异（F=0.328，p=0.729）。诱导初期（4～6 d），去稃半粒诱导率显著高于其他两种处理；诱导 8～10 d 表现为去稃全粒>去稃 1/4 粒>去稃半粒。以上结果表明，胚乳会影响诱导的速率，但是对最终的诱导率没有显著影响。

从愈伤组织状态看（图 8-7），去稃全粒和去稃半粒的羊草种子诱导的愈伤组织比较大，呈白色，质地松弛柔软，且多数外植体同时长出苗；而去稃 1/4 粒羊草种子诱导愈伤组织较小，并且成苗率也很低。实验证明，愈伤组织诱导的再生植株能够正常生长。

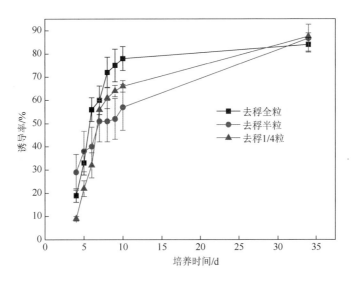

图 8-6 羊草种子去稃和去胚乳后愈伤组织的诱导率

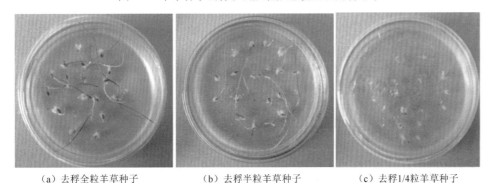

（a）去稃全粒羊草种子　　　（b）去稃半粒羊草种子　　　（c）去稃1/4粒羊草种子

图 8-7 羊草种子去胚乳对愈伤组织诱导率的影响

（二）诱导温度对羊草种子诱导率的影响

外植体经诱导培养三周后，26℃恒温培养平均诱导率为23.3%，16℃/26℃变温培养的平均诱导率为47.6%，变温培养诱导率比恒温培养高出约 1 倍，经单因素方差分析得出两者存在极显著差异（表 8-4）。

表 8-4　不同温度下羊草种子愈伤组织诱导率

温度	接种数/粒	愈伤组织数	诱导率/%	愈伤组织形态
26℃恒温	400	99.3±2.4	23.3±0.6	白色质地松软
16℃/26℃变温	400	190.3±1.5**	47.6±0.4**	白色质地松软

资料来源：孔祥军等，2008b；

注：表中**表示不同温度处理之间存在极显著差异，$p<0.01$。

三、小结与讨论

目前羊草愈伤组织的培养选择的外植体多集中在去稃的羊草种子、羊草胚、根、茎、叶和幼穗（表 8-5）。高天舜（1982）利用当年生羊草根茎幼嫩部分的节间基部切段以及隔年生老根茎和当年生根茎的节间中部、顶部切段作为外植体，进行愈伤组织的诱导和植株再生材料改良羊草的遗传性状，诱导率平均在 20%左右，分化率最高为 24.2%。刘公社等（2002）以幼穗作为外植体，恒温 25℃条件下诱导愈伤组织，在加有 1 mg/L 2,4-二氯苯氧乙酸的 MS 培养基上继代 2 次后，转移到含 1.0 mg/L KT 和 0.5 mg/L NAA 的 MS 培养基上分化培养得到再生芽，在无激素的基本培养基上获得了生根的试管苗，试管苗移栽到温室后生长正常。尽管从羊草叶片、幼穗和成熟胚在同样培养条件下均能诱导出愈伤组织，但只有幼穗愈伤组织能够继续分化出再生植株，羊草试管苗的分化因基因型和外源激素的不同而不同。崔秋华等（1990）以羊草幼嫩根茎和种子为外植体，在 MS 等三种培养基上，配合使用生长素 2,4-二氯苯氧乙酸的浓度水平为 1 mg/L，2 mg/L，4 mg/L。孔祥军等（2008b）以羊草种子为外植体，恒温下愈伤组织诱导率高达 29.05%，质地优良且幼苗分化率好，并具有易于操作的优点。

表 8-5　不同外植体和培养温度羊草愈伤组织出愈率不同

培养基	外植体	培养温度/℃	出愈率/%	参考文献
MS+0.5 mg/L 2,4-二氯苯氧乙酸	根、茎、叶	26±2	根 100，茎 6.8，叶为 0	路晓玉等，2009
MS+2.0 mg/L 2,4-二氯苯氧乙酸	去稃羊草种子	16/26	47.6	孔祥军等，2008b
MS+1.0 mg/L 2,4-二氯苯氧乙酸	去稃羊草种子	25±2	4～20	魏琪等，2005
MS+2.5 mg/L 2,4-二氯苯氧乙酸	去稃羊草种子	26±2	20.0	曲同宝等，2004
B5+2.5 mg/L 2,4-二氯苯氧乙酸	去稃羊草种子	26±2	18.7	曲同宝等，2004
MS+2.0 mg/L 2,4-二氯苯氧乙酸	幼穗、胚和叶	25	幼穗 88，胚 40，叶 50	刘公社，2002
MS+2.0 mg/L 2,4-二氯苯氧乙酸	去稃去胚乳种子	16/28	84.0～87.5	本书研究成果

羊草愈伤组织诱导率受羊草的基因型、种子采集时间、种子发芽率以及诱导培养基中 2,4-二氯苯氧乙酸浓度等多种因素共同控制。目前采用变温方法培养羊草愈伤组织的研究还未见报道。以成熟羊草种子作为外植体，初步研究了温度和 2,4-二氯苯氧乙酸浓度对羊草愈伤组织培养的影响，建立了羊草遗传转化体系技术平台。研究发现 16℃/26℃变温培养较 26℃恒温培养，诱导率提高 1 倍多。恒温条件下出愈率也只有 20%左右，而变温条件下可达到 50%左右，本研究中，适宜的变温条件下（16℃/28℃）切除一部分胚乳使得出愈率达到 90%，有效提高出愈率，为羊草的分子育种提供了重要的技术支撑。

第三节　羊草种质资源的筛选和培育进展

作为一种生态和经济价值很高的禾本科牧草，羊草具有耐旱、耐寒、耐盐碱、粗蛋白含量高等优良特性，因此，羊草种质资源的筛选、挖掘和利用已经成为研究的热点。由于羊草分布范围广、生境类型多样，在长期的适应和进化中，羊草种群之间和种群内在的形态结构、生理以及遗传特征等方面表现出了明显的变异和分化。这些变异为羊草种质资源的筛选及新品种的培育提供了材料。随着生物技术的迅速发展，分子生物学手段为培育新的优质和高抗的羊草品种提供了有效的技术支撑。

一、羊草种内变异

羊草野生种质资源丰富，个体水平上存在着很大的变异。羊草个体在形态结构、遗传信息、生理生态等方面的多样性为羊草的育种提供了广泛的变异谱，使羊草的育种目标性更强。20 世纪 80 年代我国科研工作者对羊草野生种群进行了初步考察，发现羊草在形态结构、DNA 水平上都存在着很大的种内变异。

根据叶色，羊草分为灰色、灰绿和黄绿三种类型；根据穗型，分为单生型、复生型、圆锥型三种类型；羊草的花药、粒色和颖色均有黄色、紫色和斑色三种分化；根据羊草分布区的气候特征可以分为长岭型、海拉尔型、嘎达苏型和伊胡塔型四个气候生态类型；根据叶片的宽度，可以分为宽叶型和窄叶型（王克平，1984；王克平和罗璇，1988）。不同类型羊草的差异是遗传分化的结果，与生态环境有直接关系（王克平，1984）。羊草不仅在外观形态存在着很大的差异，在表皮毛、气孔、维管束等解剖结构方面也存在着很大差异（陆静梅，1996；胡宝忠等，2001）。我们也对羊草的叶片进行了观察，发现羊草表面的表皮毛的长度和多少等形态特征也存在着显著的差异，部分羊草表皮毛长度为 500～800 μm ［图 8-8（a）］，但稀疏；部分羊草表皮毛的长度为 20～45 μm，较稠密［图 8-8（b）］；不同个体羊草叶片的气孔也存在着较大差异［图 8-8（c）和图 8-8（d）］。

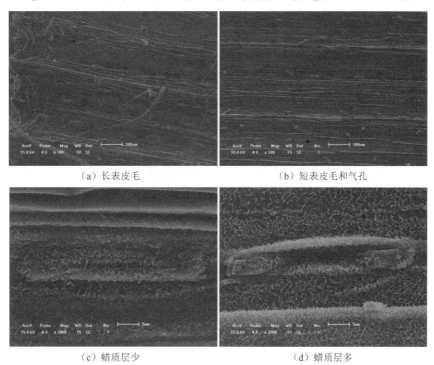

（a）长表皮毛　　　　　　　　　　　　　　（b）短表皮毛和气孔

（c）蜡质层少　　　　　　　　　　　　　　（d）蜡质层多

图 8-8　不同羊草个体之间表皮毛长度扫描电镜图

种子萌发得到的实生苗在整个生长季相同的生长条件下，其株高、分蘖和生物量等指标也存在着显著的差异。我们对 19 个羊草实生苗个体的生长进行了比较研究，发现羊草实生苗产生不同数量的分蘖苗，分蘖苗的数量差异很大，最高值为 142 个，最低为 27 个，变异系数为 43.0%；羊草生物量之间也存在着很大的变异，其中鲜重变化范围 6.42～32.26 g/盆，干重变化范围为 1.42～8.89 g/盆，变异系数分别为 28.9%和 37.0%（图 8-9）。

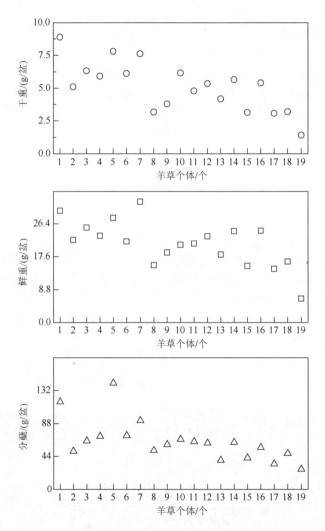

图 8-9　羊草实生苗生长 5 个月后分蘖和重量间的变异

　　羊草种群在 DNA 水平上也存在一定的分化，遗传多态性非常高（胡宝忠等，2001）。对东北天然草地 16 个种群的 112 个羊草株系进行 RAPD 分析，发现仅有两个样株表现为相同的 RAPD 表型，种群间的变异系数为 21.06%，种群内变异系数为 72.59%（祝廷成，2004）。汪恩华（2002）用 40 个随机引物对 17 份羊草材料进行 PCR 扩增，共扩增出 119 条扩增产物，其中 109 条具有多态性，多态比率为 91.6%。刘惠芬等（2004）用

31 个随机引物在 5 个羊草种群内共检测到 496 个扩增片段，其中多态片段 489 条，多态比率为 98.6%。钱吉等（2000）用 20 个随机引物获得了 139 条 DNA 片段，多态片段为 100 条。不同地理种群羊草的遗传分化和变异与纬度、经度具有一定相关性，自然选择的压力显得较为重要；小地区范围内羊草种群间的遗传分化主要是由环境的异质性引起的。

二、羊草育种方法及未来发展方向

（一）传统的羊草育种方法

我国牧草育种工作者多年来运用常规育种的混合选择、个体选择以及辐射育种等技术，为解决野生羊草的产草量低、出苗率低、结实率低等问题，进行了羊草育种的多项尝试（祝廷成，2004）。近 30 年来，我国羊草育种方面研究取得了重大的进展。以野生羊草为材料，经过株系混合选育、多次单株混合选择等常规的育种方法，目前已培育了 6 个羊草品种（表 8-6）。这些人工培育的羊草品种在叶片数量、生物量、适口性、抗寒、耐旱、耐盐碱、抗病性、种子产量和发芽率等方面有较为突出的优越性。

表 8-6　羊草新品种培育

品种名称	育成时间	育种方式	品种特性	育种单位	申报者
东北羊草	1988	栽培驯化	抗寒、耐旱、耐盐碱、耐践踏、耐瘠薄等	中国农业科学院、黑龙江省畜牧研究所	中国农业科学院草原研究所、黑龙江省畜牧研究所
吉生 1-4 号	1989	植物轮回选择育种	高产、优质、抗旱、耐盐碱	吉林省生物研究所	王克平等
农牧一号	1992	多次单株混合选择育种	分蘖强、结实率高、抗逆性好、产籽量高	内蒙古农业大学	马鹤林等
中科 2 号	2011	株系混合选育	高产、产草量高、抗逆性强	中国科学院植物研究所、张家口市塞垣源农业科技发展有限公司	刘公社等
中科 3 号	2012	株系混合选育	产量高、发芽率高、抗逆	中国科学院植物研究所	刘公社等
中科 1 号	2014	株系混合选育	种子产量高、发芽率高、产草量高、品质好、抗逆性强	中国科学院植物研究所	刘公社等

资料来源：刘公社等，2016。

（1）轮回选择法。植物育种的轮回选择法，是指任何循环式的选择、杂交、再选择、再杂交，将所需要的基因集中起来的育种方案，是异花授粉作物行之有效的育种方法（马鹤林和王梦龙，1997）。该方法是国际上 20 世纪 70 年代创造改良杂合群体的一项育种技术，多应用于玉米、苜蓿和黑麦草等异花授粉植物的育种中，已经获得了极大成功。吉生 1 号、吉生 2 号、吉生 3 号和吉生 4 号四个羊草品种利用轮回选择法，并结合多级扩繁和栽培方法选育而成。吉生系列羊草品种的产草量、产种量和出苗率均比野生的羊草提高了50%以上，育种年限较常规方法缩短了 3～4 年。

（2）株系混合选育法。羊草品种"农牧一号"是由中国农业科学院草原研究所和黑龙江畜牧研究所联合培育的。它是从天然草地上选择高结实、高产的优良群体，历时 13 年的混合选择、品系对比、区域实验和生产试验之后，得到的羊草新品种。"农牧一号"

具有分蘖能力强、结实率高、抗逆性好、产草量和产籽量高等特点。该品种可以在乌兰察布市、赤峰市北部、黑龙江和吉林等地种植。近期，中国科学院植物研究所的科研人员历时 16 年，对羊草种子资源进行收集、评价，通过株系混合选育法，以种子产量高、发芽率高和产草量高作为主要育种目标培育出高产、优质、抗逆的"中科 1 号""中科 2 号""中科 3 号"羊草新品种（刘公社等，2016）。

羊草的严重种内分化为育种提供了丰富的原始材料，但目前羊草育种工作还处于刚刚起步阶段，育种研究滞后于生产实践的需求，羊草育种应把常规选育和遗传育种结合起来，充分利用各种分化类型培养出满足不同需要的羊草品种（张玉芬和周道玮，2002）。

（二）现代科学技术的应用

羊草是高度杂合及多倍化的草本植物。王策箴（1981）研究认为羊草有 28 条染色体，即 $2n=28$；段晓刚和樊金玲（1984a，1984b）发现 80%以上的细胞具有 28 条染色体，但还发现了具有 25、31 和 42 条染色体的细胞，并认为具有 25 和 31 条染色体的细胞可能是异数体细胞，而具有 42 条染色体的细胞是 6 倍体细胞，占了 8.2%，因此目前不能排除羊草 6 倍体的可能性（祝廷成，2004）。羊草的基因组较大，约为 10 Gb 且杂合性高，目前羊草的基因组信息几乎为零（刘公社和李晓霞，2015）。

随着生物技术的不断发展，分子标记、基因克隆、遗传转化、高通量测序等研究手段在牧草育种中得到广泛应用，补充和加速了传统育种进程，牧草的分子育种学也应运而生（刘公社等，2016）。2014 年 11 月由中国农业科学院草原研究所牵头，联合中国农业科学院深圳农业基因组研究所等单位共同合作的羊草全基因组测序计划全面启动，通过羊草全基因组测序后，其蕴含的海量生态功能信息将极大地促进牧草基因组和草原生态基因组学的发展。未来在羊草种质资源的选育方面应该将现代科学技术应用于羊草种质创新，加快羊草新品种培育及良种的推广利用，推进我国羊草产业化进程及草牧业发展（刘公社等，2016）。目前对羊草遗传多样性的研究为以后深入开展羊草优良性状的基因标记、基因定位与克隆等工作奠定了基础，对遗传距离较大的植株进行杂交育种，可预期获得较大的杂种优势（孔祥军等，2008a）。初步筛选出遗传多样性丰富、遗传变异和遗传潜力较大及综合性状优良的羊草种质材料，为羊草野生种质资源的进一步搜集、评价、种质创新和育种利用奠定科学基础。

总之，羊草是一种野生型优质牧草，人工驯化的时间较短，很多研究领域尤其是抗逆分子机理、基因组测序等方面尚需加强。未来羊草的育种应该采用传统育种与新技术相结合的方法，尽快将基因组最新研究成果应用到培育目标性的品种控制中去，充分利用目前已经得到的基因，如 TaLEA3（Wang et al.，2008）、DREB 转录因子基因（马兴勇等，2012）等，提高羊草的干旱和盐碱等综合抗性，同时提高羊草的产量，更好地服务于我国牧业的发展。

第九章　松嫩平原耐盐碱植物种质资源筛选

草地作为陆地表层生态系统的重要组成部分，在人类活动和气候变化的双重影响下，大量的草地植被和土壤结构被破坏，成为目前受威胁最大的生态系统之一（Yan et al.，2010；Knight and Harrison，2013）。我国北方天然草地 90%左右处于不同程度的退化中，其中严重退化草地占 60%以上。松嫩盐碱草地，同时受到低温、盐碱、干旱和人为干扰等多种胁迫，其植被的保护和恢复引起了广泛的关注。

盐分是种子萌发和幼苗建植的关键环境因子（Katembe et al.，1998；Muhammad and Hussain，2012）。植物在生态环境下定植，必须首先在萌发期适应盐碱环境，种子萌发对环境的响应决定了其在盐碱生境的分布（Ungar，2001；Tobe et al.，2000）。一般能够适应恶劣环境的物种在种子萌发期有明显的优势，从而应对环境的各种干扰和不确定性条件的发生（Leyer and Pross，2009）。在某种程度上，盐碱地区的生态恢复可能取决于适宜植物种子自然传播的能力（Wolters et al.，2008；Jiang et al.，2010）。然而，某些地区缺乏种源，需要人为引入种子。植物在盐碱条件下萌发特性是筛选耐盐碱植物和发展植被恢复工程的重要标准（Sosa et al.，2005；Zheng et al.，2005）。因此，有必要对要引进的不同物种的耐盐碱性进行评价，筛选出耐盐碱环境植物，为盐碱地的生物恢复提供良好的种质资源。

第一节　NaCl 胁迫对四种禾本科牧草种子萌发的影响

土壤盐渍化是影响世界农业生产最主要的非生物胁迫之一（Zhu，2001；Wei et al.，2003）。盐分对种子发芽率、幼根和幼芽的长度等都有一定的影响（Khalid et al.，2001），高盐胁迫能够完全抑制种子的萌发，而低水平盐分条件诱导种子的休眠（Khan and Ungar，1997；Gulzar and Khan，2001）。种子萌发和幼苗生长阶段是一个植物种群能否在盐渍环境下定植的关键时期（Perez et al.，1998；Khan and Gulzar，2003；Tlig et al.，2008）。目前盐碱化土壤改良行之有效的方法是种植耐盐植物，这种生物改良方法可以突破经济和技术的限制，在传统开垦方法不能实现的区域开展（James，1990；Ashraf and Orooj，2006）。因此，耐盐植物种质资源筛选、植物耐盐性以及土壤盐分与植物生长之间的关系研究一直是国内外非常活跃的研究领域（王志春和梁正伟，2003），也是植被恢复改良盐碱地的重要措施之一。

中国东北松嫩平原是盐碱地集中分布区之一，典型的盐碱化土壤有害盐分主要以 Na^+、HCO_3^-、CO_3^{2-}、Cl^- 为主，多年来学者研究了不同盐分，如 NaCl、Na_2CO_3、$NaHCO_3$、Na_2SO_4 等对羊草种子萌发和幼苗生长的影响（石德成等，2002；颜宏等，2005；Ma et al.，2015a），而对高冰草（*Agropygron elongatum*）、苇状羊茅（*Festuca arundinacea*）和俄罗斯新麦草（*Elymus junceus*）这三种多年生、根茎型耐旱优质牧草的耐盐性研究较少。本节研究了 0～500 mmol/L 的 NaCl 对这四种优质牧草种子发芽率、幼根和幼芽生长的影响，旨在评价其耐盐能力，从而为该区的盐碱化草地改良和耐盐植物的引进提供参考。

一、材料和方法

（一）实验材料

实验所采用的羊草种子于 2004 年 7 月末采自中国科学院大安碱地生态试验站自然羊草群落，俄罗斯新麦草、苇状羊茅和高冰草种子是由中国科学院植物研究所提供的 2004 年种子。实验前用 0.1%的 $HgCl_2$ 对种子进行杀菌 10 min，用蒸馏水冲洗若干遍备用。

（二）实验方法

将上述四种牧草种子放在直径 9 cm 的培养皿内，内铺一层滤纸。设置 8 种 NaCl 浓度梯度（0、50 mmol/L、100 mmol/L、150 mmol/L、200 mmol/L、300 mmol/L、400 mmol/L 和 500 mmol/L），发芽温度 16℃/28℃，12 h 黑暗/12 h 光照，每种处理 3 次重复，每次重复约 50 粒饱满的种子。每个培养皿内加入 10 mL 上述盐溶液，对照中加 10 mL 蒸馏水，用封口膜封口，以防止溶液蒸发，整个萌发过程中适时添加溶液以保持培养皿内湿润。每 2 天调查一次发芽率，萌发时间为 16 d，实验结束时记录根长和芽长，并计算根冠比，对仅胚根或胚芽突破种皮而没有伸长的种子没有记录其根长或芽长。

（三）数据处理

用 SPSS19.0 对数据进行统计分析，对发芽率等百分率数据进行反正弦转化后进行单因素方差分析（one-way ANOVA），采用 Duncan 方法多重比较，用最小显著差法（LSD）在 0.05 概率水平确定各个平均值之间的差异显著性，用 Origin7.5 进行绘图。

二、结果与分析

（一）不同浓度的 NaCl 对四种牧草发芽率的影响

从图 9-1 可以看出，四种牧草种子发芽率均在蒸馏水中最高，且以苇状羊茅种子发芽率最高为 97.1%，羊草最低为 63.2%；随着 NaCl 浓度的增加，四种物种的种子发芽率均呈下降趋势。羊草种子萌发对盐胁迫最敏感，50 mmol/L NaCl 显著抑制了其发芽率，300 mmol/L NaCl 处理的种子最终发芽率仅为 1.5%，而 NaCl 浓度超过 400 mmol/L 时，没有种子发芽。低盐胁迫对高冰草、苇状羊茅和俄罗斯新麦草的发芽率的影响较小。

在整个发芽过程中,高冰草、俄罗斯新麦草和苇状羊茅具有较高的耐盐性,在 500 mmol/L NaCl 中发芽率分别为 17.3%、18.1%和 20%。

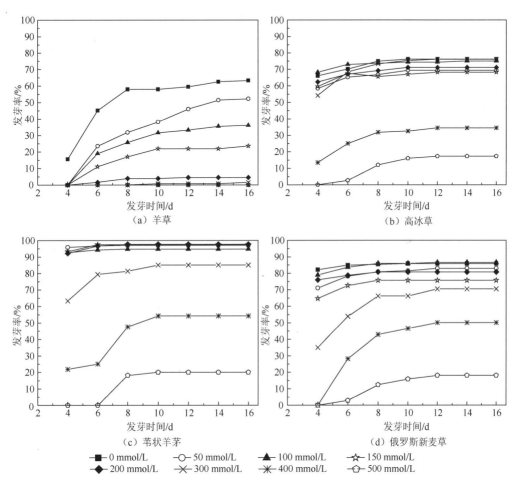

图 9-1　不同浓度 NaCl 下四种牧草种子的萌发进程（马红媛等，2009a）

（二）不同浓度 NaCl 对四种牧草的根长、芽长和根冠比的影响

四种牧草的根长均随着 NaCl 浓度的增加呈显著下降趋势,二者之间存在极显著的负相关（表 9-1,图 9-2）,但对不同牧草影响程度存在差异。0~150 mmol/L NaCl 胁迫下,俄罗斯新麦草根长的下降速率最快,150 mmol/L 时根长为 1.5 cm,与对照相比下降了 79.5%;而高冰草的下降速率最慢,150 mmol/L 下降了 36.5%。NaCl 浓度高于 300 mmol/L 时,高冰草的根长为对照的 27.8%,而其他三种牧草种子的胚根没有突破种皮,或者突破了种皮但没有继续伸长。

表 9-1　NaCl 胁迫对四种牧草的根长、芽长与根冠比的影响

NaCl 浓度/ (mmol/L)	羊草			高冰草			苇状羊茅			俄罗斯新麦草		
	根长 /cm	芽长 /cm	根冠比	根长 /cm	芽长 /cm	根冠比	根长 /cm	芽长 /cm	根冠比	根长 /cm	芽长 /cm	根冠比
0	4.4a	6.3a	0.73b	9.6a	9.7a	0.99a	7.2a	6.9a	1.04a	7.3a	10.8a	0.67a
50	3.7 b	5.0b	0.80ab	7.2b	9.3a	0.78b	6.2ab	7.1a	0.89a	4.4b	8.9b	0.49ab
100	3.2 b	4.1b	0.84ab	6.1c	8.5a	0.73b	5.1b	5.8b	0.90a	2.5c	7.3c	0.35bc
150	1.9c	2.4c	0.93ab	6.1c	8.1a	0.78b	2.9c	3.8c	0.78a	1.5d	5.3d	0.28bc
200	0.9d	0.7d	1.44a	4.6d	5.8b	0.84ab	1.3d	1.6d	1.07a	0.9de	3.8e	0.24c
300	—	—	—	2.7e	2.8c	0.97a	—	—	—	0.2e	1.1f	0.24c

资料来源：马红媛等，2009a；

注：数据为平均值（n=3）；同列中不同字母为 0.05 水平上差异显著；"—"表示没有数据。

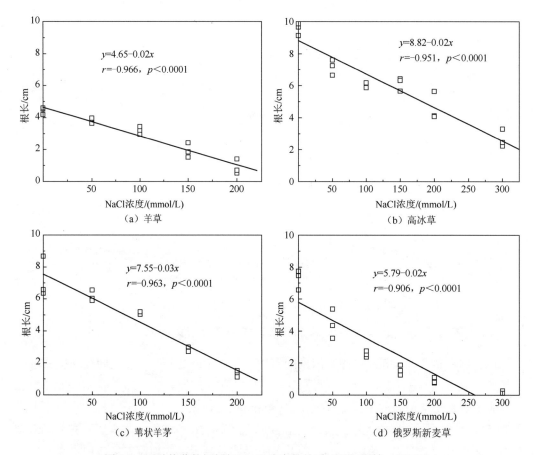

图 9-2　四种牧草的根长与 NaCl 浓度的关系（马红媛等，2009a）

不同浓度 NaCl 对四种牧草芽长的影响及二者的关系如表 9-1 和图 9-3 所示。随着

NaCl 浓度的增加，四种牧草的芽长均呈下降趋势，两者呈极显著的负相关。芽长下降速度因物种差异而不同，其中羊草下降的速度最快，当浓度超过 200 mmol/L 时，没有观察到发芽的种子；苇状羊茅在浓度 300 mmol/L 以上，没有胚芽出现和伸长；其次是俄罗斯新麦草；高冰草最慢，在 NaCl 浓度为 300 mmol/L 时，芽长为对照的 28.9%。

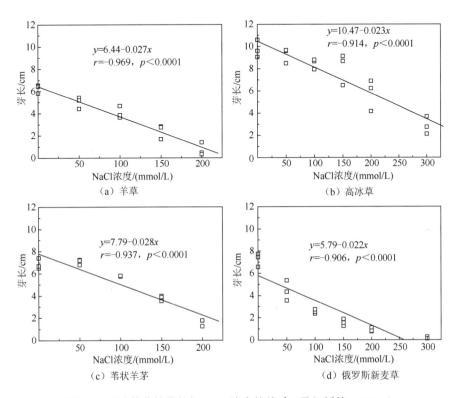

图 9-3　四种牧草的芽长与 NaCl 浓度的关系（马红媛等，2009a）

从表 9-1 可以看出，四种牧草的根冠比对 NaCl 胁迫的响应不同。随着 NaCl 浓度的增加，羊草根冠比呈显著上升趋势，200 mmol/L 下根冠比是对照的 197.3%；高冰草根冠比在低盐胁迫时（50~150 mmol/L）显著低于对照；俄罗斯新麦草根冠比则随着 NaCl 浓度增加呈显著下降趋势，300 mmol/L 下是对照的 35.8%；苇状羊茅的根冠比值随着 NaCl 浓度增加没有显著变化。这说明 NaCl 胁迫对羊草根长的抑制作用小于芽长；而对其他三种牧草的抑制作用则是根长大于芽长，且对俄罗斯新麦草的根长抑制作用最大。

三、小结与讨论

盐分对种子发芽率影响因物种不同存在很大的差异。高水平的盐碱条件能够完全抑制种子的萌发；低水平条件诱导种子的休眠（Khan and Ungar，1997；Khalid et al.，2001；

马红媛等，2008a），或者对种子萌发没有显著抑制作用（Huang et al.，2003），或者促进某些物种种子的萌发（孙菊和杨允菲，2006；曾幼玲等，2006）。本研究表明，四种牧草种子的发芽率均随着 NaCl 浓度的增加而下降，没有表现出促进作用，且当盐分达到一定浓度时完全抑制了种子萌发。但不同物种耐盐性也存在较大的差异，其中，羊草的耐盐性最差，300 mmol/L NaCl 处理的种子发芽率仅为 1.5%，浓度超过 300 mmol/L 时，在整个萌发过程中没有种子发芽；而高冰草、俄罗斯新麦草和苇状羊茅耐盐性较强，在 500 mmol/L NaCl 中发芽率分别为 17.3%、18.1% 和 20.0%。盐分抑制植物种子萌发的原因主要是由渗透胁迫、离子毒害以及其他因素（如激素、蛋白质和氨基酸等）引起的（赵可夫等，1999）。

盐分对幼苗的生长具有一定抑制作用，主要通过渗透胁迫（引起水分的缺乏）、离子毒害和离子吸收的不平衡（Caines and Shennan，1999；Ramoliya et al.，2004）等因素影响植物生长，影响程度因物种与盐分的种类不同而存在较大的差异。黄立华等（2008）研究了 8 种盐分对羊草根芽生长的影响，结果表明：$Na^+>K^+$，碱性盐>中性盐，二价盐>一价盐，环境中高 Na^+ 是抑制羊草幼苗生长的主要原因之一。对高冰草研究表明，Na_2CO_3 比 NaCl 对高冰草幼苗生长危害更大，且对胚根的抑制作用大于胚芽，中性盐则表现为胚根抑制作用小于胚芽（黄立华和梁正伟，2007）。鱼小军等（2006）研究表明低浓度 NaCl 对无芒隐子草和条叶车前的根长影响表现为低浓度（≤ 50 mmol/L）促进高浓度抑制，对胚芽生长一直表现为抑制。本研究中，NaCl 浓度超过 50 mmol/L 时均显著抑制了四种牧草的根长和芽长，对羊草的根长抑制作用小于对芽长的抑制，对俄罗斯新麦草的根长抑制作用最大，对高冰草和苇状羊茅根长和芽长的抑制作用差异较小。

种子萌发和幼苗生长阶段是植物生活史中对外界环境压力反应最为敏感时期（Harper，1977）。苗期是植物整个生命周期中耐盐碱性最差的时期，而发育早期对盐度的适应能力又是决定物种分布和群落组成的关键因素（渠晓霞和黄振英，2005），也是决定物种能否在盐碱环境下定植的主要因素之一。羊草是松嫩平原盐碱化草地重要的物种，虽然在萌发期内对盐胁迫敏感，受其抑制作用较大，但当解除胁迫后，种子仍能够萌发，从而适应盐碱环境（马红媛等，2008a），且幼苗能够通过改变体内的有机渗透物质和无机离子来提高耐盐性。高冰草、俄罗斯新麦草和苇状羊茅种子和幼苗本身具有较强的耐盐性，在较高浓度 NaCl（500 mmol/L）胁迫下仍有较高的发芽率，可能成为松嫩平原盐碱地改良的重要物种，今后需要对其能否适应该区生境进行深入探讨。

第二节　Na_2CO_3 胁迫对四种禾本科牧草种子萌发的影响

根据联合国粮食及农业组织（Food and Agriculture Organization of the United Nations，FAO）和联合国教科文组织（United Nations Educational，Scientific and Cultural

Organization，UNESCO），世界苏打盐碱化面积达到 $4.34×10^8$ hm²。中国的松嫩平原是世界苏打盐碱土集中分布区之一，盐碱化面积达到 $3.73×10^6$ hm²，占该地区面积的 15.2%，且以 1.4% 的速率逐年增加（邓伟等，2006）。该类型土壤的盐分以 Na_2CO_3 和 $NaHCO_3$ 为主，占土壤总盐 90%，且 pH 多在 9.0～10.5。因此，筛选适合该地区特殊环境的优质牧草成为生物改良盐碱土的关键。种子萌发期是种子生命过程中最重要的时期，其抗逆能力决定了该物种能否在一个地区定居、分布及组成群落（渠晓霞和黄振英，2005）。盐分对种子发芽率、幼根和幼芽的长度，干鲜重等都有一定的影响（Hamdy et al.，1993；Khalid et al.，2001），如高盐胁迫能够完全抑制种子的萌发，而低水平条件诱导种子的休眠（Khan and Ungar，1997；Gulzar and Khan，2001；Khalid et al.，2001）。

从目前文献看，盐碱胁迫对种子萌发的影响研究，多数以 NaCl 胁迫为主，只有少数以 Na_2CO_3（Abd and Shaddad，1996；石德成等，2002；Bie et al.，2004）为研究对象，且对不同优质牧草在碱胁迫前后萌发和幼苗生长特性的研究更少。俄罗斯新麦草、苇状羊茅、羊草和高冰草是四种多年生、根茎型耐旱优质牧草，目前除了对松嫩平原西部优势物种羊草耐盐碱特性研究较多之外（石德成等，1998；颜宏等，2005），对其他三种牧草研究较少。上一节我们探讨了四个物种种子萌发对 NaCl 胁迫的响应，本节我们将研究种子萌发和幼苗生长对不同浓度的碱性盐 Na_2CO_3（0、25 mmol/L、50 mmol/L、75 mmol/L 和 100 mmol/L）的响应特征，旨在更全面评价供试四个物种的耐盐碱能力，为该区的盐碱化草地改良提供参考。

一、材料和方法

（一）实验材料

实验所采用的俄罗斯新麦草、苇状羊茅和高冰草种子是中国科学院植物研究所提供的 2004 年种子；羊草为 2004 年 7 月末采自中国科学院大安碱地生态试验站自然羊草群落。实验前将上述种子用 0.1% 的 $HgCl_2$ 杀菌 10 min 然后用蒸馏水冲洗若干遍，晾干备用。

（二）实验设计

将上述 4 种牧草种子放在 9 cm 直径的培养皿内，内铺一层滤纸。设 5 种 Na_2CO_3 浓度梯度（0，25 mmol/L，50 mmol/L，75 mmol/L 和 100 mmol/L），发芽温度 16℃/28℃，12 h 黑暗/12 h 光照，每种处理 3 次重复。每 2 天调查一次发芽率，萌发 14 d，将没有萌发的种子转移到铺有新的滤纸的培养皿内，加入 10 mL 蒸馏水浸泡 36 h，然后将浸泡液用吸耳球吸干，再加入 5 mL 蒸馏水放在上述温度条件下萌发 14 d。萌发速率用修正的 Timson 萌发速率指数表示：

$$萌发速率指数=\Sigma G/t$$

式中，G 表示 2 d 内的种子发芽率；t 是整个萌发时间（Khan and Ungar，2001）。记录根长和苗长，计算根冠比。实验结束时计算发芽恢复率（新萌发的种子数/转移到非胁迫条件下的未萌发种子总数×100%）。

（三）数据分析

用 SPSS19.0 对数据进行统计分析，对发芽率等百分率数据进行反正弦转化后进行方差分析，采用 Duncan 方法多重比较，用最小显著差法确定各个平均值之间的差异显著性；用 Origin7.5 进行绘图。

二、结果与分析

（一）Na_2CO_3 胁迫对四种牧草种子发芽率的影响

1. 不同浓度 Na_2CO_3 对四种牧草种子发芽率的影响

从图 9-4 可以看出，四种牧草发芽率均在没有盐碱胁迫的蒸馏水中最高，且以苇状羊茅为最高达到 96.8%，羊草最低 73.1%；随着胁迫浓度的增加发芽率均呈下降趋势。苇状羊茅在 0～50 mmol/L Na_2CO_3 胁迫下发芽率均高于其他三种牧草种子，当 Na_2CO_3 浓度为 75 mmol/L 时，发芽率迅速降低，仅有 5.8%，而当浓度为 100 mmol/L 时，没有观察到萌发的种子。0 和 25 mmol/L Na_2CO_3 胁迫下，俄罗斯新麦草和高冰草没有显著差异，但随着浓度的增加，俄罗斯新麦草发芽率迅速下降，100 mmol/L 时为 0，而高冰草种子发芽率下降缓慢，此浓度下高冰草发芽率为 14.9%。羊草种子萌发受碱胁迫影响最大，随着 Na_2CO_3 浓度的增加，发芽率呈直线下降趋势，25 mmol/L Na_2CO_3 条件下，发芽率仅为 46.3%，极显著低于对照。四种牧草发芽率与 Na_2CO_3 之间的关系见表 9-2。

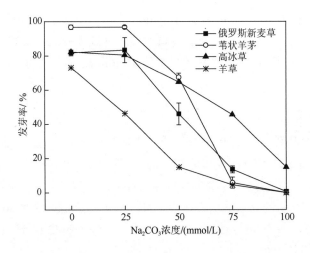

图 9-4　四种牧草种子在不同浓度 Na_2CO_3 胁迫下的发芽率（马红媛等，2009b）

表9-2 四种牧草种子发芽率与Na₂CO₃浓度之间的关系

牧草种子	回归方程	R^2	SD	p
俄罗斯新麦草	$y=88.1-0.65x-0.0275x^2$	0.809	17.9	<0.0001
苇状羊茅	$y=105.5-1.02x-0.0012x^2$	0.859	18.2	<0.0001
高冰草	$y=82.8+0.01x-0.0697x^2$	0.875	10.6	<0.0001
羊草	$y=74.7-1.50x+0.0075x^2$	0.943	7.6	<0.0001

资料来源：马红媛等，2009b。

2. 四种牧草种子在不同浓度Na₂CO₃胁迫下的萌发速率

从图9-5中可以看出，四种牧草种子的萌发速率随着Na₂CO₃浓度的增加均呈下降趋势，两者存在显著的负相关。相同浓度的Na₂CO₃胁迫下，萌发速率最高的为苇状羊茅，而萌发速率最低的为羊草。

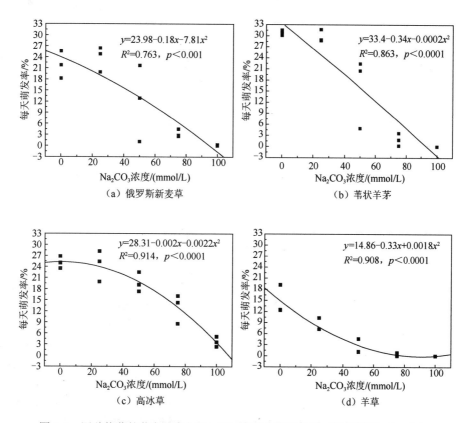

图9-5 四种牧草的萌发速率与Na₂CO₃浓度之间的关系（马红媛等，2009b）

3. 胁迫解除后四种牧草的萌发恢复率

将 Na_2CO_3 胁迫下萌发 14 d 的未萌发的种子转移到蒸馏水条件下培养，结果表明，四种牧草萌发恢复率存在很大差异。羊草种子发芽恢复率随原 Na_2CO_3 浓度的增加呈上升趋势（图 9-6），原 100 mmol/L Na_2CO_3 处理的羊草种子发芽率达到 48.7%。俄罗斯新麦草和苇状羊茅种子发芽恢复率在 0～100 mmol/L Na_2CO_3 处理下均为 0。高冰草在原碱浓度 25 mmol/L 和 50 mmol/L Na_2CO_3 处理下发芽恢复率分别为 10.4% 和 14.2%，而在其他浓度下没有萌发。

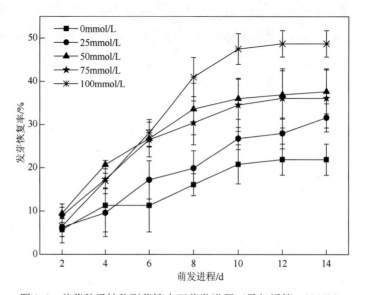

图 9-6　羊草种子转移到蒸馏水下萌发进程（马红媛等，2009b）

（二）四种牧草幼苗生长对不同浓度 Na_2CO_3 的响应

1. 四种牧草苗长对不同浓度 Na_2CO_3 的响应

从图 9-7 可以看出，四种牧草的苗长均随着 Na_2CO_3 浓度的增加呈逐渐下降趋势。没有胁迫下，俄罗斯新麦草苗长最长为（9.3±1.3）cm，羊草最短为（4.7±0.01）cm。低浓度（25 mmol/L）Na_2CO_3 显著降低了俄罗斯新麦草和苇状羊茅的苗长，但对高冰草和羊草苗长（$p>0.05$）没有显著影响。而当 Na_2CO_3 浓度 ≥25 mmol/L 时，高冰草苗长均大于相同浓度下的其他三种牧草。

从图 9-8 可以看出，Na_2CO_3 胁迫显著抑制了四种牧草的根长。随着 Na_2CO_3 浓度的增加，四种牧草的根长迅速呈直线下降趋势，当浓度达到 50 mmol/L 时，高冰草根长为（0.41±0.10）cm，而其他三种牧草根长均为 0，根系伸长完全被抑制。

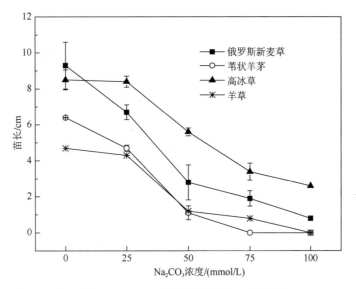

图 9-7　不同浓度 Na_2CO_3 下四种牧草的苗长（马红媛等，2009b）

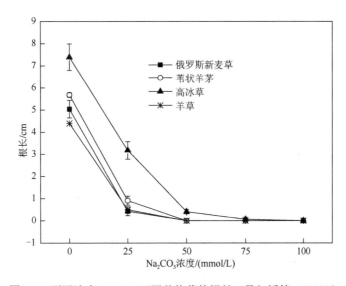

图 9-8　不同浓度 Na_2CO_3 下四种牧草的根长（马红媛等，2009b）

2. 四种牧草苗干重对不同浓度 Na_2CO_3 的响应

苗干重与苗长变化趋势一致。如图 9-9 所示，没有盐碱胁迫下，以高冰草苗干重最高为 1.79 mg/株；苇状羊茅和俄罗斯新麦草相似，为 0.95～1.05 mg/株；羊草最低，为 0.5 mg/株。低浓度（25 mmol/L）Na_2CO_3 对四种牧草苗干重均没有显著的抑制作用，而浓度 ≥50 mmol/L 时，苗干重迅速下降（图 9-9）。

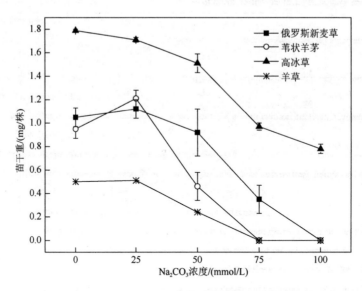

图 9-9　不同浓度 Na_2CO_3 下四种牧草幼苗干重（马红媛等，2009b）

三、小结与讨论

植物种子一般在非盐碱条件下萌发最好（Ungar，1995）。Gulzar 和 Khan（2001）发现，獐毛属植物（*Aeluropus lagopoides*）在浓度≤500 mmol/L NaCl 胁迫下，在任何温度梯度下发芽率都显著降低。海韭菜（*Triglochin maritime*）种子萌发也随着 NaCl 浓度的增加而降低（Khan and Ungar，2001）。本研究中，随着 Na_2CO_3 浓度增加，四种牧草种子萌发均受到不同程度的抑制，而不同牧草物种耐碱阈值存在很大差异。俄罗斯新麦草、苇状羊茅和高冰草种子在低碱（25 mmol/L）胁迫下萌发没有受到影响，但高冰草种子耐碱性最强，在 100 mmol/L Na_2CO_3 中，仍有 14.9% 的种子萌发。羊草种子碱敏感性较强，随着盐浓度的增加发芽率显著下降。种子在 0～100 mmol/L 碱处理 14 d 后转移到蒸馏水中的发芽恢复率也因物种的不同存在较大的差异。从外观上观察，转移后全部的俄罗斯新麦草和苇状羊茅及部分高冰草种子腐烂，丧失活力；但羊草种子在碱胁迫解除后活力没有受到影响，且发芽恢复率随着原来盐浓度的增加而增加。

盐碱胁迫对植物种子萌发有以下三种可能：①阻止种子萌发，但不使种子丧失活力；②延迟但不阻止种子萌发（Gulzar and Khan，2001）；③当盐浓度高到一定程度或持续一定时间还有可能造成种子永久性失去活力（渠晓霞和黄振英，2005）。Khan 和 Gul（1998）报道，种子萌发一般发生在雨季，种子及其生境的盐分部分或完全被淋洗后。本节中，低浓度的碱胁迫没有显著影响俄罗斯新麦草、苇状羊茅和高冰草的萌发，而当浓度过高持续时间过长，造成了种子部分或完全丧失活力，属于第三种作用方式。碱对羊草种子萌发的影响主要是第一种方式，碱胁迫导致羊草种子强迫性休眠，胁迫解除时这种休眠被打破。羊草是松嫩平原盐碱化草地的重要植被，其直播的最佳 pH 为 8.0～8.5（马红媛和梁正伟，2007a），盐碱程度过重会导致羊草种子强迫性休眠，也是羊草长期适应这种特殊苏打盐碱环境的一个重要特性（马红媛和梁正伟，2007a），为其物种的保存和延续提供保障。上述结果表明，当温度等其他生态因子适宜的条件下，俄罗斯新麦草、苇状羊茅、高冰草和羊草在轻度苏打盐碱条件下均能萌发、正常生长，其中高冰草耐碱能力最强，而羊草能够长期在较重盐碱环境下保存活力，直到雨季后，羊草种子及其周围生境内盐分被淋洗，才能萌发。

幼苗生长一般随着盐胁迫增加而降低，一般来说，盐通过以下三种途径影响植物生长：①渗透胁迫（引起水分亏损）；②离子毒害；③主要营养元素吸收不平衡。这些作用方式可能在细胞水平和更高的组织水平上影响植物代谢的所有方面（Garg and Gupta，1997；Caines and Shennan，1999；Ramoliya et al.，2004；刘月敏等，2008）。Bie 等（2004）报道，由于 HCO_3^- 和高 pH 的作用，$NaHCO_3$ 对莴苣幼苗生长危害比 Na_2SO_4 大。本研究表明，随着 Na_2CO_3 浓度的增加，四种牧草的苗长、苗干重及根长都受到不同程度的抑制，且以对根伸长的影响最明显，表明碱胁迫对四种牧草根的生长发育影响最严重最直接。实验中观察到，当 Na_2CO_3 浓度超过 50 mmol/L 时，很大部分的胚根在从种皮/果皮出来后就不再伸长，而部分胚根甚至不能突破果种皮。Na_2CO_3 对根的高 pH 胁迫破坏性地影响不同细胞内的酶活性，特别是在分解代谢过程中（Katsuhara et al.，1997）。本节四种牧草中，高冰草耐碱能力最强，苗长伸长受 Na_2CO_3 影响最小，其通过促进增加苗长来适应盐碱环境。

从本节可以得到以下结论：①高冰草种子是四种牧草中耐碱能力最强的，在较高浓度 Na_2CO_3（100 mmol/L）条件下仍有部分种子萌发，如果能够适应松嫩平原西部冬季低温等特殊的生态环境，有望成为该地区的优质牧草，因此今后需要对其耐寒等特性进行深入研究。②俄罗斯新麦草和苇状羊茅种子能够在低碱条件下萌发和生长，但萌发期间，不能长时间暴露在盐碱环境中。③羊草是碱敏感性植物，低浓度碱就能显著抑制其萌发，碱胁迫导致其强迫性休眠，但能够保持活力，能够在碱胁迫解除后继续萌发，这是其长期适应该地区盐碱环境的一种重要特性。但羊草苗期耐碱能力差，在重度苏打盐碱土中种植羊草需要考虑如何避开这一敏感阶段，这是提高羊草成活率和保苗率的关键。

第三节　松嫩盐碱地本土植物种子萌发及耐盐碱性比较

世界盐碱地面积约为 10 亿 hm^2。近几十年来，植被生物修复已经成为一个有效、廉价以及环境可接受的盐碱地改良措施（Qadir et al.，2006；Rajput et al.，2013）。国内外学术界非常重视盐碱地植物种质资源调查和评价工作。美国农业部盐土实验室在相关方面走在世界前列。他们依据植物对土壤盐碱反应模型开展了 65 种草本植物、35 种蔬菜和果树、27 种纤维和禾谷类作物的耐盐性评价，建立了多种植物的相对耐盐性数据库。耐盐程度依次列为敏感、中度敏感、中度耐性、强耐性。尽管其中许多数据仍有待进一步验证，但这是研究耐盐碱植物种质资源及利用的重大基础性工作。Aronson（1989）在查阅了世界许多国家和地区盐生植物资源文献的基础上，编著了《世界盐生植物数据库》，著作中收集了盐生植物 1560 种，隶属 117 科，550 余属，较为详细地记载了各种盐生植物的类型、地理分布、耐盐极限、光合途径和经济用途等。该书成为世界盐生植物资源研究的经典之作。印度学者研究了不同植物种类对交换性钠含量高的碱性土壤的耐性，以植物相对生物量对土壤碱化度的反应作为评价植物耐碱性的指标。澳大利亚联邦科学与工业研究组织（Commonwealth Scientific and Industrial Reasearch Organisation，CSIRO）植物研究所以 Munns 为代表的学者则更多侧重于小麦等大田作物的耐盐机理和评价研究。实际上，耐盐碱植物种质资源调查和评价正成为国际学术界的一个热点。第十五届世界土壤学会盐渍土专题研讨会提出，植物耐盐性及耐盐植物（品种）应用研究是人类适应、改造盐渍环境的重要环节。学者们呼吁要加强时空变化条件下植物耐盐性及其耐盐指标研究，不同植物物种对盐胁迫的耐性、盐生植物在盐分循环中的作用以及盐生和耐盐作物在生产和生态环境改善中的基础和应用基础研究。

我国盐碱地植物种质资源评价更多侧重于不同植物耐盐碱能力的鉴定和筛选，初步明确了多种耐盐碱植物适合生长的土壤含盐量范围。耐盐碱性指标除植物的生物学指标外，还提出以叶片中钠离子浓度、钠/钾作为耐盐能力评价指标。李建东等（2001）报道了东北松嫩平原禾本科牧草籽粒苋（*Amaranthus hypochondriacus*）、饲料酸模（*Rumex acetosa*）等作物的耐盐碱性研究成果。赵可夫和范海（2005）编著的《盐生植物及其对盐渍土生境的适应机理》一书，对我国盐生植物做了全面系统阐述，其中关于东北平原盐渍土区，重点指出了碱化土壤区域分布的主要草本优势种和伴生种植物种类，如角果碱蓬（*Suaeda corniculata*）、碱茅（*Puccinelia distans*）、藜科植物等。

植物在盐碱条件下萌发特性是筛选耐盐碱植物和发展植被恢复工程的重要标准（Sosa et al.，2005；Zheng et al.，2005）。植物耐盐碱特性在不同物种之间存在很大的差异。Baskin 和 Baskin（1998）列举了 65 个耐盐碱植物的种子在盐碱胁迫下的萌发特性。对大部分物种来说，萌发速率一般在没有盐碱胁迫条件下最高，随后随着盐碱胁迫的增加而下降。但有一些物种低浓度的 NaCl 没有抑制其萌发，而有的还促进其萌发速率（Croser et al.，2001；Huang et al.，2003；Muhammad and Hussain，2012）。然而，以前更多的研究注重一个或者几个物种对盐分的胁迫响应，很少对同一个地区的多个植物物种进行比较研究（Bayuelo-Jiménez et al.，2002；Easton and Kleindorfer，2009；Al-Hawija et al.，2012），对盐生植物种子萌发的研究还远远不够（Khan and Gul，2006），对物种之间耐盐碱特性的比较具有重要的基础和应用前景，特别是对筛选恢复植被和盐碱地改良具有重要意义（Easton and Kleindorfer，2009）。

松嫩平原主要包括吉林省西部、黑龙江西南部和内蒙古的部分地区，是重要的放牧和割草草场，也是世界上主要的苏打盐碱地分布区。20世纪60年代以来，由于过度放牧和人类不合理的开发利用，盐碱化面积不断增大。在这一地区，土壤盐分以苏打为主，呈碱性，pH多在8.5以上，其中pH大于9.0的重度盐碱地占40%以上，土壤物理性状恶化，植被退化严重，为我国东北典型生态环境脆弱地区。多数研究关注羊草和苜蓿等物种的耐盐碱特性，而很少对其他物种的耐盐碱性进行筛选和鉴定。

盐碱地植物是陆地生态系统物种宝库的重要组成部分。东北松嫩平原耐盐碱植物种质资源丰富，耐盐碱植物在盐碱退化环境治理、保护区域生态安全、促进人与自然和谐发展等方面发挥着不可替代的作用。东北松嫩平原以温带草甸草原景观为主要特征，盐生植物和耐盐碱植物种类分布广泛。然而，大规模盐碱地农业开发等人类活动必然对盐碱地天然植被的生物多样性产生影响。加深对盐碱地植物资源性质、生态功能及经济价值的认识，对盐碱地植物种质资源保护和利用具有重要意义。为了更好地恢复植被，本节对采集的18种松嫩平原本土生长的植物种子进行耐盐碱性鉴定，旨在为筛选耐盐碱植物种质资源提供理论依据，为盐碱地的植被恢复提供思路。

一、材料和方法

（一）研究区概况

实验区选在松嫩平原西部的中国科学院大安碱地生态试验站，它是松嫩草地的一部分。该地区的气候为半干旱到干旱季风气候，年平均气温为 5.93℃，1 月份平均气温最低为-14.93℃，7 月份平均气温为 23.60℃。根据 30 年的气象资料（1971～2000 年），年平均降水量为 350～450 mm，其中 70%～80%出现在 7～9 月份。整体上该地区的年蒸发量为 1600～3800 mm，远超过了年降水量。

该地区地上植被随着不同退化程度存在很大的异质性。在轻度盐碱化地区，羊草是主要的建群种，但其高度和密度从 1970 年以来发生了很大的退化；在中度退化盐碱地区，以虎尾草单优群落为主；在重度退化地区，只有碱蓬能够正常生长。如果继续退化，没有植物能够正常生长，草地就会出现了大量的盐碱光斑。黑钙土是该地区的主要土壤类型，有机质含量达 2.0%，腐殖质含量为 1.4%，总氮含量为 0.5%～1.0%（Chi et al.，2012）。

（二）种子采集

2011 年 6～10 月在中国科学院大安碱地生态试验站采集了 18 个物种的种子，实际包括种子、瘦果、硕果等，至少五株混合在一起。风干之后，将种子放在牛皮信封内，放在室温下，2012 年 2 月在实验室内开展种子萌发实验。

（三）种子萌发

萌发实验进行时间为 2012 年 2～4 月。将 NaCl 配成浓度为 0、50 mmol/L、100 mmol/L、

150 mmol/L、200 mmol/L、300 mmol/L、400 mmol/L 和 500 mmol/L 的溶液。将上述消毒种子放在铺有单层滤纸的 9 cm 玻璃培养皿内，每个物种每种 NaCl 浓度 4 次重复，每个重复 20～50 粒种子（具体数目根据种子数目的多少决定）。每个培养皿内加入 10 mL 上述盐溶液，对照中加 10 mL 蒸馏水，用封口膜封口，以防止溶液蒸发。发芽温度为 16℃/28℃，高温 12 h 光照 [光强 54 μmol/（m²·s）]，低温 12 h 黑暗。连续 3 d 没有新种子萌发的时候，结束实验。

$$种子发芽率（\%）=萌发的种子数/供试种子数×100$$

50%萌发率需要的时间计算公式（Farooq et al.，2005）：

$$T_{50} = t_i + (N / 2 - n_i)\,(t_j - t_i)/(n_j - n_i)$$

式中，N 为供试萌发的种子总数；n_i 和 n_j 是在 t_i 和 t_j 时间萌发的种子总数，$n_i < N/2 < n_j$。

（四）统计分析

利用 SPSS10.0 对数据进行统计分析，将发芽率转化成反正弦的形式之后进行 ANOVA 分析。采用 Duncan 方法多重比较，用最小显著差法（LSD）在 0.05 概率水平确定各个平均值之间的差异显著性。利用 Origin7.5 软件绘图，图中的数据均为平均值 ± SE。根据不同盐浓度下种子的发芽率和耐盐碱指数，利用 SPSS 进行聚类分析。

二、结果与分析

非盐碱胁迫条件下，种子萌发率之间存在着显著的种间差异。18 个物种中有 6 个物种的发芽率在 90%以上，包括碱蓬（*Suaeda salsa*）、稗草（*Echinochloa crusgalli*）、鹅绒藤（*Cynanchum chinense*）、猪毛蒿（*Artemisia scoparia*）、平车前（*Plantago asiatica*）和抱茎苦菜（*Ixeris sonchifolia*）。3 个物种发芽率在 50%～70%，分别为苜蓿（*Medicago sativa*）、反枝苋（*Amaranthus retroflexus*）以及蒲公英（*Herba Taraxaci*）。其余物种的发芽率均低于 50%，分别为虎尾草（*Chloris virgata*）、中亚滨藜（*Atriplex centralasiatica*）、茵陈蒿（*Artemisia capillaries*）、尖头叶藜（*Chenopodium acuminatum*）、短芒大麦草（*Hordeum brevisubulatum*）、野葱（*Allium chrysanthum*）、益母草（*Leonurus japonicus*）和长裂苦苣菜（*Sonchus brachyotus*）；而草木樨（*Melilotus officinalis*）没有种子萌发（图 9-10）。

如图 9-10 所示，不同物种以及不同浓度 NaCl 处理之间的 T_{50} 存在着显著的差异。在非盐碱胁迫下，所有物种的 T_{50} 为 0.5～7.7 d。其中猪毛蒿种子萌发的 T_{50} 最短，仅为 0.5 d，野葱最长，为 7.7 d。随着 NaCl 浓度的增加，一些物种的 T_{50} 呈上升趋势，如抱茎苦菜和平车前。但是，一些物种如羊草、稗草和益母草等，没有显著的变化。

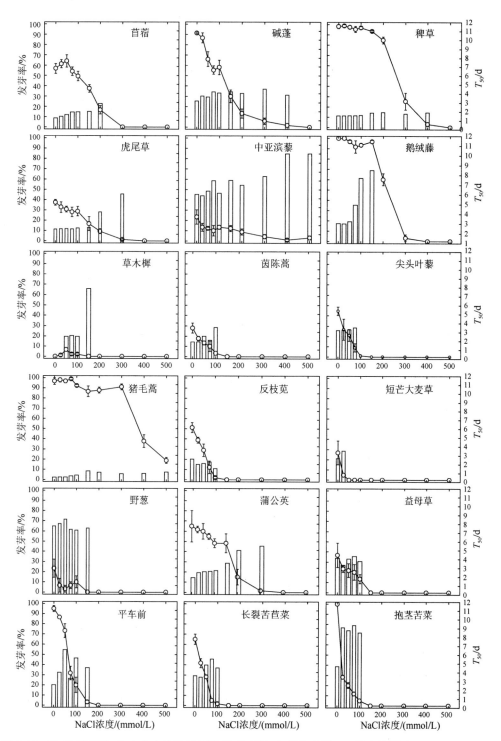

图 9-10　NaCl 浓度对 18 个本土物种种子发芽率（线）和萌发时间 T_{50}（柱）的影响（Ma et al.，2014）

图中数据为平均值±SE；在某些浓度种子没有萌发的，同时没有 T_{50} 值

NaCl 浓度对 18 个物种种子发芽率影响如表 9-3 所示。单因素方差分析的结果表明，盐碱胁迫显著抑制了所有物种种子的萌发，且不同物种间存在着显著差异。

表 9-3 NaCl 浓度对 18 个物种种子发芽率影响的单因素方差分析

物种	拉丁名	df	SS	MS	F 值	p 值
苜蓿	*Medicago sativa*	9	19726.5	2191.8	49.966	0.000
碱蓬	*Suaeda salsa*	9	33154.8	3683.9	59.290	0.000
稗草	*Echinochloa crusgalli*	9	47398.5	5266.5	174.003	0.000
虎尾草	*Chloris virgata*	9	5890.8	654.5	15.835	0.000
中亚滨藜	*Atriplex centralasiatica*	9	1149.9	127.8	3.584	0.008
鹅绒藤	*Cynanchum chinense*	9	54720.8	6080.1	228.0	0.000
草木樨	*Melilotus officinalis*	9	133.3	14.8	4.967	0.001
茵陈蒿	*Artemisia capillaries*	9	2567.6	285.3	16.330	0.000
尖头叶藜	*Chenopodium acuminatum*	9	6506.6	723.0	14.012	0.000
猪毛蒿	*Artemisia scoparia*	9	21374.9	2375.0	33.713	0.000
反枝苋	*Amaranthus retroflexus*	9	10003.9	1111.5	33.713	0.000
短芒大麦草	*Hordeum brevisubulatum*	9	1907.5	211.9	5.190	0.000
野葱	*Allium chrysanthum*	9	1413.3	157.0	2.771	0.028
蒲公英	*Herba Taraxaci*	9	20303.3	2255.9	17.579	0.000
益母草	*Leonurus japonicas*	9	4840.8	537.9	6.454	0.000
平车前	*Plantago asiatica*	9	41153.3	4572.6	94.605	0.000
长裂苦苣菜	*Sonchus brachyotus*	9	14354.2	1594.9	106.327	0.000
抱茎苦菜	*Ixeris sonchifolia*	9	25924.2	2880.5	691.311	0.000

资料来源：Ma et al.，2014。

根据不同浓度下种子的发芽率对 18 个物种进行聚类分析，结果如图 9-11 所示，共分为 4 组。第一组包括 11 个物种，分别为虎尾草、中亚滨藜、草木樨、茵陈蒿、尖头叶藜、反枝苋、短芒大麦草、野葱、益母草、长裂苦苣菜和抱茎苦菜，为耐盐碱性最弱的或者没有萌发的物种；第二组包括 4 个物种，分别为苜蓿、碱蓬、蒲公英和平车前，均具有一定的耐盐碱特性；第三组包括两个物种，分别为稗草和鹅绒藤，具有较强的耐盐碱性；第四组包括 1 个物种，为猪毛蒿，耐盐碱性最强。

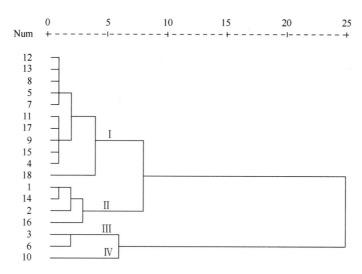

图 9-11　松嫩平原 18 个物种不同 NaCl 浓度下的发芽率特性聚类图（Ma et al.，2014）

数字 1～18 分别表示物种苜蓿、碱蓬、稗草、虎尾草、中亚滨藜、鹅绒藤、草木樨、茵陈蒿、
尖头叶藜、猪毛蒿、反枝苋、短芒大麦草、野葱、蒲公英、益母草、平车前、长裂苦苣菜、
抱茎苦菜。Ⅰ、Ⅱ、Ⅲ和Ⅳ分别表示 4 种耐盐碱聚类，耐盐碱能力从Ⅰ至Ⅳ逐渐增强

三、小结与讨论

我们的实验结果证实了盐生植物具有一定的耐盐碱特性，但是耐盐碱水平存在着显著的种间差异，这与其他一些相关研究结论一致（Ashraf and Harris，2004；Easton and Kleindorfer，2009）。梭梭（*Haloxylon ammodendron*）种子耐盐碱能力高达 200 mmol/L（Huang et al.，2003），猪毛菜（*Salsola affinis*）种子耐 NaCl 能力为 400 mmol/L（Wei et al.，2008），无芒雀麦（*Bromus inermis*）耐盐碱能力为 20 mmol/L 的 NaCl（Yang et al.，2009）。在本节中，300 mmol/L NaCl 处理的猪毛蒿种子的发芽率与对照之间没有显著的差异。同样，200 mmol/L NaCl 处理的稗草和中亚滨藜的发芽率与对照之间亦没有显著的差异。然而，我们也发现有些物种的种子发芽率在低浓度的 NaCl 条件下急剧下降，如抱茎苦菜。一些文献也报道了低浓度的盐分能够促进物种种子萌发（Croser et al.，2001），本节中苜蓿也观察到了这一现象，25 mmol/L NaCl 处理的种子发芽率略高于对照。

即使是耐盐碱的植物的种子萌发对盐也具有一定的敏感性（Debez et al.，2004；Vicente et al.，2004）。在本节中，随着盐浓度的增加，耐盐碱浓度阈值(种子萌发完全被抑制)在物种之间也存在很大的差异。本研究中多数物种在 NaCl 浓度高于 300 mmol/L 时，没有种子萌发，但是猪毛蒿在 500 mmol/L NaCl 下仍有 18.7%的发芽率。Yildirim 等（2011）发现，毛酸浆（*Physalis ixocarpa*）的种子仅在 NaCl 低于 90 mmol/L 的条件下萌发，而盐节木（*Halocnemum strobilaceum*）和 *Kalidium capsicum* 分别在 NaCl 浓度低于 500 mmol/L 和 400 mmol/L 时均能萌发（Qu et al.，2008），而节藜属植物（*Arthrocnemum macrostachyum*)的种子在 1000 mmol/L NaCl 溶液中仍然有 10%的发芽率(Khan and Gul, 1998)。

在本节中，一些物种种子的萌发随着 NaCl 浓度的增加延迟，这一现象在其他一些盐生植物中也有报道，如藜麦(*Chenopodium quinoa*)(Koyro and Eisa, 2008)、羊草(马红媛等，2009a，b)和长叶金合欢(*Acacia longifolia*)(Morais et al., 2012)等。Bayuelo-Jiménez 等(2002)研究发现菜豆属植物(*Phaseolus leptostachyus*)在 180 mmol/L NaCl 下 T_{50} 增加了 6 d。一旦水分条件适宜，盐生植物种子萌发速度一般较快，这是其适应盐碱生境以及充分利用土壤水分降低盐分危害的一种策略(Easton and Kleindorfer, 2009)。对生长在高盐胁迫下的盐生植物来说，充分利用降雨，减少盐分对种子萌发的危害，并迅速完成萌发，是保证其成活和成功建植的关键。

国内外已经有成功应用耐盐碱植物改良盐碱地和恢复盐碱地植被的报道(Tanner and Parham, 2010)。研究盐生植物种子在盐碱生境下萌发的阈值，是评价其是否适应盐碱环境的重要标准(Dasgan et al., 2002; Sosa et al., 2005; Khan and Gul, 2006; Ghaloo et al., 2011)。本节中，我们对 18 个物种的萌发特性进行了聚类分析，发现猪毛蒿、稗草和鹅绒藤具有很强的耐盐碱特性；苜蓿、碱蓬、蒲公英以及平车前也表现出一定的耐盐碱能力，这些物种可以考虑作为盐碱地植物改良的先锋植物，或者对其耐盐碱基因进行深入研究和挖掘，为培育耐盐碱优质牧草品种提供材料。

第十章　松嫩盐碱化草地羊草植被恢复措施

目前我国约90%的羊草草地发生了不同程度的退化，退化之后地表覆盖度降低，有的甚至出现裸露，地下水分强烈蒸发，容易发生盐碱化。轻度盐碱化的草地，在停止干扰之后，可依靠羊草草地本身的自组织能力，恢复演替至原有植被类型；当羊草植被重度退化之后，干扰超过了草地生态系统承受的阈值，这时完全依靠系统的自恢复能力作为生态恢复动力，则很难取得理想的效果，必须人为正向干扰，增加物质、技术和能量的投入，促进植被向良性循环方向发展（祝廷成，2004）。目前常规的方法有围栏封育、松土、铺枯草等，这些方法取得了一定的成效。本章从种子生态学的角度出发，探讨土壤种子库恢复羊草植被的可行性，并进一步研究打破羊草种子休眠、进行田间育苗的方法；并根据其强大的无性繁殖能力，探讨在中重度的苏打盐碱地进行移栽恢复羊草植被的潜力。

第一节　利用土壤种子库恢复松嫩碱化草地的研究现状

土壤种子库是指存在于土壤上层凋落物和土壤中全部活的种子，是植物对胁迫环境适应机制和植被恢复演替研究的关键内容（Klug-Pümpel and Scharfetter-Lehrl，2008；Qiu et al.，2010）。作为退化植被动态的重要组成部分（Aerts et al.，2006；Kassahun et al.，2009），土壤种子库直接影响着生态系统的复原能力（Wang et al.，2005；Liu et al.，2009）。利用当地土壤种子库恢复植被是不损坏遗传区域性前提下，恢复遗传多样性最有效的方法（Uesugi et al.，2007）。土壤种子库成为生物地理学和种子生态学的重要研究领域（Fenner，2002）。

在人类活动影响下，生物个体、群落、生态系统发生了不同层次的改变（Norvig et al.，2010），由此引起的土壤种子库的变化已经在国内外森林（张玲和方精云，2004；Shen et al.，2007）、温带草原（包青海等，2000；燕雪飞和杨允菲，2007a；仝川等，2009）、高寒草甸（邓自发等，1997；Ma et al.，2010，2014）、沙地（Yan et al.，2005；Zhao et al.，2005）和湿地（刘桂华等，2007；Wang et al.，2009）等生态系统的研究中得到证实，表明生态系统演替是土壤种子库特征变化的重要影响因子（Erfanzadeh，2010a）。尤其在干旱和半干旱区草地生态系统，在自然和人类活动双重影响下，发生了显著的退化演替，优良牧草被杂草或木本物种所替代，甚至变成光斑地（Wu et al.，2005；Busso and Bonvissuto，2009；Kassahun et al.，2009）。

松嫩平原位于大陆性季风气候区半干旱地带，是我国著名的生态脆弱带、气候和环境变化的敏感带、农牧交错带，以温带草甸草原景观为典型特征。羊草是该地区原始优势植被，具有耐寒、耐旱、耐盐碱等优良特性，同时营养价值高，被称为"国之瑰宝"。然而自 20 世纪 60 年代后，在人类过度放牧等不合理利用和全球变化的双重影响下，90%的草地发生了不同程度盐碱化，且仍呈现增加趋势，随着盐碱化程度加重，草地群落出现了次生演替群落。轻度盐碱化草甸仍然以羊草群落为主，而在土壤 pH 高的碱斑上，只有雨季生长碱蓬、碱地肤等一年生盐碱植物，碱斑边缘经常环形生长星星草、朝鲜碱茅、野大麦、碱蒿、西伯利亚蓼等多年生耐盐碱植物（杨允菲，1990），出现了典型的羊草草甸→羊草+虎尾草→羊草+碱蓬→碱蓬→碱斑等退化演替规律，生态环境现状日趋恶化。近年来学者对松嫩平原不同退化演替阶段的土壤种子库进行了初步研究，本节对这些报道进行了归纳总结，并对未来该地区的土壤种子库研究工作进行了展望（马红媛等，2012b）。

一、松嫩碱化草甸不同演替群落土壤种子库的密度及季节动态

土壤种子库中的每个物种或种群的种子都有时间和空间尺度：在空间上具有水平及垂直分布格局，反映了种子向土壤中的初始分布和以后的运动状况（于顺利和蒋高明，2003）；在时间上具有季节动态和年际变化，自然条件下种子库的时间动态受诸多生态因子的影响，包括植物生殖物候特性，成熟种子的散布、被捕食情况，土壤中的保存、萌发以及在适宜条件下长成幼苗等。对松嫩碱化草地土壤种子库研究始于 20 世纪 90 年代初，集中在对不同群落土壤种子库的组成和大小以及季节动态的研究方面。

（一）不同演替群落土壤种子库组成及密度

土壤种子库的组成和密度一直是该领域研究的基本内容，不同演替阶段土壤种子库的组成和密度存在差异，主要是因为土壤种子库是种子雨和种子损失之间的平衡，在演替初期，具有较高的种子密度主要是因为先锋物种种子输入量大且损失少（Erfanzadeh et al.，2010b）。例如，在半自然草地或草甸群落中演替表现为物种的数目和种子库大小在初始演替阶段增加（Marcante et al.，2009）；在沙丘土壤种子库密度大小顺序为：固定沙丘>固定沙丘丘间低地>流动沙丘丘间低地>流动沙丘（Yan et al.，2005）。土壤种子库的组成和密度也会对地上植被有一定的影响，二者存在相似性和不相似性两种关系，主要与不同群落类型以及演替阶段等影响因子有关（于顺利和蒋高明，2003）。

对松嫩碱化草甸不同单优盐生植物群落土壤种子库研究表明，松嫩平原碱化草甸星星草+羊草群落和星星草群落物种数为 10～12 个，且均以星星草为主（燕雪飞和杨允菲，2007b）。对 6 个单优盐碱植物群落研究表明种子库数目：虎尾草群落 > 星星草群落 > 翅碱蓬群落 > 角碱蓬群落 > 獐毛群落 > 羊草群落，除了羊草群落外，其他 5 种群落优势种的种子数量均占有最大比率，一般又以一年生植物群落的为更大（杨允菲和祝玲，1995）。对虎尾草群落、角碱蓬群落、翅碱蓬群落和碱地肤群落的土壤种子库的组成及其空间结构研究表明，种子库存量都很大（15 480～63 730 个/m²），但是物种数目很少，每个群落仅为 3～4 种（燕雪飞和杨允菲，2003）。

在松嫩碱化草甸中，土壤种子库研究结果表明，在演替初期种子库与地上植被存在较高的相似性；随着演替进程的增加，二者相似性降低。对虎尾草群落（演替初期）、星星草群落（演替中期）、星星草+羊草群落（演替后期）、羊草群落（演替顶级）四个恢复演替系列群落土壤种子库组成和密度研究表明，随着恢复演替进程的进行，群落物种组成呈增加趋势，群落优势种在土壤种子库中所占比例呈现不同幅度的降低（燕雪飞和杨允菲，2007b），在演替顶级羊草群落中，土壤种子库物种数目最多为 11 种，但没有羊草种子（王正文和祝廷成，2002）。

松嫩碱化草甸不同演替群落土壤种子库组成及密度研究相对较多，研究均以不同群落作为演替的进程，缺乏对关键生境因素的考虑。因为不同群落的形成可能与微地形、盐碱程度等生境因子有关。

（二）不同演替群落土壤种子库时间动态

土壤种子库时间动态研究对于了解土壤和植被动态、预测种子寿命和种子库类型划分具有重要意义。土壤种子库的组成和大小随时间呈现有规律的变化，尤其是其物种组成和数量具有季节动态（于顺利和蒋高明，2003）。较多物种的种子散布后，在土壤中存留较短的时间就萌发，而另外一些物种的种子除有一部分萌发外，另有一部分仍留存在土壤中，处于休眠状态（Russi et al.，1992）。在生长季开始前的种子库密度和物种丰富度总体上小于生长季结束前（李雪华等，2007；徐海量等，2008）。不同种类植物的土壤种子库受植物本身的生物学特性、传播方式和所处环境的影响而表现出不同的时间动态特征。除了季节变化，土壤种子库还有年际变化，主要受气候因子变化、植被演替以及结实周期性变化控制（刘志民，2010）。

对松嫩平原碱化草甸土壤种子库的时间动态研究相对较少，且集中在季节变化方面。研究表明，星星草+羊草群落和星星草群落土壤种子库组成，在 4～9 月，两个群落的土壤种子库均以多年生草本植物为主，星星草+羊草群落共出现 12 种，而星星草群落为 10 种，并均以星星草占比例最大，分别为 66.8%～92.9%和 75.3%～97.7%，种子库相似性系数在 6 月最大。星星草+羊草群落种子库密度在 7 月最大，星星草群落在 8 月最大；而两个群落的物种多样性指数和均匀度指数则分别在 7 月和 8 月最小（燕雪飞和杨允菲，2007a）。在温带草原，4 月、5 月和 9 月是土壤种子库的稳定时期，大多数种子散布基本完成，下一个萌发季节还没有来临。6 月、7 月和 8 月则是种子库活动时期，种子输出与输入正在进行，可见在种子库活动时期二者的种类组成相似性较大，其差异主要体现在休眠种子库（燕雪飞和杨允菲，2007a，2007b；刘燕，2009）。以上研究可以看出，对该区域土壤种子库年际变化的研究较少，缺乏长期定位研究。

二、土壤种子库的输入和输出动态

土壤种子库的动态主要取决于种子输入和输出两方面因素。种子输入主要来源于种子雨、外来种子的散布；输出主要包括种子萌发、二次扩散、被动物取食、生理死亡、微生物的侵蚀等。大量研究表明，种子由于疾病、衰老以及作为饲料等原因损失掉大部分，只有小部分能够形成活的种子库种群（Cabin and Marshall，2000）。在种子成熟季节，种子脱落并散布在地上，并在植物周围形成散落图，在干旱地区，此过程受风、捕食、地上植被以及微地形的影响，这些因子互作形成了物种时间和空间种子库格局（Wang et al.，2005）。

（一）种子雨组成和动态研究

种子雨是植物生命史动态过程中一个不可缺少的环节，与种子库关系密切，是土壤种子库的主要来源，决定着土壤种子库的物种组成和大小（白文娟等，2007；于顺利等，2007）。由于生态系统之间和生态系统内部地上植被组成和地形、土壤养分等环境条件的差异，种子雨组成和大小在空间分布上存在不均一性；这种差异性将进一步引起种子库组成和格局的改变（Urbanska and Fattorini，2000）。但由于种子雨存在时间短暂性，与种子库研究相比对其研究相对较少。目前，研究内容主要集中在种子雨的物种组成、时间和空间动态、扩散距离和环境条件等方面（Nathan，2006）；而对于种子雨和土壤种子库的关系及其机理研究较少，且生态系统类型上主要集中在森林生态系统（张健等，2008），而对草甸生态系统研究相对比较薄弱。

对松嫩平原大针茅群落种子雨连续 7 年定位观测的结果表明，植物种类为 48 种，优势种大针茅的种子雨密度仅占各年度种子雨密度的 0.3%～1.3%，其优势地位主要依靠营养繁殖来维持（杨允菲和祝廷成，1991）。羊草群落的研究结果与之相似，为 340 粒/m²，占种子雨密度的 4.8%，种子与产量较低，主要与它们在自然界中以营养繁殖有关（杨允菲和祝廷成，1989）。前人对该区次生盐碱斑种子流及其对生态恢复的意义进行了初步研究，表明在盐碱斑存在一定的种子流，但很难形成种子库（何念鹏等，2004；Wu et al.，2005）。总体上，对松嫩碱化草甸种子雨的研究大多集中于对单个种群、单个季节以及较短距离内，而较少考虑种子散落的生境条件、年季差异和种群内部以及种群之间的相互作用。长期定位研究碱化草甸不同演替阶段种子雨特征与土壤种子库的关系及其机制，有利于深入揭示种子雨与系统演替、种子雨与种子库格局关系及其机制研究。

（二）种子的休眠和萌发特征

埋藏在土壤中的休眠种子是土壤种子库研究中最受关注的内容，因为这部分种子组成的土壤长久种子库，对植被的长效恢复更加重要（于顺利和蒋高明，2003；闫巧玲等，2005），也是植物对胁迫环境适应机制研究的关键内容（Baskin and Baskin，1998；Jarvis and Moore，2008；Martínez-Duro et al.，2009）。种子的休眠和对环境的响应对种子库动态的影响至关重要（Leck and Schütz，2005）。Baskin 和 Baskin（1998）对世界上 15 个植被区域类型 7351 个物种的休眠和非休眠种子的生物地理分布研究表明，休眠种子占 70.1%。种子萌发是土壤种子库输出的主要方式之一，受温度、土壤水分、光照、盐分等生态因子的影响，种子休眠与生态因子互作，产生低风险萌发策略，促进土壤种子库的形成（Leck and Schütz，2005）。在盐碱胁迫生境下，盐分是种子萌发的决定性因子（Song et al., 2008；Easton and Kleindorfer, 2009；Erfanzadeh et al., 2010a），随着土壤盐度增加，种子萌发数量减少，许多种子由于高盐及其低水势而进入休眠状态，甚至死亡（Huang et al., 2003；Qu et al., 2007；Wei et al., 2008）。因此，理解种子休眠和萌发对环境条件的响应，对于揭示和预测物种的生态适应性非常重要（Tang et al., 2009；Qiu et al., 2010）。

松嫩平原天然草地主要是羊草草地，但羊草种子具有深度休眠的特征。研究表明，羊草种子休眠属于生理休眠，休眠的关键部位为胚乳和稃（Ma et al., 2010b），贮藏4～8年的种子仍具有活力，可能会形成持久种子库。目前对松嫩草甸种子研究集中在羊草种子对盐碱胁迫、高 pH 胁迫、埋藏深度、光照、温度等生态因子的响应；对虎尾草、马唐、苜蓿、碱蓬、碱地肤等物种也有一定的研究。但以上研究还未直接与种子库的动态和组成相联系，需要加强地上种子生产、组成与种子库种子组成及动态间的关系研究（Ma et al., 2018d）。

（三）土壤种子库格局和动态的影响因素

土壤种子库格局和动态受诸多因子的影响。首先是受地上植被的影响，Whipple（1978）将土壤种子库与地上植被的关系分为有种子有植株，有种子无植株，无种子有植株，无植株无种子四种情况，土壤种子库格局和动态与地上植被的关系因不同演替阶段而存在显著的差异。此外，种子产量与种子库格局直接相关，但种子通过水、风或动物的传播改变了土壤种子库的组成和数量动态（Chambers and MacMahon, 1994）。放牧、刈割和火烧等人为干扰也是引起土壤种子库变化的重要因子。因此，地上植被的结实特性、种子个体大小、种子的休眠和萌发特性、种子传播方式及传播到的土壤环境（微地形、温度、水分、盐分、pH 等）都会影响土壤种子库的分布格局。此外，人类干扰也是土壤种子库分布格局与动态的重要控制因素。

前人对松嫩碱化草甸土壤种子库动态研究除了研究不同群落和不同演替阶段的土壤种子库物种组成和密度的时间变化动态之外，还对朝鲜碱茅、星星草、野大麦三种优良盐生牧草种子的散布格局及其散布因子等进行了研究，结果表明散布格局主要受风向、风速、坡向和坡度等因子的影响（李建东和郑慧莹，1997），但对盐碱等松嫩碱化草甸典型的生态因子的影响的研究还未系统开展。

三、土壤种子库对松嫩碱化草甸植被恢复的潜力

尽管地下土壤种子库与地上植被并非总有较高的相关性，但土壤种子库仍是植被恢复和植物就地保护的重要手段和有效措施（Page and Beeton, 2000；Solomon et al., 2007；Kassahun and Snyman, 2009）。例如，在中国浑善达克沙地，通过自然土壤种子库进行植被恢复效果比空播方法更为安全有效，多数退化的沙地能够在 3～5 年内得到恢复，这种"自然力恢复论"已经逐步成为国家生态治理的主流模式（Liu et al., 2009）。而一些干旱和半干旱草地在围栏多年之后也不能够得到恢复（Page and Beeton, 2000），种子库对植被的恢复作用取决于近十年放牧的程度及干旱的时间，在降雨相对较少的地区，利用种子库快速恢复植被是不可行的（Pujol et al., 2000）。对于盐碱退化区的植被恢复，

植物物种的演替依赖于其种子在高盐碱度土壤中的停留时间和在盐碱胁迫减弱时的萌发能力。研究表明，几乎所有盐生植物种子的萌发都对土壤盐碱程度极度的敏感，最大萌发率都出现在没有盐碱胁迫的环境下。盐碱度的增加能够减少种子的萌发率，推迟种子萌发的起始时间，导致种子萌发进程的整体延迟，过剩的盐能够降低幼苗从土壤中吸收水分的能力，导致幼苗的萎蔫和最终死亡（Pujol et al.，2000；Easton and Kleindorfer，2009），从而影响通过种子库恢复植被的进程。

由于利用过度，松嫩草地退化和盐渍化加重，次生光碱斑已广泛分布，已经有 1/3 的草地碱斑大面积连片，沦为弃地（李建东和郑慧莹，1997）。围栏封育是对退化草地恢复的简单易行的措施，经过长期围栏禁牧可恢复其土壤种子库物种组成和种子库规模（仝川等，2009）。在次生盐碱光斑地区，通过扦插玉米秸秆截留植物种子，丰富了土壤种子库，为植被恢复提供了必需的种源，使被截留的植物种子得以顺利定居、生长（Wu et al.，2005；Jiang et al.，2010）。通过打破羊草种子休眠进行育苗，成苗后进行羊草移栽，使羊草植被在重度盐碱地得以建植和恢复，实现无须经过碱蓬、虎尾草等恢复演替阶段，直接实现了跨越式恢复顶级植被的目的，也是利用人工埋藏种子库进行植被恢复的典型案例（梁正伟等，2008）。但总体而言，对于松嫩碱化草甸退化对土壤种子库植被恢复以及这一敏感生态系统的复原力的研究尚需深入系统进行。

四、存在的问题及研究展望

对松嫩碱化草甸地区土壤种子库的研究还处于起步阶段，主要以土壤种子库种子物种组成和密度（或大小）的调查为主，且研究时间相对较短。对不同演替阶段土壤种子库的时空格局与动态、原始优势建群物种羊草种子休眠和萌发对盐碱程度与胁迫时间的响应、土壤种子库演替与环境因子的定量关系以及种子库对群落未来演替方向和恢复潜力评价等研究还未开展，需要在以下四个方面进行加强研究。

（一）加强种子库形成格局机制及与环境要素耦合关系研究

土壤种子库规模、格局、影响因素和对环境的适应进化研究已成为我国陆地表层系统植被生态学和生物地理研究的重要内容。我国对松嫩碱化草甸土壤种子库研究有一定的积累，但多集中在种子库组成和密度等调查研究上，而对其形成格局与关键生境要素间的耦合关系研究较少；格局的形成机制研究中，缺少大尺度的生态-地理过程与微观生物机制的结合。

（二）深入开展持久种子库的长期定位研究

埋藏在土壤中的休眠种子是土壤种子库研究中最受关注的内容，因为这部分种子组成了土壤长久种子库，对被干扰或被破坏的植被恢复可提供潜在的种源（于顺利和蒋高明，2003；Yan et al.，2005），也是植物对胁迫环境适应机制研究的关键内容（Baskin and Baskin，1998；Jarvis and Moore，2008；Martínez-Duro et al.，2009）。种子持久性是植物生物学研究的基本问题之一，在植物群落保育和恢复中起着重要的作用，同时也是物种对土地利用和气候变化重要的潜在响应。而哪些特别的植物种群在松嫩草甸草原土壤中具有长久土壤种子库这一问题还未见报道，需要今后加强研究。这就需要改变以往短期地、间断地调查样地的研究方法，采用长期定位观测的研究方法。

（三）强化种子散布和休眠特性的研究，深入揭示土壤种子库格局形成机制

种子休眠及其对环境的响应对于研究种子库动态至关重要，种子休眠与光照、温度等生态因子互作，产生低风险萌发策略，促进土壤种子库的形成（Leck and Schütz，2005）。种子萌发是土壤种子库输出的主要方式之一，受所处生境的温度、土壤水分、光照等影响，而盐分是种子萌发的决定性因子（Song et al.，2008；Easton and Kleindorfer，2009；Erfanzadeh et al.，2010a），随着土壤盐度增加，种子萌发数量减少，许多种子由于高盐及其低水势而进入休眠状态，甚至死亡（Huang et al.，2003；Qu et al.，2007；Wei et al.，2008）。因此，理解种子休眠和萌发对环境条件的响应，对于揭示和预测物种的生态适应性非常重要（Tang et al.，2009；Qiu et al.，2010）。

生态系统中的关键种对整个生态系统起着控制作用，代表了群落恢复的潜力和趋势，应重视关键种或建群种的种子动态。松嫩平原植物种子结实、散布、休眠和萌发等方面研究集中在羊草（Shi et al.，1998；Ma et al.，2010b；Ma et al.，2015b）、野大麦（杨允菲和祝玲，1994）、寸苔草（张春华和杨允菲，2001）、虎尾草（张红香和周道玮，2009）等物种，缺乏对更多物种种子休眠及萌发特性与实际环境因子相关性研究。并且目前多数研究都是基于室内的控制模拟，缺少系统的野外长期实地控制研究，阻碍了研究成果的野外普适性和应用的推广性。

（四）引入新的研究方法和技术

改善现有的研究方法和手段，增加调查结果的可靠性和准确度是今后土壤种子库研究的重要方向之一（刘志民，2010）。种子散布对种群动态、遗传结构、进化速度以及群落生态学具有重大的影响（Carlo et al.，2009；García et al.，2007），而跟踪种子从母株到远距离的地区散布机制很难，而这些地区却发生了重要的散布驱动的生态过程（Nathan，2006）。利用 ^{15}N 稳定同位素标记植物来跟踪研究特定植株种子的散布机制是一种廉价、可靠的新方法（Carlo et al.，2009），而目前这一方法还未展开应用。采用分子生物学技术进行种子库物种鉴定、遗传变异性等方面的研究，使土壤种子库研究的内容更具有深度和广度。

第二节　不同管理方式下土壤种子库特征及植被恢复潜力

土壤种子库格局及其生态过程研究已经成为生物地理学和种子生态学的重要研究领域（Fenner，2002）。同时，利用当地土壤种子库恢复植被是不损坏遗传区域性前提下恢复遗传多样性最有效的方法（Uesugi et al.，2007）。为此，许多国家启动了种子库的收集、保存和研究工作。自 20 世纪 90 年代以来，国内对土壤种子库的研究地域主要集

中在黄土丘陵、西北塔里木荒漠和东北科尔沙地以及东北的松嫩平原等地区。土壤种子库规模、格局、影响因素和对环境的适应进化已经成为我国陆地表层系统植被生态学和生物地理研究的重要内容，而且研究向宏观和微观两个方向发展。选择松嫩碱化草甸作为研究对象，研究羊草土壤种子库格局对草甸退化的响应及其机制，旨在加深对土壤种子库格局与生态系统演替之间关系的理解，深入土壤种子库对盐碱胁迫的响应机制研究，丰富土壤种子库地域和生态系统类型上的基础资料。

由于环境变化和人类的过度利用，自 20 世纪中期以来，世界许多不同的生态系统都发生了不同程度的退化，包括大部分的草地生态系统（Matus et al.，2005；Vecrin et al.，2007；Zhan et al.，2007；Schmiede et al.，2009）、湿地和滨海盐碱地（Zedler and West，2008；Wang et al.，2013）、森林生态系统（Shen et al.，2007）。这些退化生态系统的恢复成为生态学研究的热点问题（Krauss et al.，2010；Jacquemyn et al.，2011），恢复措施主要包括割草代替放牧（Shang et al.，2008），围栏（Stroh et al.，2002；Ma et al.，2013），补播恢复（Krauss et al.，2010；Zeiter et al.，2013）或者将根茎分蘖、植物幼苗直接移栽（Orth et al.，1999）。研究不同管理措施下生态系统的结构和生物多样性对于评价和预测未来恢复措施有重要的指导意义。然而，尽管一些研究探讨了管理措施对地上植被的影响，但对土壤种子库的研究相对薄弱。

土壤种子库是许多植物群落中植被恢复潜力的重要标志，也是生态系统稳定性的重要组成部分（González-Alday et al.，2009）。尽管在一些胁迫环境下根茎繁殖起着重要的作用（Bossuyt and Honnay，2008），但是土壤种子库在退化生态系统的植被动态中也起着关键的作用。特别是土壤种子库能够避开不适宜物种萌发和定植的条件（Bossuyt and Honnay，2008）。研究土壤种子库及其与地上植被的关系对维持自然群落的动态有重要作用，反过来对研究土地管理措施有重要的借鉴作用（Hopfensperger，2007；Zeiter et al.，2013）。

前期的研究表明，不同的管理措施是影响土壤种子库组成的重要因子，这些研究之间的结论也存在着很大的差异。Shang 等（2008）比较了放牧、割草和废弃地的种子库密度和组成。研究发现，放牧样地种子库的密度最大，而废弃地最低。然而，Milberg（1995）和 Bakker 等（1996）发现种子库密度和物种丰富度在草地和退牧后 18 年的灌木或者天然林之间没有显著差异。Koch 等（2011）发现，土壤种子库的形成落后于地上植被，但是几十年之后土壤种子库和地上植被会达到一个平衡。尽管以上文献研究了不同管理措施下种子库的特征，但是对不同管理措施下的土壤种子库特征及对植被恢复的潜力研究还不够具体。

管理方式的改变能够影响植物繁殖和土壤理化性质的改变，从而会进一步影响土壤种子库的组成。Brys 等（2004）发现，土地废弃会导致物种丰富度急剧下降，而存留的植物的开花能力也有所降低。此外，牲畜对有性繁殖体的啃食（Cooper and Wookey，2003）、过度放牧（Sternberg et al.，2003）以及过高的割草频度（Mitlacher et al.，2009）可能是种子结实率和产量降低的因素。种子在土壤中的分布格局和持久性要受到土壤性质，如颗粒大小、结构以及土壤化学性质的影响（Hegazy et al.，2009）。种子库更新植被也局限在适宜的土壤条件下，主要是对种子萌发的影响（Solomon et al.，2006）。然而，学者对种子库和植被与土壤性质的研究较少，特别是对一些退化土壤，如盐碱化草地（Stroh et al.，2002）。

盐碱化草地一般具有较高的 pH（9.55~9.87）（Ma et al.，2014）、Na^+、交换性 Na^+（ESP）、碱化度，较低的 EC［本节中的 EC 为 0.13~0.33 ms/cm，Valkó 等（2014）为 0.98~2.8 ms/cm、Szabó 和 Tóth（2011）为 0.1~3.2 ms/cm］、土壤有机质含量和速效氮（Yu et al.，2010）等特性。土壤盐度和碱度是决定种子休眠和萌发的关键因子（Ma et al.，2014），也决定着地上植被的组成（Szabó and Tóth，2011）、种子产量和传播（Zeiter et al.，2013）。以前对盐碱地土壤种子库特征主要集中在内陆盐碱湿地、滨海湿地、沼泽化草地（Frieswyk and Zedler，2006；Erfanzadeh et al.，2010a），但是对内陆盐碱化草地的研究相对较少（Valkó et al.，2014；Gokalp et al.，2010）。

松嫩平原是欧亚草原带的一部分，多年生禾草植物羊草为优势建群种，是中国重要的割草地和放牧地。然而，由于人类的过度开发利用，特别是过度放牧，羊草草地严重退化。盐碱化面积大约有 $3.73×10^6 hm^2$，且以每年 1.4%的速率在增长（Yu et al.，2010）。原初的羊草草地发生了不同程度的退化，其结构和功能的丧失已经成为生态恢复的关键问题之一。因此，该地区的植被恢复已经成为研究的热点，特别是恢复关键物种羊草。近年来，许多管理方法如割草替代放牧、围栏封育、移栽等取得了很好的效果，在一定程度上羊草植被得到了很好的恢复（梁正伟等，2008；Jiang et al.，2010）。多数研究仅局限在管理方式对地上植被的影响，而对土壤种子库的研究不足。

为了评价退化羊草草地的恢复能力，本节研究了 10 年间四种不同管理方式下羊草草地的土壤种子库和物种丰富度，探讨了土壤性质和地上植被生长的关系。四种管理方式分别为持续割草处理，围栏封育处理，羊草移栽以及自然羊草群落（无割草和放牧）。我们提出了以下四个问题：①土壤种子库如何响应不同管理方式？②管理方式对羊草的生长及种子的产量有哪些影响？③不同管理方式下，盐碱化土壤的哪些指标影响土壤种子库和地上植被的组成；④从土壤种子库的角度出发，哪一种管理方式能够更好地恢复羊草植被？对以上问题的回答将会为退化草地生态系统中，不同管理方式的生态作用提供借鉴。

一、材料和方法

（一）研究区概况

研究区在松嫩平原的西部。气候属于中温带大陆性季风气候，春季干旱、多大风；夏季炎热、降水集中；秋季温差大、凉爽。年平均温度 4.3℃，7 月份温度最高（平均为 23.6℃），1 月份气温最低（平均为-17.6℃）（邓伟等，2006）。根据吉林省植被区划体系，该区属于西部平原草甸草原区的主体部分，羊草是代表性植被类型。年平均降雨量为 410 mm，其中 70%~80%发生在 7~9 月。年平均蒸发量为 1790 mm，约是年降雨量的 4 倍。本研究开展阶段 2010 年，中国科学院大安碱地生态试验站的降雨量和蒸发量分别为 185.7 mm 和 1525.0 mm；2011 年的降雨量和蒸发量分别为 374.0 mm 和 1511.7 mm。季节性干旱常常发生在春季和秋季，其中 90%的春季存在春旱。干旱使土壤表面积聚了大量的盐分，主要盐分为 Na_2CO_3 和 $NaHCO_3$，土壤 pH 为 8.5～11.0。土壤盐碱化程度的不同决定了植物物种的分布格局和植物生长状况的差异。羊草是轻度退化的盐碱地的优势植物，具有虎尾草（*Chloris virgata*）、碱茅（*Puccinellia chinampoensis*）、碱蓬（*Suaeda salsa*）、碱地肤（*Kochia sieversiana*）、碱蒿（*Artemisia anethifolia*）和西伯利亚蓼（*Polygonum sibiricum*）等伴生种。

本研究主要在 4 个不同管理措施的生境下开展，即割草、围栏、移栽和自然羊草草地。在恢复之前，实验样地为放牧草地。割草处理在姜家店割草场内开展，草地面积为 $2.5×10^4$ hm^2，每年 8～9 月份割草一次。围栏处理面积为 $0.5×10^4$ hm^2，草地用铁丝网作为围栏隔离，高度为 1m，不进行割草处理。羊草移栽处理为 2002 年在中国科学院大安碱地生态试验站进行，移栽的株距为 20 cm，行距为 40 cm，每穴内栽 3 株羊草，之后进行适当的水肥管理，保证羊草的成活率。

（二）研究方法

1. 土壤种子库取样

土壤种子库采集日期为 2011 年 4 月，种子萌发之前。在每个管理方式下的生境中，随机选取 3 个小区（6 m × 6 m）。为了减少所取土柱之间的差异，我们在每个小区内选取 12 个土柱，深度为 0～5 cm（这一深度是基于我们前期的预备实验，该地区土壤种子库主要集中在 0～5 cm 范围内），土柱的直径为 2.5 cm，将以上 12 个土柱混合，作为一个样品。将上述 4 种管理方式下的所有样品分别装在塑料袋内，带回实验室进行前处理。将大的块状的土壤用手捏碎、混匀。每个样品过 4 mm 和 0.2 mm 的土壤筛子，去掉根茎部分以及土壤中的石块等杂质。

2. 幼苗的萌发和鉴定

在 20 cm × 15 cm × 8 cm 的白色塑料盒内放置 6 cm 深的蛭石（120℃灭菌 24 h），将上述土壤分别放在上述塑料盒的蛭石表面，厚度为 1 cm，放置在温室下。温度和光照均为自然条件下的光温条件，温度 15～28℃，光照 12～14 h。温室下放置 10 个装有 6 cm 深灭菌的蛭石作为对照，最终实验中对照没有种子萌发。每天浇水保持土壤湿润但保证没有明显的水层。萌发幼苗根据植物检索表（傅沛云，1995）进行鉴定，鉴定之后从培养盒内移除。不能够及时鉴定的物种，移栽到装有土壤的培养桶内，长大后进行鉴定。连续两周没有萌发的幼苗，将土壤进行搅动，继续观察 4 周之后直至完全没有萌发的幼苗出现，本实验共持续了 5 个月。

3. 羊草植被的调查和种子产量动态

地上植被的调查是在 2011 年 7 月进行的，此时四种不同管理方式下的植物生长均为最佳时期。每个样地选取 3 个 1 m^2 的样方，调查每个样方内的物种的名称和个数。测定每个样方内羊草的个数，用刻度尺测定其高度（每个样方内选取 10 株）。之后每个样点选取 30 株羊草穗，测定结实特性及种子的产量。然而，在割草生境下没有发现羊草穗。

4. 土壤理化性质的分析

在上述地上植被调查的同时，在每个样点取 3 个直径 5 cm 深 10 cm 的土芯进行理化性质的分析。所有的土壤样品自然风干后，过 2 mm 的土壤筛。土壤有效氮（AN）、有效磷（AP）分别用 KCl 和 Na₂CO₃ 提取后测定。土壤有机碳（SOC）利用土壤总有机碳分析仪（TOC-VCPH）测定。土壤 pH 和 EC［土/水=1∶5（质量/体积）］分别用数显 pH 计（PHS-3C）和电导率仪（DDS-307）测定。可溶性的盐分则基于土水比为 1∶5 的浸提液测定。Na⁺、K⁺、Ca²⁺ 和 Mg²⁺ 利用原子吸收仪测定（澳大利亚 GBC 科技仪器有限公司），Cl⁻、NO₃⁻、HCO₃⁻ 和 CO₃²⁻ 均按照常规的方法测定（Yu et al.，2010；Yang et al.，2011）。碱化度和残余性碳酸钠（RSC）根据以下公式计算得到：

$$碱化度（Alkalinity）=（HCO_3^- + CO_3^{2-}）$$
$$残余性碳酸钠 RSC=（HCO_3^- + CO_3^{2-}）-（Ca^{2+}+Mg^{2+}）$$

钠吸附比（SAR）和钠离子交换量（ESP）则按照 Yang 等（2011）的方法测定。

5. 统计分析

利用单因素方差分析（ANOVA）不同管理方式下土壤种子库和地上植被的物种丰富度、种子或者植株密度、多样性指数、植株高度、结实率以及所有的土壤理化指标等的差异，在 0.05 水平上进行 Tukey 检验。在分析之间进行方差齐次性检验，如果需要，将数据进行合适的转化。所有的数据分析采用 SPSS 21.0 软件。利用 R 软件中的 Vegan 数据包（version 3.0.2）分析不同管理方式下的土壤种子库组成和地上植被的组成的相似性，进行非度量多维测度（NMDS）分析（Begon et al.，1986）。用 R 进行 NMDS 分析土壤种子库的密度、地上植被的丰富度等与土壤理化指标的关系，这些土壤指标包括 SOC、AN、AP、TK、Na⁺、Cl⁻、SO₄²⁻、pH、EC、RSC、碱化度、SAR 和 ESP（Wang et al.，2013；Oksanen，2014）。

二、结果与分析

（一）土壤种子库的组成

土壤种子库中共发现了 16 个物种（表 10-1），属于 7 个科，分别为禾本科（Poaceae）、菊科（Asteraceae）、豆科（Fabaceae）、藜科（Chenopodiaceae）、蔷薇科（Rosaceae）、莎草科（Cyperaceae）以及堇菜科（Violaceae），其中以禾本科植物居多。其中共发现 9 种多年生植物，2 种两年生和 5 种一年生植物。不同管理方式下的物种丰富度没有显著差异［图 10-1（a），表 10-2］（$F_{3,8}=1.199$，$p>0.05$）。土壤种子库的种子密度在不同管理方式下存在显著差异［图 10-1（b），表 10-2］（$F_{3,8}=12.794$，$p<0.01$）。最高的种子库密度为 30 348 个/m²，出现在围栏处理内，而最低值 2265 个/m² 则出现在移栽处理中。顶级植被羊草的种子库最多出现在移栽处理和自然羊草草地内，密度分别为 679 个/m² 和 736 个/m²。

表 10-1 割草、围栏、移栽和自然草地四种不同管理方式下 4 月份土壤种子库的种子密度

（单位：个/m²）

中文名	拉丁名	割草	围栏	移栽	自然草地
羊草	*Leymus chinensis*	0±0	0±0	736±150	679±259
碱茅	*Puccinellia chinampoensis*	0±0	16 249±9 814	57±57	0±0
虎尾草	*Chloris virgata*	3 454±247	10 361±4 817	170±170	226±226
狗尾草	*Setaria viridis*	2 378±643	1 132±1 132	0±0	0±0
细叶藜	*Chenopodium stenophyllum*	226±226	0±0	0±0	1 076±906
碱蓬	*Suaeda salsa*	623±623	0±0	0±0	0±0
苣荬菜	*Sonchus arvensis*	0±0	0±0	113±113	453±453
藨草	*Scirpus triqueter*	9 172±3 254	0±0	0±0	0±0
苦苣菜	*Sonchus oleraceus*	453±371	57±57	962±247	0±0
总裂叶堇菜	*Viola dissecta*	0±0	0±0	0±0	2 345±1 594
匍枝委陵菜	*Potentilla flagellaris*	906±743	793±709	57±57	0±0
少花米口袋	*Gueldenstaedtia verna*	113±57	0±0	0±0	226±226
线叶菊	*Filifolium sibiricum*	0±0	1 472±1 226	0±0	0±0
刺儿菜	*Cephalanoplos segetum*	0±0	57±57	0±0	0±0
拂子茅	*Calamagrostis epigejos*	0±0	57±57	0±0	0±0
尖头叶藜	*Chenopodium acuminatum*	1 132±709	170±170	170±98	0±0

资料来源：Ma et al., 2015b；

注：数据为平均值±SE。

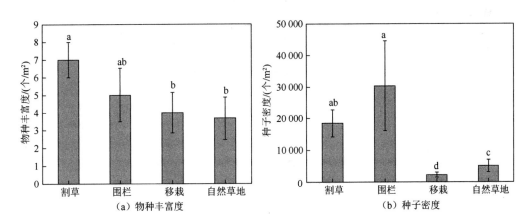

图 10-1 松嫩草地四种不同的管理方式下土壤种子库物种丰富度和种子密度（Ma et al.，2015b）

相同的小写字母表示 Tukey 检验处理之间不存在显著的差异，图中数据为平均值±SE

表 10-2 管理方式对土壤种子库和地上植被以及土壤指标影响的单因素方差分析

分类	F	df（N, D）	p	均方
种子库物种丰富度	1.199	3，8	0.370	0.091
种子库的密度	12.794	3，8	0.002	1.178
种子库多样性指数	1.297	3，8	0.340	0.3
植被多样性指数	4.008	3，8	0.052	0.3
SOC	8.974	3，8	0.006	2.1
AN	5.418	3，8	0.025	1847.8
AP	3.226	3，8	0.082	11.6
TK	4.449	3，8	0.093	5.8
Na^+	23.480	3，8	0.000	23 491.4
Cl^-	47.386	3，8	0.000	10 265.4
SO_4^{2-}	1.533	3，8	0.279	774.2
pH	2.258	3，8	0.159	0.2
EC	1.970	3，8	0.197	24 043.8
RSC	4.150	3，8	0.048	52 352.2
碱化度	5.040	3，8	0.030	53 777.8
SAR	34.545	3，8	0.000	464.3
ESP	3.040	3，8	0.093	5.8

资料来源：Ma et al.，2015b。

割草地的土壤种子库多样性指数显著高于其他三个管理方式下的种子库多样性指数，而围栏、移栽和自然草地的土壤种子的 Shannon 指数没有显著差异 [图 10-2（a），表 10-2]。地上植被的多样性指数也是以割草地最高，围栏和自然草地没有显著差异，移栽管理下的 Shannon 指数最低 [图 10-2（b），表 10-2]。

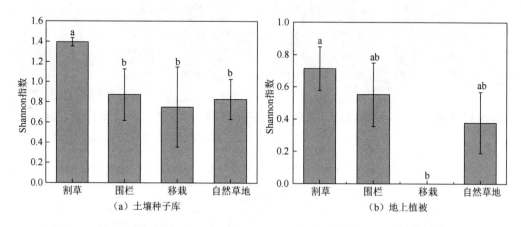

图 10-2　不同管理方式下土壤种子库和地上植被的多样性指数（Ma et al.，2015b）

相同的小写字母表示 Tukey 检验处理之间不存在显著的差异，图中数据为平均值±SE

（二）植被组成

地上植被中共发现了 14 个物种（表 10-3），属于 8 个科，分别为禾本科（Poaceae）、菊科（Asteraceae）、藜科（Chenopodiaceae）、莎草科（Cyperaceae）、蓼科（Polygonaceae）、十字花科（Brassicaceae）、豆科（Fabaceae）以及伞形科（Umbelliferae）。四种管理方式下的地上植被的密度（株/m^2）没有显著的差异（$F_{3,8} = 0.834$，$p = 0.512$）（表 10-3）。羊草在四个管理方式生境下均为优势物种，但是羊草密度最低出现在割草地中，显著低于围栏和移栽管理（$F_{3,8} = 3.217$，$p = 0.08$）（表 10-3）。

四种不同管理方式下，地上植被的 Shannon 多样性指数四种处理之间有一定的差异 [图 10-2（b），表 10-2]。最高值出现在割草地中，而移栽草地的多样性指数为 0，这是因为调查样方内只有羊草一个物种。

表 10-3 不同的管理措施下松嫩草地地上植物的密度 [单位: (个/m²)(%)]

物种	拉丁名	割草地	围栏草地	移栽草地	自然草地
羊草	Leymus chinensis	491±223(44.1±15.8)	1112±141(19.9±11.1)	1017±143(100.0±0.0)	735±94(84.2±8.3)
碱茅	Puccinellia chinampoensis	0±0(0)	29±7(2.1±0.7)	0±0(0)	0±0(0)
虎尾草	Chloris virgata	0±0(0)	12±12(0.9±0.9)	0±0(0)	0±0(0)
狗尾草	Setaria viridis	897±547(51.8±16.8)	185±185(13.3±13.3)	0±0(0)	0±0(0)
西伯利亚蓼	Polygonum sibiricum	0±0(0)	13±5(1.0)	0±0(0)	0±0(0)
密花独行菜	Lepidium densiflorum	30±16(1.5±1.3)	0±0(0)	0±0(0)	0±0(0)
茵陈蒿	Artemisia capillaris	0±0(0)	0±0(0)	0±0(0)	3±3(0.4±0.4)
芦苇	Phragmites australis	24±16(1.2±1.0)	3±3(0.2±0.2)	0±0(0)	0±0(0)
尖头叶藜	Chenopodium acuminatum	2±1(0.1±0.1)	0±0(0)	0±0(0)	0±0(0)
苣荬菜	Sonchus arvensis	0±0(0)	0±0(0)	0±0(0)	164±109(6.1±6.1)
拂子茅	Calamagrostis epigejos	0±0(0)	12±12(0.9±0.9)	0±0(0)	0±0(0)
胡枝子	Lespedeza bicolor	12±8(1.0±1.0)	0±0(0)	0±0(0)	0±0(0)
红梗蒲公英	Taraxacum erythropodium	0±0(0)	25±3(1.8±0.3)	0±0(0)	0±0(0)
防风	Saposhnikovia divaricata	9±5(0.3±0.3)	0±0(0)	0±0(0)	0±0(0)

资料来源: Ma et al., 2015b;

注: 表中数据为平均值±SE, 括号内数据表示该物种占土壤种子库总数的百分比(%)。

（三）不同管理措施下土壤理化性质

四种管理方式下土壤营养成分和盐碱化指标见图 10-3 和图 10-4。营养成分如 SOM、AN、AP 和 TK 的最高值均在自然草地（对照）中，显著高于围栏草地。而割草地、围栏和移栽草地的土壤 AN、AP 和 TK 之间没有显著的差异。自然草地土壤的 Na^+、Cl^-、RSC、碱化度以及 ESP 也显著高于割草和围栏草地（图 10-4）。自然草地和移栽草地具有相似土壤指标，如 Na^+、Cl^-、SO_4^{2-}、pH、EC、RSC、SAR、碱化度和 ESP 等。

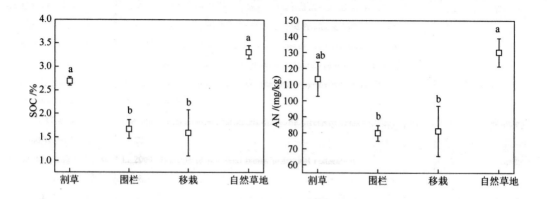

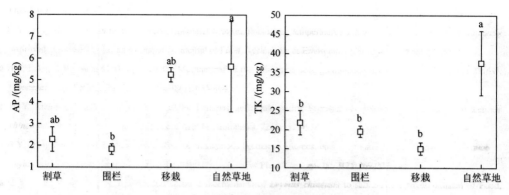

图 10-3　不同管理方式下羊草草地的土壤营养成分的差异（Ma et al.，2015b）

不同的小写字母表示相同营养成分在四种管理方式下的差异显著（Tukey 检验），图中数据为平均值±SE

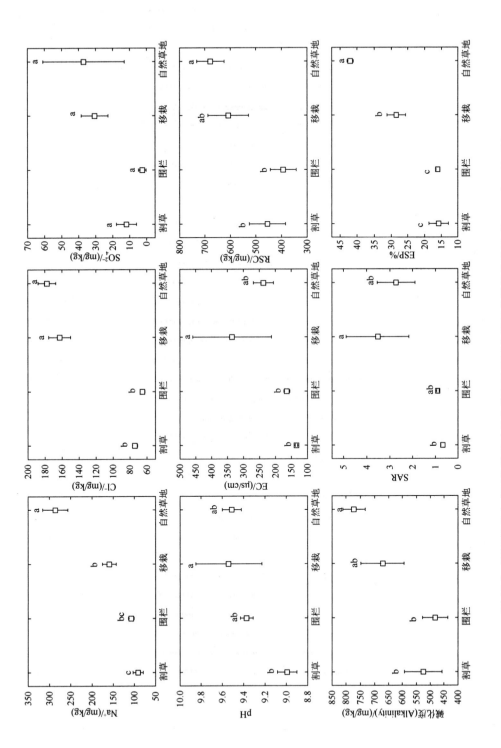

图 10-4　不同管理方式下羊草草地的土壤离子及碱化度相关指标的差异（Ma et al., 2015b）

图中数据为平均值±SE（*n*=3），不同的小写字母表示相同营养成分在四种管理方式下的差异显著

（四）不同管理措施下羊草高度和种子结实特性

四种不同管理方式下羊草植株的高度存在显著的差异（$F_{3,8}=22.386$，$p<0.001$）（表 10-4）。最高值 74.2 cm 出现在移栽草地，其次为自然草地 53.9 cm，而围栏草地和割草地的羊草高度分别为 25.6 cm 和 29.8 cm。羊草种子结实率最高值 53.7%出现在移栽草地内，围栏草地和自然草地分别为 20.5%和 6.9%，而在割草地没有发现羊草穗。

表 10-4 不同管理方式下的草地中羊草的生长和结实特性

分类	割草地	围栏草地	移栽草地	自然草地
植株高度/cm	29.8±5.0c	25.6±1.5c	74.2±7.4a	53.9±3.0b
种子结实率/%	—	20.5±3.2b	53.7±3.6a	6.9±1.7c
每个小穗种子数	—	46.2±2.9b	51.1±4.6b	87.7±5.8a
小穗长度/cm	—	8.4±0.4b	12.7±0.5a	11.4±0.6ab

资料来源：Ma et al.，2015b；
注：不同的小写字母表示相同营养成分在四种管理方式下的差异显著（Tukey 检验），图中数据为平均值±SE（$n=3$）。

（五）土壤种子库与地上植被的相似性

从图 10-5 可以看出，NMDS 的第一轴明显地将围栏草地和割草地的土壤种子库从其他两种处理中分离开。地上植被在第一轴关系非常相近，割草处理被第二轴分开了一段距离。自然草地和移栽草地的土壤种子库和地上植被的分类非常相似，割草地不同。土壤种子库中的物种有一些为处理特异性的，如围栏草地中的碱茅（*Puccinellia chinamponensis*）、虎尾草（*Chloris virgata*）和蓼线叶菊（*Filifolium sibiricum*），以及割草地中的藨草（*Scirpus triqueter*）。

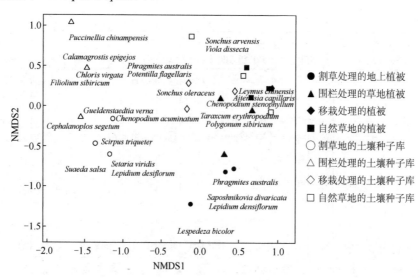

图 10-5 四种不同管理方式下土壤种子库和地上植被的物种组成的 NMDS 图（Ma et al.，2015b）

（六）土壤理化性质与土壤种子库和地上植被的关系

在 NMDS 分析中，土壤种子库组成与土壤的 Na^+、Cl^-、RSC、碱化度、ESP、AP 的含量显著相关，p 值分别为 0.002、0.002、0.027、0.025、0.001 和 0.005。而土壤的 SO_4^{2-}、pH、EC、SAR、SOC 和 AN 则与土壤种子库没有显著的相关性。与之相似，地上植被的分布与土壤的 Na^+、Cl^-、RSC、碱化度、ESP、AP 的含量显著相关，p 值分别为 0.032、0.002、0.040、0.035、0.008 和 0.038，而 SO_4^{2-}、pH、EC、SAR、SOC 和 AN 含量则与地上植被的分布没有显著相关性。土壤指标与土壤种子库和地上植被的组成之间的相关性如图 10-6 所示。Na^+、ESP、Cl^- 和碱化度的值在图中上方的象限内，与土壤种子库中的苣荬菜（*Sonchus arvensis*）和裂叶堇菜（*Viola dissecta*）的密度显著相关，与地上植被中的藨草（*Scirpus triqueter*）和茵陈蒿（*Artemisia capillaris*）的密度显著相关，RSC、SAR 和 AP 与土壤种子库和地上植被中羊草相关。

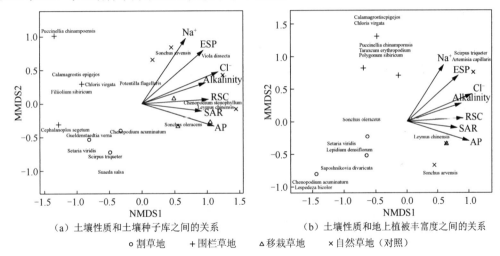

（a）土壤性质和土壤种子库之间的关系　　　　（b）土壤性质和地上植被丰富度之间的关系

○ 割草地　　＋ 围栏草地　　△ 移栽草地　　× 自然草地（对照）

图 10-6　土壤性质和土壤种子库以及土壤性质和地上植被丰富度之间的关系（Ma et al.，2015b）

土壤种子库和地上植被的植物物种密度与土壤 Na^+、Cl^-、RSC、碱化度、ESP 和 AP 在 $p < 0.05$ 水平存在显著差异

三、小结与讨论

研究结果表明，管理方式显著影响盐碱化草地的土壤种子库密度。地上植被的群落结构以及土壤的理化性质中的某些指标在不同的管理方式下存在着显著的差异。本节证实了土壤种子库密度和多样性与地上植被的组成和土壤理化性质有很大的相关性，这与前人的研究结论相似（Hegazy et al.，2009；Valkó et al.，2014）。尽管四种管理方式下草地的优势物种均为羊草，但是羊草土壤种子库只发生在移栽和自然草地中。从植物生长、种子产量以及土壤种子库中羊草数量来看，移栽是羊草植被恢复的最好方法。

本研究发现土壤种子库的数量从 2265 个/m²（移栽）到 30 348 个/m²（围栏），在目前报道的草地生态系统的种子库密度范围值内（$10^3 \sim 10^6$ 个种子/m²）（Bossuyt and Honnay，2008；Schmiede et al.，2009）。然而，目前在盐碱化草地开展土壤种子库的研究不多，Valkó 等（2014）在匈牙利盐碱化草地中发现土壤种子库的密度为 30 104～51 410 个/m²，Ma 等（2014）在中国青藏高原盐碱化草地中发现密度为 1558 个/m²。本节中种子库密度的显著差异可能与四种不同管理方式下的长期作用有关。但是，其他伴生物种的种子产量和繁殖策略以及每个研究区的被干扰和破坏程度对种子库的影响也不能够忽视。

恢复措施对土壤种子库组成的影响已经在很多研究中开展，但是结果差异很大（Stroh et al.，2002；Matus et al.，2005；Shang et al.，2008）。人类管理措施是最有效的植被恢复和生物多样性维持的方法（Schmiede et al.，2009）。本节中，最高的物种丰富度发生在割草地中，与对照相比，割草和围栏草地的种子库密度高于移栽草地。围栏内较高的土壤种子库的密度主要归因于碱茅（*Puccinellia chinampoensis*）的存在，该物种的种子产量巨大。与我们的研究结果一致，Ma 等（2010）在高寒草甸中发现围栏封育处理的土壤种子库密度和物种丰富度都高于对照。但 Shang 等（2008）报道，在钙质草地中，围栏草地的土壤种子库的物种减少了 60%，割草地减少了 20%。因此，不同管理方式对物种的丰富度的影响的研究没有统一的结论，主要是因为草地的类型以及干扰的特点存在着很大差异。我们建议恢复管理措施的选择应该基于某些物种或者某个优势物种的恢复为目标。

在移栽管理方式下，移栽方法创造了适宜羊草成活和生长的微环境，从而形成较高的植株和较大的密度。然而，植物对光的竞争可能会导致物种丰富度的下降（Hautier et al.，2009）。本节中移栽羊草的高度比自然条件下提高了 38%，很大程度上也降低了光能够投射到地面的比率。但是，割草地和围栏草地的羊草高度与对照相比，分别下降 44.7% 和 52.5%。Jacquemyn 等（2003）在钙质草地中也发现了类似的结果。优势物种羊草的密度一定程度上解释了移栽和围栏或者割草地之间物种丰富度的差异。

地上植被的种子产量是土壤种子库的重要来源，与土壤种子库的特征紧密相关（Smith et al.，2000；Kalamees and Zobel，2002），但不同的管理措施更能够直接影响地上植被物种的组成（Luzuriaga et al.，2005）。本节中，目标物种羊草的种子产量在不同的管理措施之下存在着很大的差异。羊草的有性繁殖明显受到了割草行为的影响，因此在割草地生境中羊草结实和产量都很低。割草后种子产量降低主要是因为每个植株分蘖数量和穗的数量、每个穗上小花的数量以及每个小花内种子的个数和质量都存在着差异（Smith et al.，2000）。与此不同，移栽羊草不仅能够促进其营养繁殖还能够促进生殖生长。

本节在围栏封育管理方式下的土壤种子库中没有发现羊草种子，这一结果出乎意料，因为该处理下羊草种子的产量高于自然处理。这可能是受我们取样面积的限制，取样量比较少，没有包括所有的物种。从宏观尺度看，我们对土壤种子库的估计仅仅为一个快照（snapshot），仅在一年内某个时间点取样不够全面（Fenner and Thompson，2005）。

取样时间是一个影响土壤种子库组成的重要因子。一次的土壤种子库取样及地上植被的调查，都可能造成研究结果的局限性。例如，我们的土壤样品中不能够包括所有的物种，因为在同一个群落内，物种的种子结实的物候期存在着很大的差异。此外，不同物种的休眠和萌发需要的条件也存在差异。因此，只有在整个季节范围内进行多次取样才能够尽可能获得多的物种信息（Shen et al.，2007），在未来对种子库的研究中，需要在一年内不同的季节多次取样。

本节中，我们发现 Na^+、Cl^-、RSC、碱化度、ESP 和 AP 都显著影响土壤种子库的组成，而 pH、EC、SAR、SOC 和 AN 则没有显著影响。Hegazy 等（2009）研究发现，土壤种子库的组成和土壤因子，如 $CaCO_3$ 含量、土壤电导率（EC）、有机质含量以及土壤结构等都有显著的相关性。然而，Valkó 等（2014）研究表明土壤盐分对土壤种子库的组成没有影响。与 Janssens 等（1998）研究一致，我们的研究结果也表明 P 的含量影响植物多样性，而其他影响因子如 pH、有机质、总氮和钙等对植物多样性没有显著影响。

作为一个繁殖体库，土壤种子库被认为对许多退化生态系统植被恢复有重要潜在作用。例如，在酸性（Pakeman and Small，2005）和钙化草地（Fenner and Thompson，2005）上，有40%的幼苗是来自土壤种子库。然而，有些研究者认为土壤种子库的作用非常小或者对植被恢复没有作用（Martins and Engel，2007；Busso and Bonvissuto，2009）。在本节中，尽管围栏和割草管理方式下土壤种子库具有较高的种子密度和多样性，但都没有目标物种羊草，利用土壤种子库有效地恢复羊草草地还存在着一定的限制，至少短期内不可行，这些结果不影响种子库在未来植被恢复中起重要作用，这在其他研究中也得到了证实（Matus et al.，2005；Koch et al.，2011），但这需要几十年的时间。除了能够有效地获得种源，植物从种子库中成功定植是许多因子的共同作用，例如适宜的种子萌发和幼苗定植的微环境（Zeiter et al.，2013），适宜的温度和降水条件来解除种子的休眠（Busso and Bonvissuto，2009）。

退化草地或者其他生态系统恢复的关键目标是植被的重建，但是采取管理方式前需要考虑恢复土壤种子库的过程和动态（Martins and Engel，2007）。本节中，移栽处理能够成功地恢复植被，特别是在重度退化的草地系统中，还能够增加土壤种子库中羊草的种子数量。更为有趣的是，与移栽管理相比，自然草地（对照）管理下的羊草种子结实率和个体高度均低于移栽处理。Matus 等（2005）及许多其他的草地研究发现，随着演替年龄的增加，土壤种子库中活的种子的数量减少，表明在老的自然生境中种子的输入减少。本节中，不同管理措施实施 10 年，割草和围栏处理都具有较高的物种丰富度，但是顶级植被羊草个体和数量均少于其他两个管理方式。这表明有些管理措施，如围栏等需要几十年甚至更长的时间才能够出现顶级植被。因此，为了能够更有效地恢复羊草为建群中的群落，移栽是一个相对比较理想的恢复措施。

目前为止，移栽成苗或者幼苗在滨海植物群落（Zedler et al.，2003；Lee and Park，2008；Renton et al.，2011）和湿地草甸生态系统（De Steven and Sharitz，2007；Budelsky and Galatowitsch，2004）中成功恢复植被。例如，De Steven 和 Sharitz（2007）通过移栽，两年后植被覆盖度达到 15%～85%；Aradottir（2012）发现移栽当地的草皮是恢复一系列当地受干扰的物种非常有前景的方法。因为植物从种子到根茎成苗，一旦定植，就能够耐受较大范围的季节性干旱或洪涝（Budelsky and Galatowitsch，2004）以及盐碱（Zedler et al.，1990）等条件。移栽方法的可行性取决于恢复的面积，适宜较小的面积；但在需要恢复的大面积地区，围栏封育仍然是比较理想的选择。然而，这些管理方式下土壤种子库的动态仍然需要进一步系统的研究。

第三节　苏打盐碱地羊草植被恢复技术

早在 20 世纪 50 年代，松嫩平原大部分草场平均产草量达 2000 kg/hm^2 以上，部分优质草场高达 3000 kg/hm^2，羊草比例占 90%。但是，近年来由于长期过度放牧的掠夺式经营，草场退化加剧，单产平均下降 50%～70%。就连保护较好的姜家甸原始草场，其产量也仅有 800～1500 kg/hm^2。其他放牧草场产量为 200～400 kg/hm^2。草场单产的降低，导致市场供不应求，急需恢复与扩大栽培面积。因此，采取先进栽培技术，迅速恢复退化草场和大面积严重碱化草场的原有优势种群羊草植被，是推进盐碱地治理和生态建设的当务之急。

自然状态下羊草有性繁殖能力低、种子产量少、成熟度不一致、休眠性强、发芽率低，加之苗期常遇干旱、低温、土壤板结等不良条件，导致直播种子发芽缓慢、保苗率低，给羊草生产带来严重不利影响。羊草在自然生境中具有以无性繁殖为主、有性繁殖为辅的生物学特性和遗传规律。本研究利用羊草强大的无性繁殖能力，以羊草苗人工移栽方式代替传统的直播方式大面积建植人工羊草的实用栽培方法和相关技术，为松嫩平原苏打盐碱地生态恢复与羊草群落人工快速重建提供了新途径和新方法。通过三年多的实验证明，本方法简便易行、可操作性强、成本低、见效快，是苏打盐碱地或退化草地羊草植被人工快速恢复与重建的有效新方法，具有广阔的应用前景和显著的社会与经济效益（梁正伟等，2008）。

一、材料和方法

（一）实验材料

本节中培育羊草种苗的羊草种子于 2004 年和 2014 年采自中国科学院大安碱地生态试验站。羊草移栽所用的种苗为上述种苗培育基地的种苗，移栽所用羊草种苗为 2005 年培育，2007 年返青后开始移栽。

室内实验所用的重度苏打盐碱土采自中国科学院大安碱地生态试验站，土壤的 pH 为 10.24，具体的理化指标见本书表 6-6。

（二）实验方法

1. 苏打盐碱地分布区羊草种苗的培育

（1）种子处理。羊草种子发芽率低的主要原因之一是种子休眠。将收获后羊草种子摊开放在室内自然风干，播种前将种子在 5～10℃ 低温中浸种 10～20 d，干燥后可以较好地打破羊草种子的休眠，提高发芽率。也可以将羊草种子装在尼龙网袋内，放在浓硫酸中处理 5～10 min，流水清洗若干遍，去掉羊草种子的稃，这也能大幅度提高羊草种子的发芽率、萌发的速率和整齐度。本节中羊草种子经过 5℃ 低温处理 10 d。

（2）育苗时间的选择。羊草种子发芽率低的第二个因素是不到合适的变温条件。由于羊草是多年生长日照植物，在松嫩平原一般是 4 月 10 日左右开始返青，5 月下旬抽穗，6 月上旬开花，7 月中下旬种子成熟，其生育期仅为 110 d 左右，因此，播种时间范围较宽，可以根据劳动力的紧张程度、不同的育苗方法（大棚育苗、大田育苗、营养钵育苗）合理安排播种时间，建议从 5 月上旬到 8 月上旬开始播种均可。本节选择在 8 月初开始播种。

（3）育苗场地的选择。羊草是中旱生长日照草原植物，幼苗喜湿润的沙壤或轻黏壤质土壤，因此，最好选择背风向阳、地势高、排水良好、距离水源较近、pH 为 8.0～8.5 的地块作为羊草的苗床地。

（4）整地与育苗床的构建。整地是羊草育苗工作中较为重要的一个环节，为秧苗生长创造良好的土壤条件和生态环境，才能培育出健壮的秧苗。用旋耕机松土，人工或机械耙平，整地深度 15 cm 左右。播种前将苗床浇透，使其与底墒水相接，让床土水分达到充分饱和状态，这样才能保证秧苗在生长期间不易失水。或者采用人工将沙土等非盐碱土装入营养钵内，然后摆放在育苗场地内。

（5）播种。实验证明大棚育苗、大地育苗、秧盘育苗、营养钵育苗其播种量以 20 kg/hm^2 为宜。如果用育苗钵，则需要将种子放入钵内，每钵种子数 4～8 粒。

（6）覆土和浇水。羊草种子覆土深浅对出苗率、出苗期、茎叶和根系的生长发育均有明显的影响。覆土 1～2 cm 最好，最深覆土要严格控制在 3 cm 以内。利用喷灌和人工用喷壶的方式进行灌溉，将营养钵浇透水。

（7）枯草覆盖物。为了防止水分蒸发，在苗床上面覆盖稻草帘、芦苇帘、地膜等覆盖物。当羊草出苗至出现第一片真叶时，如果是用地膜覆盖的就要及时揭去，防止地膜温度过高灼伤幼苗；如果是用稻草帘、芦苇帘等覆盖的，将秧苗长到 1～2 片叶时揭去覆盖最好，这样既不影响幼苗的生长，又能较长时间保持较高温度。揭去覆盖物后蒸发增大，苗床极容易失水，应注意及时补水，防止出土的幼苗干枯死亡。

（8）育苗后期管理。育苗后期主要是水分和杂草管理，要经常检查苗床水分和幼苗生长情况，浇水要浇透，不能过勤，否则苗床水分过大，对根系发育不利。当幼苗生长到一定程度的时候，及时去除苗床上个体较大的影响羊草幼苗生长的杂草。

2. 羊草移栽

（1）不同移栽时期对植被恢复的影响。从 2007 年 5 月 8 日起，每隔 7 天移栽羊草 54 穴，连续 7 周，共移栽 7 个小区，每个小区面积为 3×3 m²，每次移栽后每穴浇水 1000 mL，以后不再补水。移栽前取出羊草种苗 5 钵，测定其分蘖、叶片、株高、地上鲜重、地下鲜重、地上干重和地下干重，每隔一段时间观测其成活率。9 月 28 日对 7 个小区进行最后一次调查，调查内容包括成活率、株高、分蘖和生物量（闫超，2008）。

（2）不同移栽苗龄对植被恢复的影响。把不同苗龄的羊草（3 叶、4 叶、5 叶）分别进行移栽。实验在大安站盐碱化草地实验小区进行，每个小区的面积为 3×3 m²，每个小区中移栽羊草幼苗 54 钵，移栽后管理方法和调查指标同上文（闫超，2008）。

二、结果与分析

（一）羊草种苗培育

对 7 个实验小区进行取样调查。从图 10-7 可以看出，利用育苗钵内装入沙土的直播育苗方法，在适当的水分管理条件下，羊草出苗率达到 80% 以上，且每钵内有 2～8 株羊草幼苗（图 10-7）。生长两个月左右，羊草幼苗在 5 叶龄以上，能够为羊草移栽提供苗源。如果当年直播的羊草不进行移栽，第二年羊草强大的根茎繁殖能力，能够透过育苗钵直接在土壤中生长，当移走营养钵之后，留在土壤中的羊草根茎仍然能够继续生长，继续为来年的移栽提供苗源。

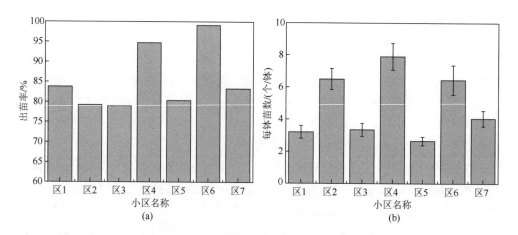

图 10-7　不同小区直播羊草的出苗率和每钵出苗数

（二）羊草移栽

1. 移栽日期对羊草生长特性的影响

移栽日期对羊草成活率的影响如图 10-8 所示。随着移栽日期的延迟，羊草地下/地上生物量逐渐降低，羊草成活率逐渐下降，5月8日、5月15日、5月22日三次移栽的成活率都在90%以上，自6月5日起，羊草成活率显著降低，其中以6月5日移栽的羊草成活率最低，只有29.6%，之后成活率略有上升，但总体仍呈下降趋势。

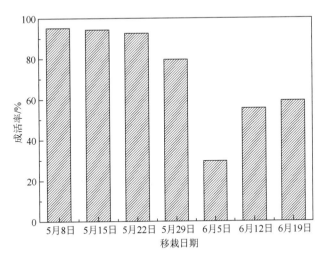

图 10-8　移栽时间对羊草移栽成活率的影响（闫超，2008）

移栽日期对羊草株高和分蘖的影响如图 10-9 所示。随着移栽日期的推迟，羊草株高显著下降，其中 5 月 8 日移栽的羊草株高最高，达到 34.8 cm，6 月 5 日移栽的羊草株高最低，仅为 20.0 cm，这与它的成活率相似。移栽日期对羊草分蘖的影响和株高相似 [图 10-9 （b）]，随着移栽日期的推迟，分蘖数显著下降（闫超，2008）。相对生长的时间来说，移栽早的羊草的生长时间长，因此其分蘖和株高相对后期移栽的羊草要高。

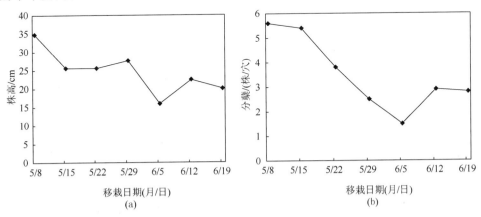

图 10-9　移栽日期对羊草株高和分蘖数的影响（闫超，2008）

移栽日期对羊草生物量的影响规律与对株高和分蘖基本相同，均表现为随着移栽日期的延迟，羊草生物量呈显著下降的趋势（图 10-10）。其中，5 月 8 日移栽的羊草生物量最高，从松嫩平原羊草的物候期来看，5 月 29 日～6 月 19 日是羊草的开花和果实的灌浆期，此时移栽，羊草的成活率以及生物量均受到显著抑制。

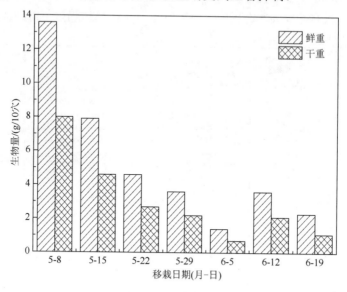

图 10-10　移栽日期对羊草生物量的影响（闫超，2008）

2. 移栽苗龄对羊草生长特性的影响

从表 10-5 和表 10-6 中可以看出，随着羊草苗龄的增加，其株高、叶片数、单株鲜重、根茎数和根茎长都显著增加，成活率、株高、分蘖、生物量也显著增加。3 叶龄时，羊草幼苗成活率较低，只有 31.5%，4 叶龄时有所增加，5 叶龄时羊草成活率增加显著，达到 83.3%，是 3 叶龄时的 2.6 倍。中重度苏打盐碱地羊草移栽效果见图 10-11，羊草植株高大，且为单一优势物种；而轻度盐碱地割草场的天然羊草如图 10-12 所示，羊草植株矮小，且伴生着大量的狗尾草、虎尾草等杂草。

表 10-5　不同苗龄移栽前各指标调查

羊草叶龄	株高/cm	叶片数/片	单株地上鲜重/mg	单株地下鲜重/mg	根茎数/条	根茎长/cm
3 叶龄	11.2±1.2	2.3±0.3	22.9±6.48	53.7±11.23	—	—
4 叶龄	19.1±3.0	3.6±0.2	88.2±26.46	106.8±39.2	0.43±0.37	0.84±0.55
5 叶龄	23.8±2.3	4.4±0.4	170.6±24.2	146.9±33.57	1.13±0.22	2.18±0.85

资料来源：闫超，2008。

表 10-6　不同苗龄对羊草成活率、株高、分蘖以及生物量的影响

羊草叶龄	成活率/%	株高/cm	分蘖/（株/穴）	鲜重/（g/穴）	干重/（g/穴）
3 叶龄	31.5	15.8	1.5	1.27	0.66
4 叶龄	35.2	19.7	2.2	1.73	0.92
5 叶龄	83.3	23.7	2.3	3.16	1.8

资料来源：闫超，2008。

图 10-11　羊草移栽样地（单一羊草群落，植株高 100 cm 左右）

图 10-12　羊草割草场（物种丰富，植株矮小）

重度苏打盐碱地羊草移栽的关键是苗期的水分供应。如图 10-13 所示，在中国科学院大安碱地生态试验站的长期定位实验小区的研究结果表明，在 pH 为 9.8～10.3 的重度苏打盐碱地进行羊草移栽，并结合一定的灌溉措施，第二年（2017 年 7 月）羊草的生物量高达 11 000 kg/hm^2。

图 10-13　重度苏打盐碱地羊草移栽效果图

三、小结与讨论

羊草移栽主要是依靠其强大的根茎进行繁殖，羊草地下部分生物量在整株羊草中所占比例的大小成为羊草移栽能否成功的关键。对于不同日期羊草的移栽，从 5 月 8 日到 6 月 19 日这段时间内，随着移栽日期的推迟，羊草地下/地上生物量逐渐降低，羊草成活率、株高、分蘖和生物量也显著降低，其中 6 月 5 日各项指标达到最低，往后略有上升。5 月 29 日～6 月 12 日是羊草抽穗、开花和结实时期，这段时期羊草抵御外界环境的能力最弱，所以移栽成活率较低。对于不同苗龄羊草的移栽，随着羊草苗龄的增加，羊草幼苗抵抗外界环境压力的能力越来越大，羊草幼苗在 5 叶龄时已经完全适合移栽，这时羊草株高约为 23 cm，有 4～5 片叶，成活率能达到 83.0%（闫超，2008）。羊草移栽有效地避开了盐碱胁迫对种子发芽、出苗的抑制作用，使羊草种植 pH 上限由 9.0 提高到 10.0 以上，表明在不宜羊草直播的中重度盐碱地中，可以通过移栽技术快速恢复羊草植被。

参 考 文 献

白文波, 李品芳. 2005. 盐胁迫对马蔺生长及 K^+、Na^+ 吸收与运输的影响. 土壤, 34(4): 415-420.

白文娟, 焦菊英, 张振国. 2007. 黄土丘陵沟壑区退耕地土壤种子库与地上植被的关系. 草业学报, 16(6): 30-38.

白文娟, 焦菊英. 2006. 土壤种子库的研究方法综述. 干旱地区农业研究, 24(06): 195-198.

包金花, 云兴福. 2010. 磁场处理对花椰菜种子萌发和生长的影响. 内蒙古民族大学学报(自然汉文版), 25(1): 62-65.

包青海, 孙维, 仲延凯, 等. 1999. 稀土元素在羊草(Lemus chinesis)体内的富集、分布及对种子萌发的效应. 内蒙古大学学报 (自然科学版), 30(4): 497-410.

包青海, 仲延凯, 孙维. 2000. 割草干扰对典型草原土壤种子库种子数量与组成的影响 II. 具有生命力的种子数量及其垂直 分布. 内蒙古大学学报(自然科学版), 31(1): 93-97.

布海丽且姆·阿卜杜热合曼, 严成, 刘艳芳, 等. 2012. 不同年际间异子蓬种子大小、萌发能力及结实格局. 生态学杂志, 31(4): 844-849.

布坎南, 格鲁依森姆, 琼斯 2003. 植物生物化学与分子生物学. 北京: 科学出版社.

陈建敏, 孙德兰. 2005. 莲种子萌发和幼苗生长时期营养物质的代谢变化. 植物学通报, 22: 541-548.

陈琳. 2013. 现代植物生理原理及应用. 北京: 中国农业科学技术出版社.

陈孝泉, 李艳芹, 贾丰生, 等. 1989. 羊草植物的研究. 草业科学, (6)2: 7-12.

陈效述, 李倞. 2009. 内蒙古草原羊草物候与气象因子的关系. 生态学报, 29(10): 5280-5290.

崔秋华, 张玉珍, 朴铁夫, 等. 1990. 羊草胚性愈伤组织的形成及植株再生. 吉林农业大学学报, (3): 1-5.

邓伟, 裘善文, 梁正伟. 2006. 中国大安碱地生态试验站区域生态环境背景. 北京: 科学出版社.

邓自发, 周兴民, 王启基. 1997. 青藏高原矮嵩草草甸种子库的初步研究. 生态学杂志, 16(5): 19-23.

董玉林, 云锦凤, 石凤翎, 等. 2007. 不同贮藏年限蒙农冰草种子生活力及活力的变化. 草原与草业, 19(03): 1-4.

杜彦君, 马克平. 2012. 浙江古田山自然保护区常绿阔叶林种子雨的时空变异. 植物生态学报, 36(8): 717-728.

段晓刚, 樊金铃. 1984a. 羊草 Leymus chinensis 染色体组型的研究. 中国草地学报, (1): 65-67.

段晓刚, 樊金铃. 1984b. 羊草 PMC 减数分裂的研究. 中国草原, (1): 66-67.

范天恩, 高利伟, 郭伊乐. 2005. 羊草种子萌发条件的探讨. 草原与草业, 17(4).

傅沛云. 1995. 东北植物检索表. 北京: 科学出版社.

高雷明, 黄银晓, 林舜华. 1999. CO_2 倍增对羊草物候和生长的影响. 环境科学, (5): 25-29.

高荣岐, 张春庆. 2010. 作物种子学. 中国农业出版社.

高天舜. 1982. 羊草根茎外植体愈伤组织的诱导及植株再生. 植物学报, 24(02): 182-185.

高永生, 王锁民, 张承烈. 2003. 植物盐适应性调节机制的研究进展. 草业学报, 12: 1-6.

宫磊. 2008. 利用 AFLP 分析不同羊草种群间和种群内的遗传多样性. 长春: 东北师范大学.

谷安琳, 易津, Holubowicz R, 等. 2005. 低温对羊草和牧冰草种子萌发率的影响. 中国草地学报, 27(2): 50-54.

韩大勇, 杨允菲, 李建东. 2007. 1981-2005 年松嫩平原羊草草地植被生态对比分析. 草业学报, 16(3): 9-14.

何念鹏, 吴泠, 周道玮. 2004. 松嫩草地次生光碱斑种子流及其生态恢复意义. 生态学报, 24(4): 843-847.

何学青, 胡小文, 王彦荣. 2010. 羊草种子休眠机制及破除方法研究. 西北植物学报, 2010(01): 120-125.

胡宝忠, 刘娣, 胡国富, 等. 2001. 羊草遗传多样性的研究. 植物生态学报, 25(1): 83-89.

胡晋. 2006. 种子生物学. 北京: 高等教育出版社.

胡小文, 王娟, 王彦荣. 2012. 野豌豆属 4 种植物种子萌发的积温模型分析, 36(8): 841-848.

黄立华, 梁正伟, 马红媛. 2008. 不同盐分对羊草种子萌发和根芽生长的影响. 农业环境科学学报, 27(5): 1974-1979.

黄立华, 梁正伟, 王志春, 等. 2006. 苏打盐碱胁迫对长穗冰草幼苗生长和 K⁺, Na⁺含量的影响. 中国草地学报, 28: 60-64.

黄立华, 梁正伟. 2007. 不同钠盐胁迫对高冰草种子萌发的影响. 干旱区资源与环境, 21(6): 173-176.

黄泽豪. 2003. 羊草(Leymus chinensis)生殖生态学的研究. 福州: 福建师范大学.

黄振英, 曹敏, 刘志民, 等. 2012. 种子生态学: 种子在群落中的作用. 植物生态学报, 36(8): 705-707.

黄振英. 2010. 第三届国际种子生态学学术研讨会在美国犹他州盐湖城召开. 植物生态学报, 34(8): 1006.

康冰, 陈彦生, 张小红. 2001. GA₃、6-BA 及 IAA 对香椿种子发芽及幼苗生长的影响. 植物生理学通讯, 34(5): 399-400.

孔祥军, 梁正伟, 刘淼, 等. 2008a. 羊草种质资源筛选及 RAPD 遗传多样性分析. 生物技术通报, (6): 110-114.

孔祥军, 梁正伟, 马红媛, 等. 2008b. 变温培养对羊草胚性愈伤组织诱导率的影响. 生物技术, 18(5): 60-62.

孔祥军. 2009. 羊草遗传多样性分析及耐碱基因的克隆. 长春: 中国科学院东北地理与农业生态研究所.

匡文浓, 刘志民. 2014. 第四届国际种子生态学大会综述. 生态学杂志, 33(8): 2274-2280.

李德新. 1979. 羊草生物学生态学特性. 内蒙古畜牧兽医, 1: 69-73.

李海燕, 丁雪梅, 周婵, 等. 2004. 盐胁迫对三种盐生禾草种子萌发及其胚生长的影响. 草地学报, 12(1): 45-50.

李海燕, 李建东, 徐振国, 等. 2011. 内蒙古图牧吉自然保护区羊草种群营养繁殖特性的比较. 草业学报, 20(5): 19-25.

李建东, 吴榜华, 盛连喜. 2001. 吉林植被. 长春: 吉林科学技术出版社.

李建东, 郑慧莹. 1997. 松嫩平原盐碱化草地治理及其生物生理机理. 北京: 科学出版社.

李建东. 1978. 我国的羊草 Aneurolepidium chinense(trin.)kitagawa 草原. 东北师大学报(自然科学), (1): 148-162.

李金克, 郑然, 王沙生, 等. 1996. 脱落酸和酚酸在红松种子休眠中的作用. 河北林学院学报, 11(3-4): 189-194.

李林, 崔凯, 廖声熙, 等. 2016. 不同种源地漆树种子生物学特性研究. 西南农业学报, 29(5): 1219-1224.

李凌浩, 路鹏, 顾雪莹, 等. 2016. 人工草地建设原理与生产范式. 科学通报, 61: 193-200.

李清芳, 辛天蓉, 马成仓. 2003. pH 值对小麦种子萌发和幼苗生长代谢的影响. 安徽农业科学, 31: 185-187.

李秋艳, 赵文智. 2006. 5 种荒漠植物幼苗对模拟降水量变化的响应. 冰川冻土, 28(3): 414-420.

李荣平, 周广胜, 王玉辉, 等. 2006. 羊草物候特征对气候因子的响应. 生态学杂志, 25(3): 277-280.

李新荣, 张新时. 1999. 鄂尔多斯高原荒漠化草原与草原化荒漠灌木类群生物多样性的研究. 应用生态学报, 10(6): 665-669.

李雪华, 韩士杰, 宗文君. 2007. 科尔沁沙地沙丘演替过程的土壤种子库特征. 北京林业大学学报, 29(2): 66-69.

李雁, 夏丽华. 1999. 磁场处理羊草种子对羊草生长及过氧化物酶活性的影响. 农业与技术, (5): 16-19.

梁正伟, 王志春, 马红媛. 2008. 利用耐逆植物改良松嫩平原高 pH 盐碱土研究进展. 吉林农业大学学报, 30(4): 517-528.

林玲, 叶彦辉, 罗建, 等. 2014. 青藏高原特有种砂生槐不同种源地种子萌发特征研究. 林业科学研究, 27(4): 508-513.

蔺吉祥, 穆春生. 2016. 松嫩草地羊草种子发育进程、休眠特性及与盐碱耐性关系的研究. 草地学报, 2: 479-482.

蔺吉祥, 邵帅, 隋丹, 等. 2014. 几种提高羊草种子发芽率方法的比较. 中国草地学报, 36(3): 47-51.

刘春卿, 杨劲松, 陈德明, 等. 2005. 不同耐盐性作物对盐胁迫的响应研究. 土壤学报, 42(6): 993-998.

刘公社, 李晓峰. 2011. 羊草种质资源研究. 北京: 科学出版社.

刘公社, 李晓霞, 齐冬梅, 等. 2016. 羊草种质资源的评价与利用. 科学通报, 61: 271-281.

刘公社, 李晓霞. 2015. 羊草种质资源研究(第二卷). 北京: 科学出版社.

刘公社, 刘杰, 齐冬梅. 2003. 羊草有性繁殖相关性状的变异和相关分析. 草业学报, 12(2): 20-24.

刘公社, 齐冬梅, 刘辉. 2017. 羊草种植使用技术问答. 北京: 中国农业出版社.

刘公社, 齐冬梅. 2004. 赖草属几种植物幼胚离体培养研究. 草业学报, (2): 70-73.

刘公社, 汪恩华, 刘杰, 等. 2002. 羊草幼穗离体培养诱导植株再生的研究. 草地学报, 10(3): 198-202.

刘桂华, 肖葳, 陈漱飞, 等. 2007. 土壤种子库在长江中下游湿地恢复与生物多样性保护中的作用. 自然科学进展, 17(6): 741-747.

刘惠芬, 高玉葆, 王丹, 等. 2004. 内蒙古典型草原羊草种群遗传分化的 RAPD. 生态学报, 24(3): 423-431.

刘杰, 刘公社, 齐冬梅, 等. 2002. 聚乙二醇处理对羊草种子萌发及活性氧代谢的影响. 草业学报, (3): 1-3.

刘军, 黄娟. 2003. 羊草和苏丹草种子结构的比较研究. 内蒙古师大学报(自然汉文版), 32(4): 394-396.

刘欣, 崔继哲, 张隽, 等. 2015. 羊草的遗传多样性及其分化. 北方园艺, (8): 182-185.

刘兴土. 2001. 松嫩平原退化土地整治与农业发展. 北京: 科学出版社.

刘燕. 2009. 暖温型草原不同恢复演替阶段土壤种子库特征的对比研究. 呼和浩特: 内蒙古大学.

刘月敏, 孙贻超, 邵晓龙. 2008. NaCl 和温度双重胁迫对黑麦草幼苗叶绿素及相关酶活性的影响研究. 农业环境科学学报, 27(1): 111-115.

刘志民. 2010. 科尔沁沙地植物繁殖对策. 北京: 气象出版社.

陆静梅, 李建东, 周道玮, 等. 1996. 松嫩平原 5 种盐生牧草耐盐结构研究. 草业学报, (2): 9-13.

路晓玉, 李希政, 周红昕, 等. 2009. 羊草的愈伤组织诱导. 北京农业, (15): 18-20.

马鹤林, 宛涛, 王风刚. 1984. 羊草结实特性及结实率低原因初步探讨. 中国草原, (3): 15-21.

马鹤林, 王梦龙. 1997. 轮回选择法在羊草育种中的应用. 草原与草业, (Z1): 51-53.

马红媛, 梁正伟, 陈渊. 2005. 提高羊草种子发芽率方法研究进展. 中国草地, 27(4): 64-68.

马红媛, 梁正伟, 黄立华, 等. 2008c. 4 种外源激素处理对羊草种子萌发和幼苗生长的影响. 干旱区农业研究, 26(2): 69-73.

马红媛, 梁正伟, 黄立华, 等. 2009b. 四种多年生禾本科牧草种子萌发对 Na_2CO_3 胁迫的响应. 农业环境科学学报, 28(4): 466-771.

马红媛, 梁正伟, 孔祥军, 等. 2008a. 盐分、温度及其互作对羊草种子发芽率和幼苗生长的影响. 生态学报, 28(10): 4710-4717.

马红媛, 梁正伟, 孔祥军, 等. 2008b. 苏打盐碱胁迫下羊草的生长特性与适应机制. 土壤学报, 45(6): 1203-1207.

马红媛, 梁正伟, 吕丙盛, 等. 2012b. 松嫩碱化草甸土壤种子库格局、动态研究进展. 生态学报, 32(13): 4261-4269.

马红媛, 梁正伟, 王明明, 等. 2009a. NaCl 胁迫对 4 种禾本科牧草种子萌发的影响. 生态学杂志, 28(7): 1229-1233.

马红媛, 梁正伟, 闫超, 等. 2007. 四种沙埋深度对羊草种子出苗和幼苗生长的影响. 生态学杂志, 26(12): 2003-2007.

马红媛, 梁正伟. 2007a. 不同 pH 值土壤及其浸提液对羊草种子萌发和幼苗生长的影响. 植物学通报, 24(2): 181-188.

马红媛, 梁正伟. 2007b. 不同贮藏条件和发芽方法对羊草种子萌发的影响. 应用生态学报, 18(5): 997-1002.

马红媛, 吕丙盛, 梁正伟, 等. 2012a. 羊草种子萌发对松嫩退化草地环境因子的响应. 植物生态学报, 36(8): 812-818.

马红媛. 2008. 羊草(*Leymus chinensis*)种子深度休眠机理与发芽生长特性研究. 长春: 中国科学院东北地理与农业生态研究所.

马兴勇, 彭献军, 苏蔓, 等. 2012. 羊草 DREB 转录因子的系统发育和功能研究. 草业学报, 21(6): 190-197.

孟繁蕴, 汪丽娅, 张文生, 等. 2006. 滇重楼种胚休眠和发育过程中内源激素变化的研究. 中医药学报, 34(4): 36-38.

齐宝林, 朴庆林. 2008. 松嫩草原上的优良牧草——羊草. 农业与技术, 28(4): 73-75.

齐冬梅, 张卫东, 刘公社. 2004. 羊草种子生活力测定技术研究. 草业学报, 13(2): 89-93.

钱吉, 马玉虹, 任文伟, 等. 2000. 不同地理种群羊草分子水平上生态型分化的研究. 生态学报, 20(3): 440-443.

钱吉, 任文伟, 郑师章. 1997. 不同地理种群羊草苗期电导、电阻的比较研究. 植物生态学报, 21(1): 38-43.

秦仲春, 魏光平, 张宇生, 等. 2001. 稀土对牧草种子萌发及幼苗生长效应的研究. 稀土, 22(6): 24-26.

邱琳, 周青. 2008. 稀土对种子萌发影响的研究进展. 中国生态农业学报, 16(2): 529-533.

渠晓霞, 黄振英. 2005. 盐生植物种子萌发对环境的适应对策. 生态学报, 25(9): 2389-2398.

曲同宝, 孟繁勇, 张友民, 等. 2010. 影响羊草愈伤组织分化因素的研究. 安徽农业科学, 38(12): 6125-6127.

曲同宝, 王丕武, 关淑艳, 等. 2004. 羊草组织培养及再生系统的建立. 草业学报, 13(5): 91-94.

任文伟, 钱吉. 1999. 不同地理种群羊草的遗传分化研究. 生态学报, 19(5): 689.

沈有信, 赵春燕. 2012. 持久性土壤种子库种子萌发的个体竞争能力会衰减吗? ——以紫茎泽兰为例. 植物生态学报, 36(8): 754-762.

石德成, 李玉明, 杨国会, 等. 2002. 盐碱混合生态条件的人工模拟及其对羊草胁迫作用因素分析. 生态学报, 22(8): 1323-1331.

石德成, 盛艳敏, 赵可夫. 1998. 不同盐浓度的混合盐对羊草苗的胁迫效应. 植物学报, 40(12): 1136-1142.

史激光. 2011. 典型草原区 3 种牧草生育规律及物候期气象指标. 草业科学, 28(10): 1855-1858.

宋亮, 潘开文, 王进闯, 等. 2006. 酚酸类物质对苜蓿种子萌发及抗氧化物酶活性的影响. 生态学报, 26(10): 3393-3403.

宋松泉, 程红焱, 姜孝成. 2008. 种子生物学. 北京: 科学出版社.

孙桂贞, 屠骊珠. 1990. 羊草(*Aneurolepidium chinese*)的双受精作用与胚胎发育. 内蒙古大学学报(自然版), (4): 572-577.

孙海霞, 常思颖, 陈孝龙, 等. 2016. 不同季节刈割羊草对绵羊采食量和养分消化率的影响. 草地学报, 24(06): 1369-1373.

孙菊, 杨允菲. 2006. 盐胁迫对赖草种子萌发及其胚生长的影响. 四川草原, (3): 17-20.

唐安军, 龙春林, 刀志灵. 2004. 种子休眠机理研究概述. 云南植物研究, 26(3): 241-251.

唐毅, 刘志民. 2012. 沙丘生态系统种子库研究现状、趋势与挑战. 植物生态学报, 36(8): 891-898.

仝川, 冯秀, 仲延凯. 2009. 内蒙古锡林郭勒克氏针茅退化草原土壤种子库特征. 生态学报, 29(9): 4710-4719.

汪恩华, 刘杰. 2002. 形态与分子标记用于羊草种质鉴定与遗传评估的研究. 草业学报, 11(4): 68-75.

汪恩华. 2002. 羊草繁殖生物学特性的研究. 北京: 中国科学院植物研究所.

汪晓峰, 景新明, 郑光华. 2001. 含水量对种子贮藏寿命的影响. 植物学报(英文版), 43(6): 551-557.

王策箴. 1981. 羊草的内部构造及其细胞学的研究. 中国草地学报, (2): 41-45.

王刚, 梁学功, 冯波. 1995. 沙漠植物的更新生态位 I: 蒿、柠条、花棒种子萌发条件的研究. 西北植物学报, 15(5): 102-105.

王国栋, 吕宪国, 姜明, 等. 2012. 三江平原恢复湿地土壤种子库特征及其与植被的关系. 植物生态学报(英文版), 36(8): 763-773.

王桔红, 马瑞君, 陈文. 2012. 冷层积和室温干燥贮藏对河西走廊 8 种荒漠植物种子萌发的影响. 植物生态学报, 36(8): 791-801.

王克平, 罗璇. 1988. 羊草物种分化的研究 V. 羊草种内分化的四个生态型. 中国草地学报, (2): 51-52.

王克平. 1984. 羊草物种分化的研究——I. 野生种群的考察. 中国草原, (2): 32-36.

王雷, 董鸣, 黄振英. 2010. 种子异型性及其生态意义的研究进展. 植物生态学报, 34(5): 578-590.

王丽娟, 刘建明, 辛杭书, 等. 2012. 不同产地对羊草营养价值及其瘤胃降解特性的影响. 营养饲料, 48(21): 47-51.

王萍, 周天, 刘建国, 等. 1998. 提高羊草种子发芽能力的研究. 东北师大学报(自然科学版), (1): 54-57.

王伟青, 程红焱, 刘树君, 等. 2012. 黄皮种子线粒体呼吸速率和活性氧清除酶活性对脱水的响应及其生态学意义. 植物生态学报, 36(8): 870-879.

王伟青, 程红焱. 2006. 拟南芥突变体种子休眠与萌发的研究进展. 植物学通报, 23(6): 625-633.

王旭军, 张日清, 许忠坤, 等. 2015. 红桦不同种源种子形态性状变异. 中南林业科技大学学报, (1): 1-7.

王彦荣, 杨磊, 胡小文. 2012. 埋藏条件下 3 种干旱荒漠植物的种子休眠释放和土壤种子库. 植物生态学报, 36(8): 774-780.

王正文, 祝廷成. 2002. 松嫩草地水淹干扰后的土壤种子库特征及其与植被关系. 生态学报, 22(09): 1392-1398.

王志春, 梁正伟. 2003. 植物耐盐研究概况与展望. 生态环境, 12(1): 106-109.

王志锋, 王多伽, 于洪柱, 等. 2016. 刈割时间与留茬高度对羊草草甸草产量和品质的影响. 草业科学, 33(2): 276-282.

卫星, 申家恒. 2004. 羊草受精作用及其胚与胚乳早期发育的观察. 西北植物学报, 24(1): 31-37.

魏琪, 胡国富, 李凤兰, 等. 2005. 羊草种子愈伤组织的诱导及植株再生. 东北农业大学学报, 36(1): 41-44.

魏胜利, 王文全, 秦淑英, 等. 2008. 甘草种源种子形态与萌发特性的地理变异研究. 中国中药杂志, 33: 869-873.

文彬, 何惠英, 杨湘云, 等. 箭根薯种子的贮藏与萌发. 植物资源与环境学报, 11(3): 16-19.

武保国, 权宁玉. 1992. 羊草种子发芽特性的研究. 牧草与饲料, (1): 16-18.

夏丽华, 郭继勋. 2000. 磁场处理对羊草过氧化物酶的激活效应及同工酶分析. 应用生态学报, (5): 699-702.

徐海量, 李吉玫, 张占江, 等. 2008. 塔里木河下游退化荒漠河岸林地上植被与土壤种子库关系初探. 中国沙漠, 28(4): 657-664.

徐莉清, 舒常庆. 2007. 酸蚀处理促进盐肤木种子萌发的研究. 华中农业大学学报, 26(2): 243-245.

徐是雄, 唐锡华, 傅家瑞. 1987. 种子生理的研究进展. 广州: 中山大学出版社.

许玥, 沈泽昊, 吕楠, 等. 2012. 湖北三峡大老岭自然保护区光叶水青冈群落种子雨 10 年观测: 种子雨密度、物种构成及其与群落的关系. 植物生态学报, 36(8): 708-716.

许振柱, 周广胜. 2005. 不同温度条件下土壤水分对羊草幼苗生长特性的影响. 生态学杂志, 24(3): 256-260.

闫超. 2008. 重度苏打盐碱地羊草(Leymus chinensis)移栽的生物生态学效应. 长春: 中国科学院东北地理与农业生态研究所.

闫巧玲, 刘志民, 李荣平. 2005. 持久土壤种子库研究综述. 生态学杂志, 24(8): 948-952.

颜宏, 赵伟, 盛艳敏, 等. 2005. 盐碱胁迫对羊草和向日葵的影响. 应用生态学报, 16(8): 1497-1501.

燕雪飞, 杨允菲. 2003. 松嫩平原不同扰动生境土壤种子库的比较. 草原与草坪, (04): 22-25, 45.

燕雪飞, 杨允菲. 2007a. 松嫩平原碱化草甸两个群落土壤种子库动态. 生态学杂志, (6): 822-825.

燕雪飞, 杨允菲. 2007b. 松嫩平原碱化草甸恢复演替系列的群落种子流分析. 应用生态学报, 18(9): 2035-2039.

杨帆, 曹德昌, 杨学军, 等. 2012. 盐生植物角果碱蓬种子二型性对环境的适应策略. 植物生态学报, 36(8): 781-790.

杨帆, 罗金明, 王志春. 2014. 松嫩平原盐渍化区水盐转化规律与调控机理. 北京: 中国环境出版社.

杨利民. 2003. 中国东北样带草原段关键种——羊草茎、叶显微结构的生态可塑性及群落功能群组成和多样性研究. 北京: 中国科学院植物研究所.

杨湘云, 蔡杰, 张挺, 等. 2012. 野生植物种质资源的保存利用与 iFlora. 植物分类与资源学报, 34: 539-545.

杨映根, 郭奕明, 郭毅. 2001. 羊草种子生产及提高种子萌发率的研究进展. 种子, (5): 40-42.

杨允菲, 白云鹏, 李建东. 2012. 科尔沁沙地黄榆种子散布的空间差异及规律. 植物生态学报(英文版), 36(8): 747-753.

杨允菲, 刘庚长, 张宝田. 1995. 羊草种群年龄结构及无性繁殖对策的分析. 植物生态学报(英文版), (2): 147-153.

杨允菲, 祝玲. 1994. 松嫩平原碱化草甸野大麦的种子散布格局. 植物学报, 36(08): 636-644.

杨允菲, 祝玲. 1995. 松嫩平原盐碱植物群落种子库的比较分析. 植物生态学报, 19(2): 144-148.

杨允菲, 祝廷成. 1989a. 羊草种群种子生产的初步研究. 植物生态学与地植物学学报, 13(1): 73-78.

杨允菲, 祝廷成. 1989b. 草本植物群落种子雨的初步研究. 植物学通报, 6(1): 48-51.

杨允菲, 祝廷成. 1991. 松嫩平原大针茅群落种子雨动态的研究. 植物生态学与地植物学学报, 15(01): 46-55.

杨允菲. 1990. 松嫩平原碱化草甸星星草种子散布的研究. 生态学报, 10(03): 288-290.

易津, 李秉真, 富东英. 1993. 羊草种子休眠与脱落酸含量的关系. 草原与草业, (Z1): 60-62.

易津, 李青丰, 田瑞华. 1997. 赖草属牧草种子休眠与植物激素调控. 草地学报, 5(2): 93-100.

易津, 张秀英. 1995. 赖草属五种牧草种子萌发检验标准化研究. 内蒙古农牧学院学报, 16(3): 26-31.

易津. 1994. 羊草种子的休眠生理及提高发芽率的研究. 中国草地, (6): 1-6.

尹华军, 刘庆. 2004. 种子休眠与萌发的分子生物学的研究进展. 植物学通报, 21(2): 156-163.

于敏, 徐恒, 张华, 等. 2016. 植物激素在种子休眠与萌发中的调控机制. 植物生理学报, 52(5): 599-606.

于顺利, 方伟伟. 2012. 种子生态学研究动态. 科技导报, (30): 68-75.

于顺利, 蒋高明. 2003. 土壤种子库的研究进展及若干研究热点. 植物生态学报, 27(4): 552-560.

于顺利, 郎南军, 彭明俊, 等. 2007. 种子雨研究进展. 生态学杂志, 26(10): 1646-1652.

于遵波, 洪绂曾, 韩建国. 2006. 草地生态资产及功能价值的能值评估——以锡林郭勒羊草草地为例. 中国草地学报, 28(2): 1-6.

余叔文, 汤章城. 2001. 植物生理与分子生物学. 北京: 科学出版社.

鱼小军, 王彦荣, 龙瑞军. 2006. 光照、盐分和埋深对无芒隐子草和条叶车前种子萌发的影响. 生态学杂志, 25(4): 395-398.

曾幼玲, 蔡忠贞, 马纪, 等. 2006. 盐分和水分胁迫对两种盐生植物盐爪爪和盐穗木种子萌发的影响. 生态学杂志, 25(9): 1014-1018.

张春华, 杨允菲. 2001. 松嫩平原寸草苔种群生殖分株的种子生产与生殖分配策略. 草业学报, 10(02): 7-13.

张红生, 胡晋. 2010. 种子学. 北京: 科学出版社.

张红香, 田雨, 周道玮, 等. 2012. 大麦种子对盐的发芽响应模型. 植物生态学报, 36(8): 849-858.

张红香, 周道玮. 2009. 种子发芽生态研究. 草地学报, 17(01): 131-133.

张继涛, 徐安凯, 穆春生, 等. 2009. 羊草种群各类地下芽的发生、输出与地上植株的形成、维持动态. 草业学报, 18(4): 54-60.

张健, 郝占庆, 李步杭, 等. 2008. 长白山阔叶红松(Pinus koraiensis)林种子雨组成及其季节动态. 生态学报, 28(6): 2445-2454.

张玲, 方精云. 2004. 秦岭太白山4类森林土壤种子库的储量分布与物种多样性. 生物多样性, 12(1): 131-136.

张玲慧, 史华平, 王计平. 2013. 磁场处理对紫苏种子萌发的影响. 中国农学通报, (30): 64-68.

张新时, 唐海萍, 董孝斌, 等. 2016. 中国草原的困境及其转型. 科学通报, 62: 165-177.

张学涛, 谭敦炎. 2007. 10种菊科短命植物的物候与主要气象因子的关系. 干旱区研究, 24: 470-475.

张玉芬, 周道玮. 2002. 羊草分化及育种研究进展. 中国草地学报, 24(2): 54-58.

赵传孝, 杨根凤, 张国瞳, 等. 1986. 羊草种子发芽率的研究. 中国草原, (5): 54-56.

赵笃乐. 1995. 光对种子休眠于萌发的影响(上). 生物学通报, 30(7): 24-25.

赵金花. 2001. 小麦族根茎型牧草形态、解剖学比较研究. 呼和浩特: 内蒙古农业大学.

赵可夫, 范海. 2005. 盐生植物及其对盐渍生境的适应生理. 北京: 科学出版社.

赵可夫, 冯立田, 范海. 1999. 盐生植物种子的休眠、休眠解除及萌发的特点. 植物学通报, 16(6): 677-685.

郑景云, 葛全胜, 赵会霞. 2003. 近40年中国植物候对气候变化的响应研究. 中国农业气象, 24(1): 28-32.

中国自然资源丛书编撰委员会. 1995. 中国自然资源丛书（草地卷）. 北京: 中国环境科学出版社.

周婵, 杨允菲. 2004. 盐碱胁迫下羊草种子的萌发特性. 草业科学, 21(7): 34-36.

朱教君, 李智辉, 康宏樟, 等. 2005. 聚乙二醇模拟水分胁迫对沙地樟子松种子萌发影响研究. 应用生态学报, 16(5): 801-804.

朱选伟, 黄振英, 张淑敏, 等. 2005. 浑善达克沙地冰草种子萌发、出苗和幼苗生长对土壤水分的反应. 生态学报, 25(2): 364-370.

祝廷成. 2004. 羊草生物生态学. 长春: 吉林科学技术出版社.

Abd El-Samad H M, Shaddad M A K. 1996. Comparative effect of sodium carbonate, sodium sulfate and sodium chloride on the growth and related metabolic activities of pea plants. Journal of Plant Nutrition, 19: 717-728.

Abdul R A, Habib S A. 1989. Allelopathic effect of alfalfa(Medicago sativa) on bladygrass(Imperata cylindrica). Journal of Chemical Ecology, 15: 2289-2300.

Aerts R, Maes M, November E, et al. 2006. Surface runoff and seed trampling efficiency of shrubs in a regenerating semi-arid woodland in northern Ethiopia. Catena, 65: 61-70.

Ahlawat A S, Dagar J C. 1980. Effect of different pH, light qualities and some growth regulators on seed germination of *Bidens biternata*(Lour.)Merr and Sherff. Indian Forester, 106: 617-620.

Ahmed M Z, Khan M A. 2010. Tolerance and recovery responses of playa halophytes to light, salinity and temperature stresses during seed germination. Flora, 205: 764-771.

Aiazzi M T, Carpane P D, Di Rienzo J A, et al. 2001. Germination of *Atriplex cordobensis*(Gandoger et Stuckert): interaction between water stress and temperature. Phyton(Buenos Aires): 7-14.

Al-Hawija B N, Partzsch M, Hensen I. 2012. Effects of temperature, salinity and cold stratification on seed germination in halophytes. Nordic Journal of Botany, 30: 627-634.

Al-Khateeb S A. 2006. Effect of salinity and temperature on germination, growth and ion relations of *Panicum turgidum* Forssk. Bioresource Technology, 97: 292-298.

Amen R D. 1968. A model of seed dormancy. The Botanical Review, 34: 1-31.

Aradottir A L. 2012. Turf transplants for restoration of alpine vegetation: does size matter? Journal of Appllied Ecology, 49: 439-446.

Aronson J. 1989. Salt-Tolerant Plants of the World. Tucson: University of Arizona.

Ashraf M, Harris P J C. 2004. Potential biochemical indicators of salinity tolerance in plants. Plant Science. 166: 3-16.

Ashraf M, Orooj A. 2006. Salt stress effects on growth, ion accumulation and seed oil concentration in an arid zone traditional medicinal plant ajwain(*Trachyspermum ammi* [L.] Sprague). Journal of Arid Environments, 64(2): 209-220.

Ashraf M. 2004. Some important physiological selection criteria for salt tolerance in plants. Flora, 199: 361-376.

Ashraf M, Foolad M R. 2005. Pre-sowing seed treatment-a shotgun approach to improve germination, plant growth, and crop yield under saline and non-saline conditions. Advances in Agronomy, 88(05): 223-271.

Bakker J P, Bakker E S, Rosén E, et al. 1996. Soil seed bank composition along a gradient from dry alvar grassland to *Juniperus* shrub land. Journal of Vegetation Science, 7: 165-176.

Baskin C C, Baskin J M. 1998. Seeds: Ecology, Biogeography, and Evolution of Dormancy and Germination. San Diego: Academic Press.

Baskin C C, Baskin J M. 2014. Seeds: Ecology, Biogeography, and Evolution of Dormancy and Germination. San Diego: Elsevier/Academic Press.

Baskin C C, Milberg P, Andersson L, et al. 2001. Seed dormancy-breaking and germination requirements of *drosera anglica*, an insectivorous species of the northern hemisphere. Acta Oecologica, 22(1): 1-8.

Baskin J M, Baskin C C. 2004. A classification system for seed dormancy. Seed Science Research, 14: 1-16.

Baskin J M, Baskin C C. 1985. The annual dormancy cycle in buried weed seeds: a continuum. Bioscience, 35(8):492-498.

Basto S, Dorca-Fornell C, Thompson K, et al. 2013. Effect of pH buffer solutions on seed germination of *Hypericum pulchrum*, *Campanula rotundifolia* and *Scabiosa columbaria*. Seed Science & Technology, 41(2): 298-302.

Bayuelo-Jiménez J S, Craig R, Lynch J P. 2002. Salinity tolerance of phaseolus species during germination and early seedling growth. Crop Science, 42: 1548-1594.

Beaudoin N, Serizet C, Gosti F, et al. 2000. Interactions between abscisic acid and ethylene signaling cascades. The Plant Cell, 12: 1103-1115.

Begon M, Harper J L, Townsend C R. 1986. Ecology: Individuals, Populations, and Communities. Sunderland: Sinauer Press.

Benech-Arnold R L, Sánchez R A, Forcella F, et al. 2000. Environmental control of dormancy in weed seed banks in soil. Field Crops Research, 67: 105-122.

Bentsink L, Hanson J, Hanhart C J, et al. 2010. Natural variation for seed dormancy in *Arabidopsis* is regulated by additive genetic and molecular pathways. Proceedings of the National Academy of Sciences, 107(9): 4264-4269.

Bentsink L, Jowett J, Hanhart C J, et al. 2006. Cloning of DOG1, a quantitative trait locus controlling seed dormancy in *Arabidopsis*. Proceedings of the National Academy of Sciences, 103: 17042-17047.

Benvenuti S, Macchia M, Miele S. 2001. Light, temperature and burial depth effects on *Rumex obtusifolius* seed germination and emergence. Weed Research, 41(2): 177-186.

Bewley D J, Black M. 1994. Seeds: Physiology of Development and Germination. New York: Plenum Press.

Bewley J D. 1997. Seed germination and dormancy. Plant Cell, 9: 1055-1066.

Bhattarai S P, Fox J, Gyasi-Agyei Y. 2008. Enhancing buffel grass seed germination by acid treatment for rapid vegetation establishment on railway batters. Journal of Arid Environment, 72(3): 255-262.

Bie Z L, Tadashi I, Yutaka S. 2004. Effects of sodium sulfate and sodium bicarbonateon the growth, gas exchange and mineral composition of lettuce. Scientia Horticulturae, 99: 215-224.

Black M, Bewley J D, Halmer P. 2006. The Encyclopedia of Seeds: Science, Technology and Uses. Wallingford: CABI Publishing.

Bossuyt B, Honnay O. 2008. Can the seed bank be used for ecological restoration? An overview of seed bank characteristics in European communities. Journal of Vegetation Science, 19: 875-884.

Bouwmeester H J, Karssen C M. 1992. The dual role of temperature in the regulation of seasonal changes in dormancy and germination of seeds of Polygonum persicaria L. Oecologia, 90: 88-94.

Bove J, Lucas P, Godin B, et al. 2005. Gene expression analysis by cdna-aflp highlights a set of new signaling networks and translational control during seed dormancy breaking in nicotiana plumbaginifolia. Plant Molecular Biology, 57(4): 593-612.

Brady S M, Mccour T P. 2003. Hormone cross-talk in seed dormancy. Journal of Plant Growth Regulation, 22: 25-31.

Brändel M. 2004. The role of temperature in the regulation of dormancy and germination of two related summer-annual mudfat species. Aquatic Botany, 79: 15-32.

Brys R, Jacquemyn H, Endels P, et al. 2004. The effect of grassland management on plant traits and demographic variation in the perennial herb *Primula* veris. Journal of Applied Ecology, 41: 1080-1091.

Budelsky R A, Galatowitsch S M. 2004. Establishment of Carex stricta Lam. seedlings in experimental wetlands with implications for restoration. Plant Ecology, 175: 91-105.

Buhler D D. 1995. The influence of tillage systems on weed population dynamics and management in corn and soybean in the Central USA. Crop Science, 35: 1247-1258.

Burghardt L T, Metcalf C J E, Wilczek A M, et al. 2015. Modeling the influence of genetic and environmental variation on the expression of plant life cycles across landscapes. American Naturalist, 185: 212-227.

Busso C A, Bonvissuto G L. 2009. Soil seed bank in and between vegetation patches in arid Patagonia, Argentia. Environmental and Experimental Botany, 67: 188-195.

Cabin R J, Marshall D L. 2000. The demographic role of soil seed banks I: Spatial and temporal comparisons of below and above-ground populations of the desert mustard *Lesquerella* fendleri. Journal of Ecology, 88: 283-292.

Caines A M, Shennan C. 1999. Interaction effects of Ca^{2+} and NaCl salinity on the growth of two tomato genotypes differing in Ca^{2+} use efficiency. Plant Physiology and Biochemistry, 37: 569-576.

Cardwell V B. 1984. Seed germination and crop production. Physiological Basis of Crop Growth and Development: 53-92.

Carlo T A, Tewksbury J J, Río C M D. 2009. A new method to track seed dispersal and recruitment using ^{15}N isotope enrichment. Ecology, 90(12): 3516-3525.

Chachalis D, Reddy K N. 2000. Factors affecting *Campsis radicans* seed germination and seedling emergence. Weed Science, 48: 212-216.

Chambers J C, MacMahon J A. 1994. A day in the life of a seed: Movements and fates of seeds and their implication for natural and managed systems. Annual Review of Ecology and Systematics, 25: 263-292.

Chauhan B S, Gill G, Preston C. 2006. Influence of environmental factors on seed germination and seedling emergence of rigid ryegrass(*Lolium rigidum*). Weed Science, 54: 1004-1012.

Chejara V K, Kristiansen P, Whalley R D B, et al. 2008. Factors affecting Germination of Coolatai Grass(*Hyparrhenia hirta*). Weed Science, 56: 543-548.

Chepil W S. 1946. Germination of weed seeds. I. Longevity, periodicity of germination and vitality of seeds in cultivated soil. Scientific Agriculture, 26: 307-346.

Chi C M, Wang Z C. 2010. Characterizing salt-affected soils of Songnen Plain using saturated paste and 1: 5 soil-to-water extraction methods. Arid Land Res Manage, 24: 1-11.

Chi C M, Zhao C W, Sun X J. 2012. Reclamation of saline-sodic soil properties and improvement of rice(*Oryza sativa* L.)growth and yield using desulfurized gypsum in the west of Songnen Plain, northeast China. Geoderma, 187-188: 24-30.

Chono M, Honda I, Shinoda S, et al. 2006. Field studies on the regulation of abscisic acid content and germinability during grain development of barley: molecular and chemical analysis of pre-harvest sprouting. Journal of Experimental Botany, 57(10): 2421-2434.

Cooper E J, Wookey P A. 2003. Floral herbivory of *Dryas* octopetala by *Svalbard reindeer*. Arctic Antarctic & Alpine Research, 35: 369-376.

Croser C, Renault S, Franklin J, et al. 2001. The effect of salinity on the emergence and seedling growth of *Picea mariana*, *Picea glauca*, and *Pinus banksiana*. Environmental Pollution, 115: 9-16.

Dasgan H Y, Aktas H, Abak K, et al. 2002. Determination of screening techniques to salinity tolerance in tomatoes and investigation of genotype responses. Plant Science, 163: 695-703.

De Diego J G, Rodriguez F D, Lorenzo J L, et al. 2006. cDNA-AFLP analysis of seed germination in Arabidopsis thaliana identifies transposons and new genomic sequences. Journal of Plant Physiology, 163(4): 452-462.

De La Bandera M C, Traveset A. 2005. Reproductive ecology of *Thymelaea velutina*(Thymelaeaceae)-Factors contributing to the maintenance of heterocarpy. Plant Systematics and Evolution, 256(1): 97-112.

De Mendonca G S, Martins C C, Martins D, et al. 2014. Ecophysiology of seed germination in *Digitaria insularis*(L.)Fedde. Revista Ciencia Agronomica, 45(4): 823-832.

De Steven D, Sharitz R R. 2007. Transplanting native dominant plants to facilitate community development in restored coastal plain wetlands. Wetlands, 27: 972-978.

Debeaujon I, Leon Kloosterziel, Koornneef K M, et al. 2000. Influence of the testa on seed dormancy, germination, and longevity in *Arabidopsis*. Plant Physiology, 122: 403-414.

Debez A K B, Hamed C, Grignon A C. 2004. Salinity effects on germination, growth, and seed production of the halophyte Cakile maritima. Plant and Soil, 262: 179-189.

Delesalle V A, Blum S. 1994. Variation in germination and survival among families of Sagittaria latifolia in response to salinity and temperature. International Journal of Plant Sciences, 155: 187-195.

Derkx M P M, Karssen C M. 1993. Effects of light and temperature on seed dormancy and gibberellin-stimulated germination in *Arabidopsis thaliana*: studies with gibberellin-deficient and insensitive mutants. Physiol Plant, 89: 360-368.

Duan C R, Wang B C, Liu W Q, et al. 2004. Effect of chemical and physical factors to improve the germination rate of *Echinacea angustifolia* seeds. Colloids and Surfaces B: Biointerfaces, 37: 101-105.

Duan D, Liu X, Khan M A, et al. 2004. Effects of salt and water stress on the germination of *Chenopodium glaucum* L., seed. Pakistan Journal of Botany, 36: 793-800.

Durand M, Lacan D. 1994. Sodium partitioning within the shoot of soybean. Physiologia Plantarum, 91: 65-71.

Easton L C, Kleindorfer S. 2009. Effects of salinity levels and seed mass on germination in Australian species of *Frankenia* L. (Frankeniaceae). Environmental and Experimental Botany, 65: 345-352.

Ebrahimi E, Eslami S V. 2012. Effect of environmental factors on seed germination and seedling emergence of invasive *Ceratocarpus arenarius*. Weed Research, 52(1): 50-59.

Ehiaganare J E, Onyibe H I. 2007. Effect of pre-sowing treatments on seed germination and seedling growth of Tetracarpidium conophorun Mull. African Journal of Biotechnology, 6: 697-698.

El-Keblawy A. 2004. Salinity effects on seed germination of the common desert range grass, *Panicum turgidum*. Seed Science and Technology, 32: 943-948.

Erfanzadeh R, Hendrickx F, Maelfait J P, et al. 2010a. The effect of successional stage and salinity on the vertical distribution of seeds in salt marsh soils. Flora, 25(7): 442-448.

Erfanzadeh R, Garbutt A, Pétillon J, et al. 2010b. Factors affecting the success of early salt-marsh colonizers: seed availability rather than site suitability and dispersal traits. Plant Ecology, 206: 335-347.

Farooq M, Basra S M A, Hafeez K, et al. 2005. Thermal hardening: a new seed vigor enhancement tool in rice. Journal of Integrative Plant Biology, 47: 187-193.

Fei H, Ferhatoglu Y, Tsang E, et al. 2009. Metabolic and hormonal processes associated with the induction of secondary dormancy in *Brassica napus* seeds. Botany, 87: 585-596.

Fenner M, Thompson K. 2005. The Ecology of Seeds. Cambridge: Cambridge University Press.

Fenner M. 2002. Seeds: The Ecology of Regeneration in Plant Communities. Wallingford: CABI press.

Fitter A H, Hay R K M. 1987. Enviromental Physiology of Plants. New York: Academic Press.

Flowers T J, Gracia A, Koyama M, et al. 1997. Breeding for salt tolerance in crop plants-the role of molecular biology. Acta Physiologiae Plantarum, 19: 427-433.

Foley M E, Chao W S. 2008. Growth regulators and chemicals stimulate germination of leafy spurge(*Euphorbia esula*)seeds. Weed Science, 56: 516-522.

Forcella F, Benech-Arnold R L, Sanchez R, et al. 2000. Modeling seedling emergence. Field Crops Research, 67: 123-139.

Frieswyk C B, Zedler J B. 2006. Do seed banks confer resilience to coastal wetlands invaded by Typha×glauca? Canadian Journal of Botany, 84: 1882-1893.

Galinato M I, Van Der Valk A G. 1986. Seed germination traits of annuals and emergents recruited during drawdowns in the Delta Marsh, Manitoba, Canada. Aquatic Botany, 26: 89-102.

Gallardo K, Job C, Groot S P, et al. 2002, Proteomics of *Arabidopsis* seed germination: a comparative study of wild-type and gibberellin-deficient seeds. Plant Physiol, 129(2): 823-837.

Gao Z W, Zhu H, Gao J C, et al. 2011. Germination responses of Alfalfa(*Medicago sativa* L.)seeds to various salt-alkaline mixed stress. African Journal of Agricultural Research, 6: 3793-3803.

García C, Jordano P, Godoy J A. 2007. Contemporary pollen and seed dispersal in a Prunus mahaleb population: patterns in distance and direction. Molecular Ecology, 16: 1947-1955.

Garello G, Barthe P, Bonelli M, et al. 2000. Abscisic acid-regulated responses of dormant and non-dormant embryos of *Heliantus annuus*: role of ABA-inducible proteins. Plant Physiology and Biochememistry, 6: 473-482.

Garg B K, Gupta I C. 1997. Saline Wastelands Environment and Plant Growth. Jodhpur: Scientific Publishers.

Ghaloo S H, Soomro Z A, Khan N U, et al. 2011. Response of wheat genotypes to salinity at early growth stages. Pakistan Journal of Botany, 43: 617-623.

Ghassemian M, Nambara E, Cutler S, et al. 2000. Regulation of abscisic acid signaling by the ethylene response pathway in *Arabidopsis*. The Plant Cell, 12: 1117-1126.

Gianinetti A, Vernieri P. 2007. On the role of abscisic acid in seed dormancy of red rice. Journal of Experimental Botany, 58: 3449-3462.

Gokalp Z, Basaran M, Uzun O, et al. Spatial analysis of some physical soil properties in a saline and alkaline grassland soil of Kayseri, Turkey. African Journal of Agricultural Research, 5: 1127-1137.

Gomes Filho E, Sodck L. 1988. Effect of salinity on ribonuclease activity of *Vigna unguiculata* Cotyledons during germination. Canadian Journal of Botany, 132: 307-311.

González-Alday J, Marrs R H, Martínez-Ruiz C. 2009. Soil seed bank formation during early revegetation after hydroseeding in reclaimed coal wastes. Restoration Ecology, 35: 1062-1069.

Gosling P G, Rigg P. 1990. The effect of moisture content and prechilling duration on the efficiency of dormancy breakage in Sitka spruce(*Picea sitchenisis*)seeds. Seed Science Technology, 18: 337-343.

Graeber K, Linkies A, Muller K, et al. 2010. Cross-species approaches to seed dormancy and germination: conservation and biodiversity of ABA-regulated mechanisms and the Brassicaceae DOG1 genes. Plant Molecular Biology, 73: 67-87.

Granger K L, Gallagher R S, Fuerst E P, et al. 2011. Comparison of seed phenolic extraction and assay methods. Methods in Ecology and Evolution, 2(6): 691-698.

Grappin P, Bouinot D, Sotta B, et al. 2000. Control of seed dormancy in Nicotiana plumbaginifolia: post-imbibition abscisic acid synthesis imposes dormancy maintenance. Planta, 210: 279-285.

Greipsson S, Davy A J. 1996. Sand accretion and salinity as constraints on the establishment of *Leymus arenarius* for land reclamation in Iceland dormancy maintenance. Annals of Botany, 78: 611-618.

Gremer J R, Kimball S, Venable D L. 2016. Within-and among-year germination in sonoran desert winter annuals: bet hedging and predictive germination in a variable environment. Ecology Letters, 19(10): 1209-1218.

Grundy A C, Mead A, Bond W. 1996. Modelling the effects of weed-seed distribution in the soil profile on seedling emergence. Weed Research, 36: 375-384.

Guan B, Zhou D, Zhang H, et al. 2009. Germination responses of Medicago ruthenica seeds to salinity, alkalinity, and temperature. Journal of Arid Environments, 73: 135-138.

Guerrero-Alves J, Pla-Sentís I, Camacho R. 2002. A model to explain high values of pH in an alkali sodic soil. Scientia Agricola, 59: 763-770.

Guerrier G. 1988. Comparative phosphates activity in four species during germination in NaCl media. Journal of Plant Nutrition, 11: 535-547.

Gulzar S, Khan M A. 2001. Seed germination of a halophytic grass *Aeluropus lagopoides*. Annals of Botany, 87: 319-324.

Gupta I, Basu P K. 1988. Role of pH on natural regeneration of *Tephrosia candida*, an endangered species of North Bengal. Environmental Ecology, 6: 537-541.

Gupta R K, Abrol I P. 1990. Reclamation and management of alkali soils. Indian Journal of Agricultural Science, 60: 1-16.

Gutterman Y. 1993. Seed Germination in Desert Plants. Berlin and Heidelbeg: Springer-Verlag.

Gutterman Y. 2002. Survival Strategies of Annual Desert Plants. Berlin Heidelberg: Springer-Verlag.

Gutterman Y, Corbineau F, Come D. 1996. Dormancy of hordeum spontaneum caryopses from a population on the negev desert highlands. Journal of Arid Environments, 33(3): 337-345.

Hamdy A, Abdel-Dayem S, Abdu-Zeid M. 1993. Saline water management for optimum crop production. Agricultural Water Management, 24: 189-203.

Harper J L. 1977. The Population Biology of Plants. New York: Academic Press.

Harris D, Davy A J. 1987. Seedling growth in Elymus farctus after episodes of burial with sand. Annals of Botany, 60: 587-593.

Harris D, Davy A J. 1988. Carbon and nutrient allocation in *Elymus farctus* seedlings after burial with sand. Annals of Botany, 61: 147-157.

Harris P J C. 1981. Value of laboratory germination and viability tests in predicting field emergence of *Urena lobata* L. Field Crop Research, 4: 237-245.

Hautier Y, Niklaus P A, Hector A. 2009. Competition for light causes plant biodiversity loss after eutrophication. Science, 324: 636-638.

Hegazy A, Hammouda O, Lovett-Doust J, et al. 2009. Variations of the germinable soil seed bank along the altitudinal gradient in the northwestern Red Sea region. Acta Ecologica Sinica, 29: 20-29.

Henig-Sever N, Eshel A, Ne'eman G. 1996. pH and osmotic potential of pine ash as post-fire germination inhibitors. Physiologia Plantarum, 96: 71-76.

Hernandez-Nistal J, Labrador E, Martin I, et al. 2006. Transcriptional profiling of cell wall protein genes in chickpea embryonic axes during germination and growth. Plant Physiology and Biochemistry, 44: 684-692.

Hilhorst H W M, Karssen C M. 1992. Seed dormancy and germination: The role of abscisic acid and gibberellins and the importance of hormone mutants. Plant Growth Regulation, 11: 225-238.

Hilhorst H W M. 1995. A critical update on seed dormancy. Seed Science Research, 5: 61-73.

Hobson G E. 1981. Changes in mitochondrial composition and behaviour in relation to dormancy. Annals of Applied Biology, 98(3): 541-544.

Holdsworth M, Kurup S, McKibbin R. 1999. Molecular and genetic mechanisms regulating the transition from embryo development to germination. Trends in Plant Science, 4: 275-280.

Hopfensperger K N. 2007. A review of similarity between seed bank and standing vegetation across ecosystems. Oikos, 116: 1438-1448.

Huang Z Y, Gutterman Y. 1998. Artemisia monosperma achene germination in sand: effects of sand depth, sand/water content, cyanobacterial sand crust and temperature. Journal of Arid Environments, 38: 27-43.

Huang Z Y, Zhang X S, Zheng G H, et al. 2003. Influence of light, temperature, salinity and storage on seed germination of *Haloxylon ammodendron*. Journal of Arid Environments, 55: 453-464.

Huang Z, Dong M, Gutterman Y. 2004. Caryopsis dormancy, germination and seedling emergence in sand, of *Leymus racemosus*(poaceae), a perennial sand-dune grass inhabiting the junggar basin of xinjiang, China. Australian Journal of Botany, 52(4): 519-528.

Huang Z, Liu S, Bradford K J, et al. 2016. The contribution of germination functional traits to population dynamics of a desert plant community. Ecology, 97(1): 250-261.

Iglesias R G, Babiano M J. 1997. Endogenous abscisic acid during the germination of chickpea seed. Physiologia Plantarum, 100: 500-504.

Issa F, Daniel F, Jean-Francois R, et al. 2010. Inheritance of fresh seed dormancy in Spanishtype peanut(*Arachis hypogaea* L.): bias introduced by inadvertent selfed flowers as revealed by microsatellite markers control. African Journal of Biotechnology, 9: 1905-1910.

Jacquemyn H, Brys R, Hermy M. 2003. Short-term effects of different management regimes on the response of calcareous grassland vegetation to increased nitrogen. Conservation Biology, 111: 137-147.

Jacquemyn H, Van Mechelen G, Brys R, et al. 2011. Management effects on the vegetation and soil seed bank of calcareous grasslands: an 11-year experiment. Conservation Biology, 144: 416-422.

James D W. 1990. Plant nutrient interactions in alkaline and calcareous soils//Baligar V C, Duncan R R. Crops as Enhancers of Nutrient Use. New York: Academic Press.

Janssens F, Peeters A, Tallowin J R B, et al. 1998. Relationship between soil chemical factors and grassland diversity. Plant and Soil, 202: 69-78.

Jarvis J C, Moore K A. 2008. Influence of environmental factors on *Vallisneria americana* seed germination. Aquatic Botany, 88: 283-294.

Jiang S C, He N P, Wu L, et al. 2010. Vegetation restoration of secondary bare saline-alkali patches in the Songnen plain, China. Applied Vegetation Science, 13: 47-55.

Jin H, Plaha P, Park J Y, et al. 2006. Comparative EST profiles of leaf and root of *Leymus chinensis*, a xerophilous grass adapted to high pH sodic soil. Plant Science, 170: 1081-1086.

Joshi J B, Schmid M C, Caldeira P G, et al. 2001. Local adaptation enhances performance of common plant species. Ecology Letters, 4: 536-544.

Kalamees R, Zobel M. 2002. The role of the seed bank in gap regeneration in a calcareous grassland community. Ecology, 83: 1017-1025.

Karssen C M, Lacka E. 1986. A revision of the hormone balance theory of seed dormancy: Studies on gibberellin and/or abscisic acid-deficient mutants of Arabidopsis thaliana//Bopp M. Plant Growth Substances. Berlin: Springer-Verlag.

Karssen C M. 1995. Hormonal regulation of seed development, dormancy, and germination studied by genetic control//Kigel J, Galili G. Seed Development and Germination. New York: Marcel Dekker.

Kassahun A, Snyman H A, Smit G N. 2009. Soil seed bank evaluation along a degradation gradient in arid rangelands of the Somali region, eastern Ethiopia. Agriculture, Ecosystems & Environment, 129(4): 428-436.

Katembe W J, Ungar I A, Mitchell J P. 1998. Effect of salinity on germination and seedling growth of two Atriplex species(Chenopodiaceae). Annals of Botany, 82: 167-175.

Katsuhara M, Yazaki Y, Sakano K, et al. 1997. Intracellular pH and proton-transport in barley root cells under salt stress: in vivo 31P-NMR study. Plant Cell Physiology, 38: 155-160.

Keeley J E, Fotheringham C J. 1997. Trace gas emissions and smoke-induced seed germination. Science, 276: 1248-1250.

Keiffer C H, Ungar I A. 1995. Germination responses of the halophyte seeds exposed to prolonged hypersaline conditions//Khan M A, Ungar I A. Biology of salt tolerant plants. Karachi: University of Karachi.

Kermode A R. 2005. Role of Abscisic Acid in Seed Dormancy. Journal of Plant growth Regulation, 24: 319-344.

Kettenring K M, Galatowitsch S M. 2007. Temperature requirements for dormancy break and seed germination vary greatly among 14 wetland Carex, species. Aquatic Botany, 87(3): 209-220.

Khajeh-Hosseini M, Powell A A, Bingham I J. 2003. The interaction between salinity stress and seed vigour during germination of soybean seeds. Seed Science & Technology, 31: 715-725.

Khalid M N, Iqbal H F, Tahir A, et al. 2001. Germination potential of chickpeas under saline conditions. Pakistan Journal of Biological Sciences, 4(4): 395-396.

Khan A A. 1971. Cytokinins: permissive role in seed germination. Science, 171(3974): 853-859.

Khan M A, Gul B. 1998. High salt tolerance in the germinating dimorphic seeds of *Arthrocnemum indicum*. International Journal of Plant Sciences, 159: 826-832.

Khan M A, Gul B. 2006. Halophyte seed germination//Khan M A, Weber D J. Eco-physiology of High Salinity Tolerant Plants. Netherlands: Springer.

Khan M A, Gulzar S. 2003. Light, salinity and temperature effects on the seed germination of perennial grasses. American Journal of Botany, 90(1): 131-134.

Khan M A, Rizvi Y. 1994. Effect of salinity, temperature and growth regulators on the germination and early seedling growth of *Atriplex griffithii* var. Stocksii. Canadian Journal of Botany, 72: 475-479.

Khan M A, Ungar I A. 1997. Effect of light, salinity and thermoperiod on seed germination of halophytes. Canadian Journal of Botany, 75: 835-841.

Khan M A, Ungar I A. 2001. Seed germination of a halophytic grass *Aeluropus lagopoides*. Annals of Botany, 87: 319-324.

Kitajima K, Fenner M. 2000. Ecology of seedling regeneration//Fenner M. Seeds: The Ecology of Regeneration in Plant Communities. Wallingford: CABI Publishing.

Klug-Pümpel B, Scharfetter-Lehrl G. 2008. Soil diaspore reserves above the timberline in the Austrian Alps. Flora, 203: 292-303.

Knight, J, Harrison, S. 2013. The impacts of climate change on terrestrial earth surface systems. Nature Climate Change, 3: 24-29.

Koch M A, Scheriau C, Schupfner M, et al. 2011. Long-term monitoring of the restoration and development of limestone grasslands in north western Germany: vegetation screening and soil seed bank analysis. Flora, 206: 52-65.

Kochanek J, Buckley Y M, Probert R J, et al. 2010. Pre-zygotic parental environ-ment modulates seed longevity. Austral Ecology, 35: 837-848.

Koger C, Reddy K N, Poston D H. 2004. Factors affecting seed germination, seedling emergence, and survival of texasweed (*Caperonia palustris*). Weed Science, 52: 989-995.

Koornneef M, Bentsink L, Hilhorst H. 2002. Seed dormancy and germination. Current Opinion in Plant Biology, 5: 33-36.

Kopittke P M, Menzies N W. 2005. Effect of pH on Na induced Ca deficiency. Plant Soil., 269: 119-129.

Koyro H W, Eisa S S. 2008. Effect of salinity on composition, viability and germination of seeds of *Chenopodium quinoa Willd*. Plant and Soil, 302(1-2): 79-90.

Krauss J, Bommarco R, Guardiola M, et al. 2010. Habitat fragmentation causes immediate and time-delayed biodiversity loss at different trophic levels. Ecology Letters, 13: 597-605.

Lang G A, Early J D, Arroyave N J, et al. 1985. Dormancy: toward a reduced, universal terminology. Hort Science, 20: 809-812.

Lang G A, Early J D, Martin G C, et al. 1987. Endo-, para-, and ecodormancy: physiological terminology and classification for dormancy research. Hortscience, 22: 371-377.

Laughlin D C, Joshi C, van Bodegom P M, et al. 2012. A predictive model of community assembly that incorporates intraspecific trait variation. Ecology Letters, 15(11): 1291-1299.

Le Page-Degivry M T, Bianco J, Barthe P, et al. 1996. Change in hormone sensitivity in relation to onset and breaking of sunflower embryo dormancy//Lang G A. Plant dormancy: physiology, biochemistry and molecular biology. Oxford: CBA International: 221-231.

Leck M A, Schütz W. 2005. Regeneration of Cyperaceae, with particular reference to seed ecology and seed bank. Perspectives in Plant Ecology, Evolution and Systematics, 7: 95-133.

Lee K S, Park J I. 2008. An effective transplanting technique using shells for restoration of Zostera marina habitats. Mar Pollut Bull, 56: 1015-1021.

Leek M A, Parker V T, Simpson R L. 1989. Ecology of Soil Seed Banks. New York: Academic Press.

Leinonen K. 1998. Effects of storage conditions on dormancy and vigor of *Picea abies* seeds. New Forests, 16(3): 231-249.

Leon-Kloosterziel K M, Keijzer C J, Koornneef M. 1994. A seed shape mutant of Arabidopsis that is affected in integument development. Plant Cell, 6(3): 385-392.

Leopold A C, Glenister R, Cohn M A. 1988. Relationship between water content and afterripening in red rice. Plant Physiology, 74: 659-662.

Leyer I, Pross S. 2009. Do seed and germination traits determine plant distribution patterns in riparian landscapes. Basic and Applied Ecology, 10(2): 113-121.

Leymarie J, Bruneaux E, Gibot-Leclerc S, et al. 2007. Identification of transcripts involved in barley seed germination and dormancy using cDNA-AFLP. Journal of Experimental Botany, 58: 425-437.

Li J, Yin L Y, Jongsma M A, et al. 2011. Effects of light, hydropriming and abiotic stress on seed germination, and shoot and root growth of pyrethrum(*Tanacetum cinerariifolium*). Industrial Crops and Products, 34(3): 1543-1549.

Li R, Shi F, Fukuda K. 2010. Interactive effects of salt and alkali stresses on seed germination, germination recovery, and seedling growth of a halophyte *Spartina alterniflora*(Poaceae). South African Journal of Botany, 76: 380-387.

Liu G X, Han J G. 2008. Seedling establishment of wild and cultivated *Leymus chinensis*(Trin.) Tzvel. under different seeding depths. Journal of Arid Environments, 72(3): 279-284.

Liu G S, Qi D M, Shu Q Y. 2004. Seed germination characteristics in the perennial grass species *Leymus chinensis*. Seed Science and Technology, 32(3): 717-25.

Liu Z M, Jiang G M, Yu S L. 2009. The role of soil seed banks in natural restoration of the degraded Hunshandak Sandlands, Northern China. Restoration Ecology, 17(1): 127-136.

Lombardi T, Fochetti T, Onnis A. 1998. Germination of *Briza maxima* L. seeds: effects of temperature, light, salinity and seed harvesting time. Seed Science and Technology, 26: 463-470.

Luzuriaga A L, Escudero A, Olano J M, et al. 2005. Regenerative role of seed banks following an intense soil disturbance. Acta Oecologica, 27: 57-66.

Ma H Y, Liang Z W, Wang S H, et al. 2010a. Cold stratification, fluctuating temperatures and removal of the glumes significantly improved germination of *Leymus chinensis*. Journal of Food, Agriculture & Environment, 8(3&4): 1291-1296.

Ma H Y, Liang Z W, Wang M M, et al. 2010b. Mechanisms of the glumes on seed germination of *Leymus chinensis*(Trin.)Tzvel. (Poaceae). Seed Science and Technology, 38(3): 655-664.

Ma H Y, Liang Z W, Wang Z C, et al. 2008. Lemmas and Endosperms Significantly Inhibited Germination of *Leymus chinensis*(Trin.)Tzvel. (Poaceae). Journal of Arid Environments, 72(4): 573-578.

Ma H Y, Liang Z W, Wu H T, et al. 2010c. Role of endogenous hormones, glumes, endosperm and temperature on germination of *Leymus chinensis*(Poaceae)seeds during development. Journal of Plant Ecology-UK, 3(2): 269-277.

Ma H Y, Liang Z W, Yang H Y. 2011. Ion adaptive mechanisms of *Leymus chinensis* to saline-alkali stress. Journal of Food, Agriculture & Environment, 8(3&4): 688-692.

Ma H Y, Lv B S, Li X W, et al. 2014. Germination response to differing salinity levels for 18 grass species from the saline-alkaline grasslands of the Songnen Plain, China. Pakistan Journal of Botany, 46: 1147-1152.

Ma H Y, Yang H Y, Lv X T, et al. 2015a. Does high pH give a reliable assessment of the effect of alkaline soil on seed germination? A case study with *Leymus chinensis*(Poaceae). Plant and Soil, 394(1): 35-43.

Ma H Y, Yang H Y, Liang Z W, et al. 2015b. Effects of 10-Year management regimes on the soil seed bank in saline-alkaline grassland. PLOS ONE, 10(4): e0122319.

Ma H Y, Erickson T E, Merritt D J. 2018a. Seed dormancy regulates germination response to smoke and temperature in a rhizomatous evergreen perennial. AoB Plants, 10: ply042.

Ma H Y, Wu HT, Ooi M K J. 2018b. Within population variation in germination response to smoke cues: convergent recruitment strategies and different dormancy types. Plant and Soil, 427(1-2): 281-290.

Ma H Y, Zhao D D, Ning Q R, et al. 2018c. A multi-year beneficial effect of seed priming with gibberellic acid-3 (GA) on plant growth and production in a perennial grass, *Leymus chinensis*. Scientific Reports, 8: 13214.

Ma H Y, Li J P, Yang F, et al. 2018d. Regenerative role of soil seed banks of different successional stages in a saline-alkaline grassland in northeast China. Chinese Geographical Science, 28(4): 694-706.

Ma M, Ma Z, Du G. 2014. Effects of water level on three wetlands soil seed banks on the Tibetan Plateau. PLOS ONE, 9(7): e101458.

Ma M, Zhou X, Du G. 2010. Role of soil seed bank along a disturbance gradient in an alpine meadow on the Tibet plateau. Flora, 205: 128-134.

Ma M, Zhou X, Du G. 2013. Effects of disturbance intensity on seasonal dynamics of alpine meadow soil seed banks on the Tibetan Plateau. Plant and Soil, 369: 283-295.

Mahmood K. 1998. Effects of salinity, external K^+/Na^+ ratio and soil moisture on growth and ion content of *Sesbania rostrata*. Biologia Plantarum, 41(2): 297-302.

Mandić V, Krnjaja V, Tomić Z, et al. 2012. Genotype, seed age and pH impacts on germination of alfalfa. Romanian Biotechnological Letters, 17: 7205-7211.

Manning J C, Staden J. 1987. The functional differentiation of the testa in seeds of *Indigofera parviflora*(Leguminosae, Paplinooideae). Annals of Botany, 59: 705-713.

Maraghni M, Gorai M, Neffati M. 2010. Seed germination at different temperatures and water stress levels, and seedling emergence from different depths of *Ziziphus lotus*. South African Journal of Botany, 76: 453-459.

Maraschin S D, Caspers M P, Potokina E, et al. 2006. cDNA array analysis of stress-induced gene expression in barley androgenesis. Physiologia Plantarum, 127(4): 535-550.

Marcante S, Schwienbacher E, Erschbamer B. 2009. Genesis of a soil seed bank on a primary succession in the Central Alps(ötztal, Austria). Flora, 204: 434-444.

Marschner H. 1986. Mineral Nutrition of Higher Plants. London: Academic Press, 465-476.

Martínez-Duro E, Ferrandis P, Herranz J M. 2009. Factors controlling the regenerative cycle of *Thymus funkii* subsp. *funkii* in a semi-arid gypsum steppe: A seed bank dynamics perspective. Journal of Arid Environments, 73: 252-259.

Martins A M, Engel V L. 2007. Soil seed banks in tropical forest fragments with different disturbance histories in southeastern Brazil. Ecological Engineering, 31: 165-174.

Mashhady A S, Rowell D L. 1978. Soil alkalinity, equilibria and alkalinity development. Journal of Soil Science and Plant Nutrition, 29: 65-75.

Matilla A J. 2000. Ethylene in seed formation and germination. Seed Science Research, 10: 111-126.

Matoh T, Watanabe J, Takahashi E. 1987. Sodium, potassium, chloride, and betaine concentrations in isolated vacules from salt-grown Atriplex gmelini leaves. Plant Physiology, 84: 173-177.

Matus G, Papp M, Tóthmérész B. 2005. Impact of management on vegetation dynamics and seed bank formation of inland dune grassland in Hungary. Flora, 200: 296-306.

Mayer A M, Poljakoff-Mayber A. 1982. The Germination of Seeds. Oxford: Pergamon Press.

Menzies N W, Fulton I M, Kopittke R A, et al. 2009. Fresh water leaching of alkaline bauxite residue after sea water neutralization. Journal of Environmental Quality, 38: 2050-2057.

Michael B E, Kaufaman M R. 1973. The osmotic potential of polyethylene glycol 6000. Plant Physiology, 51:914-916.

Milberg P. 1995. Soil seed bank after eighteen years of succession from grassland to forest. Oikos, 72: 3-13.

Miller R W. 1989. Germination and growth inhibitors of alfalfa. Journal of Natural Products, 51: 328-330.

Mitlacher K, Poschlod P, Rosén E, et al. 2009. Restoration of wooded meadows-a comparative analysis along a chronosequence on Öland(Sweden). Journal of Vegetation Science, 5: 63-73.

Mohamed-Yasseen Y, Barringer S A, Splittstoesser W E, et al. 1994. The role of seed coats in seed viability. Botanical Review, 60: 426-439.

Mondoni A, Daws M I, Belotti J, et al. 2009. Germination requirements of the alpine endemic Silene elisabethae Jan: effects of cold stratification, light and GA$_3$. Dental Research Journal, 37(1): 79-87.

Moons A, Bauw G, Prinsen E, et al. 1995. Molecular and physiological responses to abscisic acid and salts in roots of salt-sensitive and salt-tolerant Indica rice varieties. Plant Physiology, 107: 177-186.

Mooring M T, Cooper A W, Seneca E D. 1971. Seed germination response and evidence for height of ecophenes in *Spartina alterniflora* from North Carolina. American Journal of Botany, 58(1): 48-56.

Morais M C, Panuccio M R, Muscolo A, et al. 2012. Does salt stress increase the ability of exotic legume *Acacia longifolia* to compete with native legumes in sand dune ecosystems? Environmental and Experimental Botany, 82: 74-79.

Morris E C, Tieu A, Dixon K E. 2000. Seed coat dormancy in two species of grevillea(Proteaceae). Annals of Botany, 86: 771-775.

Muhammad N K, Iqbal H F, Tahir A, et al. 2001. Pakistan Journal of Biological Sciences, 4(4): 395-396.

Muhammad Z, Hussain F. 2012. Effect of NaCl salinity on the germination and seedling growth of seven wheat genotypes. Pakistan Journal of Botany, 44: 1845-1850.

Nakamura I, Hossain M A. 2009. Factors affecting the seed germination and seedling emergence of redflower ragleaf (*Crassocephalum crepidioides*). Weed Biology and Management, 9(4): 315-322.

Nambara E, Okamoto M, Tatematsu K, et al. 2010. Abscisic acid and the control of seed dormancy and germination. Seed Science Research, 20: 55-67.

Nathan R. 2006. Long distance dispersal of plants. Science, 313(5788): 786.

Nikolaeva M G. 1969. Physiology of deep dormancy in seeds(Fiziologiya glubokogo pokoya semyan). Translated from Russian by Z. Shapiro, National Science Foundation: Washington D C.

Nikolaeva M G. 1977. Factors controlling the seed dormancy pattern//Khan A A. The Physiology and Biochemistry of Seed Dormancy and Germination. Amsterdam, North-Holland, 51-74.

Nikolaeva M G. 2001. Ecological and physiological aspects of seed dormancy and germination(review of investigations for the last century). Botanicheskii Zhurnal, 86: 1-14.

Nishimura N, Yoshida T, Kitahata N, et al. 2007. ABA-hypersensitive germination 1 encodes a protein phosphatase 2C, an essential component of abscisic acid signaling in Arabidopsis seed. Plant Journal, 50: 935-949.

Norsworthy J K, Oliveira M J. 2005. Coffee senna(*Cassia occidentalis*)germination and emergence is affected by environmental factors and seeding depth. Weed Science, 53: 657-662.

Norvig P, Relman D A, Goldstein D B. 2010. 2020 vision. Nature, 463: 26-32.

Oksanen J. 2014. Multivariate analysis of ecological communities in R: vegan tutorial. http://cc.oulu. fi/jarioksa/opetus/metodi/ vegantutor. pdf[2014-03-24].

Ooi M K J. 2012. Seed bank persistence and climate change. Seed Science Research, 22: 53-60.

Orth R J, Harwell M C, Fishman J R. 1999. A rapid and simple method for transplanting eelgrass using single, unanchored shoots. Aquatic Botany, 64: 77-85.

Page M J, Beeton R J S. 2000. Is the removal of domestic stock sufficient to restore semi-arid conservation areas? Pacific Conservation Biology, 6: 245-253.

Pakeman R, Small J. 2005. The role of the seed bank, seed rain and the timing of disturbance in gap regeneration. Journal of Vegetation Science, 16: 121-130.

Panta S, Flowers T, Lane P, et al. 2014. Halophyte agriculture: success stories. Environmental and Experimental Botany, 107: 71-83.

Perez T, Moreno C, Seffino G L, et al. 1998. Salinity effects on the early development stages of *Panicum coloratum*: Cultivar differences. Grass and Forage Science, 53(3): 270-278.

Pérez-Fernández M A, Calvo-Magro E, Montanero-Fernández J, et al. 2006. Seed germination in response to chemicals: Effect of nitrogen and pH in the media. Journal of Environmental Biology, 27: 13-20.

Piovan M J, Zapperi G M, Pratolongo P D. 2014. Seed germination of Atriplex undulata under saline and alkaline conditions. Seed Science and Technology, 42(2): 286-292.

Poljakoff-Mayber A, Somers G F, Werker E, et al. 1994. Seeds of Kosteletzkya virginica(Malvaceae): their structure, germination and salt tolerance. American Journal of Botany, 81(1): 54-59.

Potokina E, Sreenivasuslu N, Altschmied L, et al. 2002. Differential gene expression during seed germination in barley (*Hordeum vulgare* L.). Functional and Integrative Genomics, 2(1-2): 28-39.

Powell A D, Dulson J, Bewley J D. 1984. Changes in germination and respiratory potential of embryos of dormant Grand Rapids lettuce seeds during long-term imbibed storage, and related changes in the endosperm. Planta, 162: 40-45.

Probert R J. 2000. The role of temperature in the regulation of seed dormancy and germination//Fenner M. Seeds: The Ecology and Regeneration in Plant Communities. New York: CBA International.

Pujol J A, Calvo J F, Ramírez-Díaz L. 2000. Recovery of germination from different osmotic conditions by four halophytes from southeastern Spain. Annals of Botany, 85: 279-286.

Qadir M, Oster J D, Schubert S, et al. 2006. Vegetative bioremediation of sodic and saline-sodic soils for productivity enhancement and environment conservation//Öztürk M, Waisel Y, Khan M A, et al. Biosaline Agriculture and Salinity Tolerance in Plants. Birkhäuser Basel, 137-146.

Qiu J, Bai Y, Fu Y B, et al. 2010. Spatial variation in temperature thresholds during seed germination of remnant *Festuca hallii* populations across the Canadian prairie. Environmental and Experimental Botany, 67: 479-486.

Qu X X, Huang Z Y, Baskin J M, et al. 2008. Effect of temperature, light and salinity on seed germination and radicle growth of the geographically-widespread halophyte shrub *Halocnemum strobilaceum*. Annals of Botany, 101: 293-299.

Rajput L, Imran A, Mubeen F, et al. 2013. Salt-tolerant PGPR strain *Planococcus rifietoensis* promotes the growth and yield of wheat(*Triticum aestivum* L.)cultivated in saline soil. Pakistan Journal of Botany, 45: 1955-1962.

Ramoliya P J, Pandey A N. 2003. Soil salinity and water status affect growth of Phoenix dactylifera seedlings. New Zealand Journal of Crop and Horticultural Science, 31: 345-353.

Ramoliya P J, Patel H M, Pandey A N. 2004. Effect of salinisation of soil on growth and macro- and micro-nutrient accumulation in seedlings of *Acacia catechu*(Mimosaceae). Annals of Applied Biology, 144: 321-332.

Redmann R E, Abouguendia Z M. 1979. Germination and seedling growth on substrates with extreme pH-laboratory evaluation of buffers. Journal of Applied Ecology, 16: 901-907.

Rehman S, Park I H. 2000. Effect of scarification, GA and chiuing on the germination of goldenrain-tree(Koelreuteria *paniculata* Laxm.)seeds. Scientia Horticulturae, (85): 319-324.

Ren J, Tao L, Liu X M. 2002. Effect of sand burial depth on seed germination and seedling emergence of *Calligonum* L. species. Journal of Arid Environments, 51: 603-611.

Rengasamy P. 2010. Soil processes affecting crop production in salt-affected soils. Functional Plant Biology, 37(7): 613-620.

Renton M, Airey M, Cambridge M L, et al. 2011. Modelling seagrass growth and development to evaluate transplanting strategies for restoration. Annals of Botany, 108: 1213-1223.

Rivard P G, Woodard P M. 1989. Light, ash, and pH effects on the germination and seedling growth of *Typha latifolia*(cattail). Canadian Jouranl of Botany, 67: 2783-2787.

Rohlf F J. 1993. Numerical Taxonomy and Multivariate Analysis System(version 1. 80). New York: Exeter Software.

Roig T, Bäckman P, Olofsson G. 1993. Ionization enthalpies of some common zwitterionic hydrogen-ion buffers(HEPES, PIPES, HEPPS and BES)for biological research. Acta Chemica Scandinavica, 47: 899-901.

Russi L, Cocks P S, Roberts E H. 1992. Seed bank dynamics in Mediterranean grassland. Journal of Applied Ecology, 29: 763-771.

Salehi H, Khosh-Khui M. 2005. Enhancing seed germination rate of four turf grass genera by acid treatments. Journal of Agronomy and Crop Science, 191: 346-350.

Schmiede R, Donath T W, Otte A. 2009. Seed bank development after the restoration of alluvial grassland via transfer of seed-containing plant material. Biological Conservation, 142: 404-413.

Seiler G J. 1998. Seed maturity, storage time and temperature, and media treatment effects on germination of two wild sunflowers. Agronomy Journal, 90: 221-226.

Seiwa K, Watanabe A, Saitoh T, et al. 2002. Effects of burying depth and seed size on seedling establishment of Japanese chestnuts, Castanea crenata. Forest Ecology and Management, 164(1-3): 149-156.

Shang Z H, Ma Y S, Long R J, et al. 2008. Effect of fencing, artificial seeding and abandonment on vegetation composition and dynamics of 'black soil land' in the headwaters of the Yangtze and the Yellow Rivers of the Qinghai-Tibetan Plateau. Land Degradation and Development, 19: 554-563.

Shani E, Yanai O, Ori N. 2006. The role of hormones in shoot apical meristem function. Current Opinion in Plant Biology, 9: 484-489.

Shen Y, Liu W, Cao M, et al. 2007. Seasonal variation in density and species richness of soil seed-banks in karst forests and degraded vegetation in central Yunnan, SW China. Seed Science Research, 17: 99-107.

Shi D C, Sheng Y M, Zhao K F. 1998. Simulated complex alkali-saline conditions and their effects on growth of *Leymus chinensis* seedlings. Acta Pratacultural Science, 7(01): 36-41.

Shi D C, Wang D L. 2005. Effects of various salt-alkaline mixed stresses on *Aneurolepidium chinense*(Trin.)Kitag. Plant and Soil., 271(1-2): 15-26.

Shi D, Yin S, Yang G, et al. 2002. Citric acid accumulation in an alkali-tolerant plant *Puccinellia tenuiflora* under alkaline stress. Journal of Botany, 44(5): 537-540.

Silva E A A, Toorop P E, Nijsse J, et al. 2005. Exogenous gibberellins inhibit coffee(*Coffea Arabica* cv. Rubi)seed germination and cause cell death in the embryo. Journal of Experimental Botany, 56(413): 1029-1038.

Smith A B, Alsdurf J, Knapp M, et al. 2017. Phenotypic distribution models corroborate species distribution models: A shift in the role and prevalence of a dominant prairie grass in response to climate change. Global Change Biology, 23(10): 4365-4375.

Smith S E, Mosher R, Fendenheim D. 2000. Seed production in sideoats grama populations with different grazing histories. Journal of Range Management, 53: 550-555.

Smith S E, Riley E, Tiss J L, et al. 2000. Geographical variation in predictive seedling emergence in a perennial desert grass. . Journal of Ecology, 88(1): 139-149.

Solomon T B, Snyman H A, Smit G N. 2006. Soil seed bank characteristics in relation to land use systems and distance from water in a semi-arid rangeland of southern Ethiopia. South African Journal of Botany, 72: 263-271.

Solomon T B, Snyman H A, Smit G N. 2007. Cattle-rangeland management practices and perceptions of pastoralists towards rangeland degradation in Borana zone of Southern Ethiopia. Journal of Environmental Management, 82(4): 481-494.

Song J, Fan H, Zhao Y, et al. 2008. Effect of salinity on germination, seedling emergence, seedling growth and ion accumulation of a euhalophyte *Suaeda salsa* in an intertidal zone and on saline inland. Aquatic botany, 88(4): 331-337.

Sosa L, Llanes A, Reinoso H, et al. 2005. Osmotic and specific ion effects on the germination of *Prosopis strombulifera*. Annals of Botany, 96: 261-267.

Sternberg M, Gutman M, Perevolotsky A, et al. 2003. Effects of grazing on soil seed bank dynamics: an approach with functional groups. Journal of Vegetation Science, 14: 375-386.

Stokes C A, MacDonald G E, Adams C R, et al. 2011. Seed biology and ecology of natalgrass(*Melinis repens*). Weed Science, 59(4): 527-532.

Stroh M, Storm C, Zehm A, et al. 2002. Restorative grazing as a tool for directed succession with diaspore inoculation: the model of sand ecosystems. Phytocoenologia, 32: 595-625.

Sugimoto K, Takeuchi Y, Ebana K, et al. 2010. Molecular cloning of *Sdr*4, a regulator involved in seed dormancy and domestication of rice. PNAS, 107(13): 5792-5797.

Suthar A C, Naik V R, Mulani R M. 2009. Seed and seed germination in Solanum nigrum Linn. American-Eurasian Journal of Agricultural and Environmental Science, 5: 179-183.

Sykes M T, Wilson J B. 1990. Dark tolerance in plants of dunes. Functional Ecology, 4: 799-805.

Szabó A, Tóth T. 2011. Relationship between soil properties and natural grassland vegetation on sodic soils. Ecological Questions, 14: 65-67.

Tang A J, Tian M H, Long C L. 2009. Environmental control of seed dormancy and germination in the short-lived *Olimarabidopsis pumila*(Brassicaceae). Journal of Arid Environments, 73: 385-388.

Tanji K K. 1990. Nature and extent of agricultural salinity//Robbins C W, Wiegand C L. Agricultural Salinity Assessment and Management. New York: American Society of Civil Engineers.

Tanner C E, Parham T. 2010. Growing Zostera marina(eelgrass)from seeds in land-based culture systems for use in restoration projects. Restoration Ecology, 18(4): 527-537.

Tavakkoli E, Fatehi F, Coventry S, et al. 2011. Additive effects of Na^+ and Cl^- ions on barley growth under salinity stress. Journal of Experimental Botany, 62: 2189-2203.

Thomas T H, Davies I. 2002. Responses of dormant heather(*Calluna vulgaris*)seeds to light, temperature, chemical and advancement treatments. Plant Growth Regulation, 37(1): 23-29.

Tlig T, Gorai M, Neffati M. 2008. Germination responses of Diplotaxis harra to temperature and salinity. Flora, 203(5): 421-428.

Tobe K, Li X, Omasa K. 2000. Effects of sodium chloride on seed germination and growth of two Chinese desert shrubs, *Haloxylon ammodendron* and H. *persicum*(Chenopodiaceae). Australian Journal of Botany, 48: 455-460.

Tobe K, Li X, Omasa K. 2002. Effects of sodium, magnesium and calcium salts on seed germination and radicle survival of a halophyte, *Kalidium caspicum*(Chenopodiaceae). Australian Journal of Botany, 50: 163-169.

Tobe K, Li X, Omasa K. 2004. Effects of five different salts on seed germination and seedling growth of *Haloxylon ammodendron*(Chenopodiaceae). Seed Science Research, 14(04): 345-353.

Tobe K, Zhang L, Omasa K. 2006. Seed germination and seedling emergence of three Artemisia species(Asteraceae)inhabiting desert sand dunes in China. Seed Science Research, 16: 61-69.

Toyomasu T, Tsuji H, Yamane H, et al. 1993. Light effects on endogenous levels of gibberellins in photoblastic lettuce seeds. Journal of Plant Growth Regulation, 12: 85-90.

Turner G D, Lau R R, Young D. 1988. Effect of acidity on germination and seedling growth of *Paulownia tomentosa*. Journal of Applied Ecology, 25(2): 561-567.

Uesugi R, Nishihiro J, Tsumura Y, et al. 2007. Restoration of genetic diversity from soil seed banks in a threatened aquatic plant, *Nymphoides peltata*. Conservation Genetics, 8: 111-121.

Ungar I A. 1997. Population ecology of halophyte seeds. Botanical Review, 53: 301-344.

Ungar I A. 2001. Seed banks and seed population dynamics of halophytes. Wetlands Ecology and Management, 9: 499-510.

Ungar I S. 1995. Seed germination and seed-bank ecology in halophytes//Kigel J, Galili G. Seed Development and Seed Germination. New York: Marcel Dekker.

Urbanska K W, Fattorini M. 2000. Seed rain in high altitude restoration plots in Switzerland. Restoration ecology, 8: 74-79.

Valkó O, Tóthmérész B, Kelemen A, et al. 2014. Environmental factors driving seed bank diversity in alkali grasslands. Agriculture Ecosystems & Environment., 182(1): 80-87.

Vecrin M P, Grévilliot F, Muller S. 2007. The contribution of persistent soil seed banks and flooding to the restoration of alluvial meadows. Journal for Nature Conservation, 15: 59-69.

Vertucci C W, Roos E E. 1993. Theoretical basis of protocols for seed storage II. The influence of temperature on optimal moisture levels. Seed Science Research, 3: 201-213.

Vicente O M, Boscaiu M A, Naranjo E, et al. 2004. Responses to salt stress in the halophyte *Plantago crassifolia*(Plantaginaceae). Journal of Arid Environments, 58: 463-481.

Vleeshouwers L M, Ouwmeester H J, Karssen C M. 1995. Redefining seed dormancy: an attempt to integrate physiology and ecology. Journal of Ecology, 83: 1031-1037.

Wang C H, Tang L, Fei S F, et al. 2009. Determinants of seed bank dynamics of two dominant helophytes in a tidal salt marsh. Ecological engineering, 35(5): 800-809.

Wang G, Middleton B, Jiang M. 2013. Restoration potential of sedge meadows in hand‐cultivated soybean fields in northeastern China. Restoration Ecology, 21: 1-8.

Wang L, Li X, Chen S, et al. 2008. Enhanced drought tolerance in transgenic *Leymus chinensis* plants with constitutively expressed wheat TaLEA(3). Biotechnology Letters, 31(2): 313-319.

Wang S M, Zhang X, Li Y, et al. 2005. Spatial distribution patterns of the soil seed bank of Stipagrostis pennata(Trin.)de Winter in the Gurbantonggut Desert of north-west China. Journal of Arid Environments, 63: 203-222.

Wareing P F, Saunders P F. 1971. Hormones and dormancy. Annual Review of Plant Physiology, 22: 261-288.

Weber H, Buchner P, Borisjuk L, et al. 1996. Sucrose metabolism during cotyledon development of *Vicia faba* L. is controlled by the concerted action of both sucrose-phosphate synthase and sucrose synthase: expression patterns, metabolic regulation and implications for seed development. Plant Journal for Cell & Molecular Biology, 9(6): 841-50.

Wei W, Bilsborrow P E, Hooley P, et al. 2003. Salinity induced differences in growth, ion distribution and partitioning in barley between the cultivar Maythorpe and its derived mutant Golden Promise. Plant and Soil, 250: 183-191.

Wei Y, Dong M, Huang Z Y, et al. 2008. Factors influencing seed germination of salsola affinis(Chenopodiaceae), a dominant annual halophyte inhabiting the deserts of Xinjiang, China. Flora, 203: 134-140.

Weidner S, Amarowicz R, Karamać M, et al. 1999. Phenolic acids in caryopses of two cultivars of wheat, rye and triticale that display different resistance to pre-harvest sprouting. European Food Research and Technology, 210: 109-113.

Whipple S A. 1978. The relationship of buried, germinating seeds to vegetation in an old-growth Colorado subalpine forest. Canadian Journal of Botany, 56: 1506-1509.

Wilczek A M, Burghardt L T, Cobb A R, et al. 2010. Genetic and physiological bases for phenological responses to current and predicted climates. Philosophical Transactions of the Royal Society B, 365: 3129-3147.

Willemsen R W, Rice E L. 1972. Mechanism of seed dormancy in Ambrosia artemisiifolia. American Journal of Botany, 59(3): 248-257.

Wittmann M E, Barnes M A, Jerde C L, et al. 2016. Confronting species distribution model predictions with species functional traits. Ecology and Evolution, 6: 873-880.

Wolters M, Garbutt A, Bekker R M, et al. 2008. Restoration of salt-marsh vegetation in relation to site suitability, species pool and dispersal traits. Journal of Applied Ecology, 45: 904-912.

Wu L, He N P, Zhou D W. 2005. Seed movement of bare alkali-saline patches and their potential role in the ecological restoration in Songnen grassland, China. Journal of Forestry Research, 16(4): 270-274.

Wuest S. 2007. Vapour is the principal source of water imbibed by seeds in unsaturated soils. Seed Science Research, 17: 3-9.

Yamaguchi S, Kamiya Y. 2002. Gibberellins and Light-Stimulated Seed Germination. Journal of Plant Growth Regulation, 20: 369-376.

Yamaguchi S. 2008. Gibberellin metabolism and its regulation. Annual Review of Plant Biology, 59: 225-251.

Yan L, Chen S, Huang J, et al. 2010. Differential responses of auto- and heterotrophic soil respiration to water and nitrogen addition in a semiarid temperate steppe. Global Change Biology, 16: 2345-2357.

Yan Q L, Liu Z M, Zhu J J. 2005. Structure, pattern and mechanisms of formation of seed banks in sand dune systems in northeastern Inner Mongolia, China. Plant and Soil, 277: 175-184.

Yang F, Zhang G, Yin X, et al. 2011. Field-Scale spatial variation of saline-sodic soil and its relation with environmental factors in western Songnen Plain of China. International Journal of Environmental Research & Public Health, 8: 374-387.

Yang H L, Huang Z Y, Baskin C C, et al. 2009. Responses of caryopsis germination, early seedling growth and ramet clonal growth of *Bromus inermis* to soil salinity. Plant and soil, 316: 265-275.

Yang J S, Zhao Q G, Zhu S Q, et al. 1995. Features of salt-affected soils and salinization hazard in east Asia and its neighboring regions. Pedosphere, 5(1): 21-34.

Yang X, Baskin C C, Baskin J M, et al. 2012. Degradation of seed mucilage by soil microflora promotes early seedling growth of a desert sand dune plant. Plant Cell and Environment, 35(5): 872-883.

Yang X, Huang Z, Venable D L, et al. 2015. Linking performance trait stability with species distribution: the case of artemisia and its close relatives in northern China. Journal of Vegetation Science, 27(1): 123-132.

Yang X, Dong M, Huang Z. 2010. Role of mucilage in the germination of *Artemisia sphaerocephala*(asteraceae)achenes exposed to osmotic stress and salinity. Plant Physiology & Biochemistry, 48(2-3): 131-135.

Yildirim E, Karlidag H, Dursun A. 2011. Salt tolerance of *Physalis* during germination and seedling growth. Journal of Botany, 43: 2673-2676.

Yu J, Wang Z, Meixner F X, et al. 2010. Biogeochemical characterizations and reclamation strategies of saline sodic soil in northeastern China. Clean–Soil, Air, Water, 38(11): 1010-1016.

Zedler J B, Morzaria-Luna H, Ward K. 2003. The challenge of restoring vegetation on tidal, hypersaline substrates. Plant and Soil, 253(1): 259-273.

Zedler J B, Paling E, McComb A. 1990. Differential responses to salinity help explain the replacement of native *Juncus kraussii* by *Typha orientalis* in western Australian salt marshes. Australian Journal of Ecology, 15: 57-72.

Zedler J B, West J M. 2008. Declining diversity in natural and restored salt marshes: A 30-year study of Tijuana Estuary. Restoration Ecology, 16: 249-262.

Zeiter M, Preukschas J, Stampfli A. 2013. Seed availability in hay meadows: Land-use intensification promotes seed rain but not the persistent seed bank. Agriculture Ecosystems & Environment, 171: 55-62.

Zhan X, Li L, Cheng W. 2007. Restoration of *Stipa krylovii* steppes in Inner Mongolia of China: Assessment of seed banks and vegetation composition. Journal of Arid Environments, 68: 298-307.

Zhao L Y, Li Z H, Li F R, et al. 2005. Soil seed bank of plant communities along restoring succession gradients in Horqin Sandy Land. Acta Ecologica Sinica, 25(12): 3204-3211.

Zheng Y, Rimmington G M, Cao Y, et al. 2005. Germination characteristics of *Artemisia ordosica*(Asteraceae)in relation to ecological restoration in northern China. Canadian Journal of Botany, 83(8): 1021-1028.

Zhou D, Xiao M. 2010. Specific ion effects on the seed germination of sunflower. Journal of Plant Nutrition, 33(2): 255-266.

Zhu J K. 2001. Plant salt tolerance. Trends in Plant Science, 6(2): 66-71.